111 GRÜNDE, DEN WALD ZU LIEBEN

SIMON ABELN

111 GRÜNDE, DEN WALD ZU LIEBEN

EIN BUCH ÜBER DEN SCHÖNSTEN ORT DER WELT

SCHWARZKOPF & SCHWARZKOPF

INHALT

6. KAPITEL: ATEMPAUSE FÜR KÖRPER UND SEELE

7. KAPITEL: EIN QUELL DER FREUDE

8. KAPITEL: FASZINIERENDE ENTDECKUNGEN

9. KAPITEL: DES WALDES TÜREN STEHEN JEDEM OFFEN

10. KAPITEL: ZUM WOHLE DES MENSCHEN

11. KAPITEL: GESCHENKE DES WALDES

»In den Wäldern sind Dinge,
über die nachzudenken man jahrelang
im Moos liegen könnte.«

FRANZ KAFKA

EIN WORT ZUVOR

Ich liebe den Wald – als Spaziergänger, als Beobachter, als Sammler, als Jäger, als Forstmann. Wer nicht nur mit den Augen, sondern mit dem Herzen sieht, erlebt – überwältigt von Freude und Dank – den Wald als Ort der Ruhe und der Stille, als Ort faszinierender Entdeckungen, als Ort unzähliger Wunder und Kostbarkeiten, als Ort der Atempause für Körper und Seele.

Die Schönheit des Waldes ist für den, der sich müht, sie zu entdecken, unbeschreiblich: die Bäume, die Sträucher, die Tiere, die Blumen, die Gräser ... Das Schönste, was wir hier – bei Tag und in der Nacht, im Frühjahr wie im Winter – erleben können, ist das Geheimnisvolle. »Wer es nicht kennt und sich nicht mehr wundern, nicht mehr staunen kann, der ist sozusagen tot und seine Augen erloschen«, sagt Albert Einstein (1879–1955).

Der schönste Ort in meinem Leben ist der Wald. 111-mal möchte ich Sie, liebe Leserinnen und Leser, in diesem Buch teilhaben lassen an dieser besonderen Liebe. Sicher gibt es viel mehr Gründe und Motive, den Wald schön zu finden. Jeder Mensch fände, dächte er ein wenig nach, Hunderte neuer Gründe, die ihm aus dem Herzen gesprochen wären.

Lesen Sie dieses Buch nicht an einem Stück durch! Es lohnt sich, die Ausführungen immer wieder in einer stillen Stunde zur Hand zu nehmen und heute diesen und morgen jenen Beitrag zu lesen. Sie werden staunen, dass Sie jedes Mal etwas Neues, Interessantes, Nachdenkenswertes oder Unterhaltsames über den Wald entdecken werden.

Dieses Buch möchte zu guter Letzt mithelfen zu erkennen, wie wichtig es ist, diesen gemeinsamen Schatz aller Menschen zu bewahren und zu behüten. Die heute von vielen Seiten so starke Bedrohung und Zerstörung des Waldes sollte uns täglich daran erinnern, vor allem an jene zu denken, die nach uns kommen.

Und nun möchte ich Sie einladen, mich auf der Schatzsuche zu begleiten. Ich wünsche Ihnen viel Freude beim Lesen und Blättern!

Simon Abeln

1. KAPITEL

WIE SCHÖN
UNSER WALD IST

Weil er sich in den Jahreszeiten verwandelt

Jedes Jahr, wenn ich im Spätherbst und Winter mit meinem Hund durch die Flur spazieren gehe, denke ich mir, wie trostlos diese Landschaft doch aussieht. Wo im Sommer noch goldfarbene Weizenfelder im Winde wogten, ist jetzt kilometerweit nur braune Einöde zu sehen. Wie freue ich mich, wenn ich endlich den Waldrand erreicht habe: Eingetaucht in den Wald, ist es wie in einer anderen Welt.

Viele Menschen lieben den Frühling, weil das frische Grün wie eine Vitaminspritze für den ausgehungerten Augapfel ist. Dazu kommt dieser herrliche Geruch, wenn die ersten Sonnenstrahlen den Waldboden erwärmen. Und mit der Wärme erwacht der Wald aus seinem Winterschlaf – das Leben pulsiert in allen Adern. Die Frühblüher nutzen die Sonnenstrahlen, solange sie durch die kahlen Äste noch auf den Boden fallen. So weit das Auge reicht, breiten sie ihre imposanten Blütenteppiche aus.

Kröten, Frösche und Molche krabbeln müde aus ihren Winterverstecken und ihre Lebensgeister kehren langsam zurück, wenn die Sonne ihnen auf den Rücken scheint. Die Vögel singen, was ihre Stimmbänder hergeben, und füttern ihre lauthals rufenden Jungen. Aus den überwinterten Puppen werden prachtvolle Schmetterlinge. Auch in die Bäume kommt Bewegung: Die über den Winter gespeicherte Stärke wird in transportfähigen Zucker umgewandelt und die Wurzeln pumpen kräftig Wasser nach oben. Der Baum gerät in Saft und die im Vorjahr angelegten Knospen können nun austreiben.

Neben den »regulären« Knospen gibt es bei manchen Baumarten noch die »schlafenden« Knospen. Sie bleiben erst mal geschlossen, sozusagen als Nachhut für Notfälle. Solch ein Notfall kann ein Spätfrost sein oder Raupen, die über das erste frische Grün hergefallen sind. Den Frühling verbinden wir mit dem Geruch süßlich duftender Blüten. Bei den Waldbäumen ist es damit allerdings nicht so weit her, denn die meisten von ihnen werden durch den Wind bestäubt. Und damit können sie es sich sparen, auffällige, bunte und duftende

Blüten auszubilden. Der Trick zieht nur bei Insekten, dem Wind ist es egal.

Im Sommer lieben wir den Wald, weil es dort kühl und schattig ist. Das Jahr hat den Höhepunkt des Sonnenstandes und damit der Licht- und Wärmeintensität erreicht. Alles wächst und gedeiht: der Spross in die Höhe, der Trieb in die Länge und der Baumstamm in die Breite. Am schönsten ist es jetzt an einem Bachlauf, wo man die Schuhe ausziehen kann und das plätschernde Wasser die Zehen umspielt. Manchmal sieht man dabei eine Wasseramsel, die pfeilschnell über die Wasseroberfläche fliegt, um sich das eine oder andere Insekt einzuverleiben.

Meine Lieblingsjahreszeit im Wald ist der Herbst. Wenn der lebhafte Wind mir um die Nase weht und die Blätter sich in den buntesten Farben präsentieren. Aber wieso verfärben sich die Blätter eigentlich im Herbst? Das hängt damit zusammen, dass die Bäume ihre Säfte langsam in den Stamm und die Wurzeln zurückziehen. Alles, was Energie bedeutet, wird in Form von Stärke, Fetten oder Ölen für das nächste Frühjahr eingelagert – schließlich gibt es nichts zu verschenken. Dazu gehört auch der grüne Blattfarbstoff, das Chlorophyll. Es wird nach und nach abgebaut, wodurch gelbe und rote Blattfarbstoffe (Karotinie) zum Vorschein kommen. So entstehen die schönsten Blattfärbungen, die ihre größte Bekanntheit im sogenannten Indian Summer in Nordamerika erlangen. Trockene und warme Spätherbsttage lassen speziell die verschiedenen Ahornarten dort förmlich entflammen.

Zwischen Blattstiel und Zweig wird bereits im Frühjahr eine »Sollbruchstelle« eingebaut, die dann im Herbst verkorkt und verholzt. Dadurch wird der Stofftransport unterbunden, das Blatt trocknet aus und löst sich an der Trennschicht vom Zweig. Viel an Nährstoffen ist jetzt nicht mehr im Blatt – aber selbst das letzte bisschen kommt dem Wald wieder zugute, wenn die Mikroorganismen am Boden ihre kompostierende Arbeit aufnehmen.

Nadelbäume gelten ja als immergrün – trotzdem hält so eine Nadel auch nicht ewig. Eine Kiefernnadel wird etwa drei Jahre, eine Fichtennadel sieben und eine Tannennadel bis zu zwölf Jahre alt. Der Grund, warum die Nadeln den Winter überstehen, ist eine Wachsschicht auf ihrer Oberfläche. Nur den Lärchen fehlt dieser Schutz, deshalb entledigen sie sich, wie die Laubbäume, im Herbst ihres Nadelkostüms. Die anderen Nadelbaumarten erneuern über das Jahr hinweg sukzessive ihr Gewand, sodass der Verlust der Nadeln kaum auffällt.

Wenn im Winter der erste Schnee fällt, verwandelt sich der Wald in ein Wunderland. Die Schneeflocken egalisieren jede Unebenheit auf dem Waldboden – jeder Baumstumpf, jeder abgebrochene Ast, jeder menschliche Müll wird überdeckt. Der Wald sieht plötzlich so sauber und rein aus. Bäume und Pflanzen befinden sich in der Ruhephase, viele Tiere haben sich zurückgezogen. Insekten, Würmer, Schnecken, Frösche, Kröten und Eidechsen haben sich so tief in den Waldboden zurückgezogen, dass der Frost sie nicht erreichen kann. Dort verbringen sie den Winter in einer Winterstarre.

Andere Tierarten, wie das Eichhörnchen, legen nur eine Winterruhe ein. Das ist eine längere Schlafphase, die gelegentlich zur Nahrungsaufnahme unterbrochen wird. Manche Tierarten, wie der Igel, der Siebenschläfer oder die Fledermaus, träumen lieber dem nächsten Frühjahr entgegen und halten den bekannten Winterschlaf. Die größeren Pflanzenfresser, wie das Rot- oder Rehwild, kurbeln im Winter ihren Stoffwechsel zurück und versuchen auf diese Weise, von ihren im Herbst angefutterten Reserven über die kalte Jahreszeit zu kommen.

Im Wald hat jede Jahreszeit ihren Reiz: das erwachende Leben im Frühjahr, die erfrischende Kühle im Sommer, die tanzenden Blätter im Herbst und die klirrend kalte Luft im Winter.

»Ob der Frühling grünt und blühet, Sommer steht im goldnen Kleid, ob der Herbst in Farben glühet, ob's im Winter friert und schneit – glücklich, wem es stets gefällt: O, wie herrlich ist die Welt!«, dichtet Heinrich Seidel (1842–1906).

Weil er so viele Gesichter hat

Wald ist nicht gleich Wald. Der gemeinsame Nenner aller Wälder ist zunächst einmal, dass dort Bäume stehen. Dann beginnen aber schon die Unterschiede, denn nicht in jedem Wald wächst jede Baumart. Das hängt mit den Standortfaktoren zusammen wie Temperatur, Wasserversorgung, Nährstoffversorgung, ph-Wert des Bodens oder die zur Verfügung stehende Lichtmenge. Die Ansprüche der jeweiligen Baumarten sind hier sehr unterschiedlich. Und es ist wie bei uns Menschen: Es kann nicht jeder so gut mit jedem. Das Ergebnis sind unterschiedliche Waldgesellschaften. Diese haben klangvolle Namen wie »Waldlabkraut-Eichen-Hainbuchenwald«, »Eschen-Bergahorn-Schluchtwald« oder »Hainmieren-Erlen-Auenwald«.

Von Natur aus wäre Mitteleuropa fast lückenlos bewaldet. Freie Sicht gäbe es nur in Mooren, Flussniederungen, an trockenen Felshängen oder in hohen Gebirgslagen, wo die Vegetationsperiode zu kurz ist. Deutschland gehört dabei heute noch zu den waldreichsten Ländern, fast ein Drittel der Fläche ist von Wald bedeckt.

Welchen Einfluss der Mensch auf die Natur hat, zeigt sich darin, dass nicht einmal 10 % der Waldfläche Mitteleuropas aus naturnahen Waldgesellschaften besteht.[1] Die anderen 90 % sind das Resultat von menschlichen Eingriffen. Viele der natürlichen Waldgesellschaften stehen daher unter Naturschutz. Die Wälder, wie wir sie kennen, sind Kulturlandschaften, also künstlich geschaffene Ersatz-Waldgesellschaften. Es sind Wirtschaftswälder, die eher die Bezeichnung Forst als Wald verdienen. Je nach Zielsetzung des Waldbesitzers stocken auf diesen Flächen schnellwüchsige Fichten als Bauholz-Lieferant oder möglichst astfreie Eichen- und Buchenstämme für die Möbelindustrie.

Für den Waldbesucher hat das allerdings auch einen positiven Nebeneffekt. Denn hätten wir in Deutschland ausschließlich natürliche Waldgesellschaften, würde einen die Wanderung größtenteils durch Buchenwälder führen, wie wir sie beispielsweise aus dem Steigerwald oder dem Nationalpark Hainich in Thüringen kennen. Keine Frage, das sind wunderschöne Wälder. Eine Tanne oder Fichte wäre zur Abwechslung aber doch auch mal nett – um diese Baumarten anzutreffen, müsste man dann schon ins Gebirge fahren.

Die Realität ist eine andere: In Deutschland gibt es 90 Baumarten. Davon nehmen elf Baumarten 90 % des Holzbodens, also der Waldfläche, ein. Die Fichte kommt dabei mit 26 % am häufigsten vor, gefolgt von der Kiefer mit 23 %, der Buche mit 16 %, der Eiche mit 9 % und der Birke mit 4 %.[2] Wen die restlichen Arten auch noch interessieren: Esche, Schwarzerle, Lärche, Douglasie und Bergahorn. Moment mal, das sind ja nur zehn! Stimmt, weil die Eiche noch in Stieleiche und Traubeneiche unterschieden wird.

Ich erinnere mich noch gut an Waldspaziergänge Ende der 1980er- und 90er-Jahre, die durch eintönige Fichten-Monokulturen führten. Viele dieser Wälder haben unter dem Klimawandel mit seinen Orkanen und Borkenkäfer-Kalamitäten gelitten und wurden inzwischen zu artenreichen Mischwäldern umgebaut, die ein wesentlich abwechslungsreicheres Bild bieten.

Der Wald besitzt viele verschiedene Gesichter und alle sind schön. Sie kennen sicher auch diese Bilder von missglückten Schönheitsoperationen. Das Tolle beim Wald ist, dass es selbst dem untalentiertesten Förster nie gelingen wird, ein Waldgesicht zu verunstalten. Das sieht vielleicht manchmal direkt nach dem Holzeinschlag so aus, aber schon im nächsten Frühling überwallen die Pflanzen ihre Wunden und kaschieren die Narben mit frischem Grün. Wie aus dem Nichts zaubert der Waldboden gelbe Schlüsselblumen und rote Fingerhüte auf die karge Fläche. Es scheint so, als wolle Mutter Natur uns zeigen, dass wir ihr nichts anhaben können und sie einen längeren Atem hat als die Menschheit. Wir wissen, dass sie recht hat.

Weil ein Picknick nirgendwo besser schmeckt

Gesunde Ernährung ist zur Zeit voll im Trend. Wer keine Zeit hat, mit frischen Zutaten selbst zu kochen, greift zu Nahrungsergänzungs- mitteln. Die sind zwar teuer, aber das Pülverchen ist in Sekunden- schnelle geschluckt und der lästige Abwasch bleibt einem auch er- spart. Also in der Mittagspause schnell eine Currywurst mit Pommes an der Imbissbude um die Ecke, dann eine Kapsel »Gesundheit« mit der Cola runtergespült und weiter geht's im Business. Zeit ist Geld.

Da wirft sich für mich nun eine Frage auf: Spielt es tatsächlich nur eine Rolle, was man isst – oder vielleicht auch, wo man es isst? Mit dem Wo hängt sicher auch der Entschleunigungsfaktor zusammen. Ein gemütliches Frühstück am Sonntag bekommt uns doch viel besser als das hastig reingeschlungene Brötchen am Montagmorgen, oder etwa nicht?

Eine ganz besondere Art des Speisens ist das Picknick, das schon bei den Griechen und Römern bekannt war. Im Barock war es in fran- zösischen Adelskreisen sehr beliebt und im Viktorianischen Zeitalter war es in England der letzte Schrei. Königin Victoria liebte das Speisen im Freien und die »cup of tea« durfte natürlich nie fehlen. Diesem Vorbild folgte das britische Volk im 19. Jahrhundert und so erlebte der Picknickkorb zusammen mit dem Regenschirm im Vereinigten Königreich seine Blüte.

Der Begriff Picknick stammt übrigens aus dem Französischen und setzt sich zusammen aus *piquer* für »aufpicken« und *nique* für »Kleinigkeit«. Auf den herrschaftlichen Jagden waren es sicher keine »Kleinigkeiten«, die zwischen den Treiben zur Stärkung eingenom- men wurden. Deftige Speisen und reichlich Wein wurden der adligen Jagdgesellschaft mitten im Wald gereicht. Schon im 16. Jahrhundert finden sich in Handbüchern zur Jagd Beschreibungen über das Ein- nehmen von Mahlzeiten im Freien.

Ein Handbuch wird zum Picknickmachen sicher nicht benötigt, einer gewissen Planung bedarf es aber schon. Was vergessen wird, kann nicht mehr einfach aus dem Küchenschrank geholt werden. Auch die berühmte karierte Picknickdecke darf nicht fehlen, denn es wird klassischerweise auf dem Boden gegessen. Die Decke soll aufsteigende Kälte, Feuchtigkeit und die Infanterie an Bodentieren abhalten. Süßspeisen sollten generell vermieden werden, denn im Freien dauert es nicht lange, bis sich die zuckerliebende schwarz-gelbe Luftwaffe einstellt. Wird Fleisch gereicht, ist das Fliegengeschwader auch nicht weit – das kennt man ja vom Grillen.

Picknick ist eine ganz besondere Art des Slow Foods. Das Vorspiel ist entscheidend, das Picknick selbst ist dann der Höhepunkt des Tages. Zunächst muss der Ausflug geplant und organisiert werden: Wie ist das Wetter, was muss alles eingepackt werden und ganz wichtig: Wo soll das Picknick stattfinden? Keiner will seine Picknickdecke aufschlagen wie ein Badehandtuch am Strand von Mallorca. Ein einsames Plätzchen im Wald ist genau das Richtige. Man will ja unter sich sein.

Zu reichhaltig sollten die Speisen ebenfalls nicht sein. Erstens, weil man alles mitschleppen muss, und zweitens, weil man meistens noch einen längeren Weg zurück hat. Meiner Erfahrung nach findet das Picknick immer am weitest entfernten Punkt zum Auto statt. Die Picknickdecke ist wie die Wendeboje beim Regattasegeln. Nach dem Essen geht's heimwärts. Und drittens ist es fast schon ein Naturgesetz, dass man im Wald etwas Deftiges, aber zugleich Gesundes zu sich nimmt. Das können ein kalter Braten mit Bärlauchpesto, ein frisches Brot mit Hausmacherleberwurst und zum Dessert ein paar frische Erdbeeren mit einem Schluck Prosecco sein. Dass außer ein paar Erdbeerstrünken im Wald kein Abfall zurückbleibt, ist klar.

Was ein Picknick von sonstigem Auswärtsessen unterscheidet, ist das besondere Ambiente. Kein Quetschenspieler in der Wirtsstube, kein Inder mit Tulpen, kein Mexikaner mit Sombrero und Gitarre, keine nervige Bedienung, die zum dritten Mal fragt, ob sie noch was bringen darf. Dafür untermalt das Lichtspiel der Baumkronen, das Gezwitscher der Vögel und eine leichte Waldluftbrise das fröhliche Waldbodenbankett. Wo sonst kann eine Mahlzeit besser schmecken?

Weil dort manche Tiere den Winter verschlafen

Richtig ausschlafen ist eine wunderbare Sache. Manchmal gelingt mir das am Wochenende, besonders im Winter, wenn es morgens nur zögerlich hell wird. Dann würde ich am liebsten den ganzen Tag im kuschelig warmen Bett liegen bleiben. So handhaben es auch viele der Waldbewohner: Sie ziehen sich an eine geschützte Stelle zurück und halten Winterschlaf. Soll doch draußen der eisige Sturm an den Ästen reißen und der Schnee sein weißes Laken über alles Essbare legen. In der weich gepolsterten Höhle lässt es sich gut aushalten.

Natürlich hat dieses Verhalten nichts mit Erholung und Ausspannen zu tun, sondern ist eine Strategie, der strengen Witterung und knappen Nahrung zu entgehen. Das ist aber nur eine mögliche Taktik, es gibt noch weitere: Manche Tiere legen sich Futtervorräte an, andere fressen im Herbst so viel in sich rein, dass sie mit Rettungsringen in den Winter starten, um bei Frost und Schnee nicht gleich auf dem Zahnfleisch zu gehen. Zugvögel kehren ihrem Brutgebiet den Rücken und machen sich rechtzeitig davon in den warmen Süden.

Damit der Winterschläfer die kalte Jahreszeit übersteht, setzt er alle Lebensfunktionen auf Sparflamme. Herzschlag, Atmung und Körpertemperatur werden stark gedrosselt und der Energieverbrauch wird damit auf ein Minimum reduziert. So senkt das Murmeltier als typischer Winterschläfer seinen Herzschlag von 100 Schlägen auf nur zwei bis drei pro Minute. Es schläft ganze sechs bis sieben Monate in seinem unterirdischen Bau, denn der Winter im Gebirge ist lang.

Dazu frisst sich das Mankei – so wird das Alpenmurmeltier auch genannt – bis zu ein Kilogramm Depotfett auf die Rippen, das dann im Laufe des Winterhalbjahrs »verbrannt« wird. Die über zwei Meter tiefen Bauten sind mit viel Gras ausgepolstert. Selbst wenn der eisige Bergwind über die Almen pfeift, herrscht in dieser Tiefe eine »angenehme« Temperatur von 5–10 °C. Die ganze Murmeltiersippe kuschelt sich dort unten eng zusammen und wärmt sich gegenseitig.

Erst wenn die Außentemperaturen ansteigen, geht's wieder raus an die frische Luft.

Aber auch viele echte Waldbewohner frönen dem Dauerschlaf. Dazu gehören zum Beispiel Igel, Fledermäuse und Siebenschläfer. In meiner Waldhütte hatte sich im letzten Winter ein Siebenschläfer in der Suppenkelle eingekringelt und schnarchte dort so vor sich hin. Die Kelle lag in der Geschirrschublade und hatte genau die richtige Größe für den müden Bilch. Winterschläfer sind in einem hilflosen Trancezustand, deshalb konnte der Siebenschläfer auch gar nicht auf meine Störung reagieren. Ich schob die Schublade langsam wieder zu – natürlich nur so weit, dass er im Frühjahr wieder rausklettern konnte. Denn werden schlafende Tiere im Winter geweckt, verbrauchen sie sehr viel ihrer Fettreserven, um den Stoffwechsel wieder hochzufahren. Die Chancen, das nächste Frühjahr zu erleben, sinken dadurch drastisch.

Die Winterschläfer passen sich mit ihrer Körpertemperatur der Umgebung an. Das geht natürlich nur bis zu einer gewissen Untergrenze. Deshalb haben fast alle Tiefschläfer eine Art automatischen Frostwächter eingebaut, der anspringt, wenn die Körpertemperatur zu weit abfällt. Die Fledermaus hat diese Schutzfunktion nicht, deshalb sucht sie sich zum Überwintern frostfreie Spalten, Keller oder Bergwerksstollen. Sind diese nicht tief genug und die Kälte kann dorthin vordringen, wacht die Fledermaus auf und muss sich eine wärmere Bleibe suchen – denn bei unter –4 °C gefriert auch bei den »Vampiren« das Blut, dann heißt es Aus-die-Maus bzw. Schicht-im-Schacht.

Insekten schützen sich gegen das Einfrieren, indem sie Glycerin, eine Art Frostschutzmittel, im Körper einlagern. Das Glycerin senkt den Gefrierpunkt von Flüssigkeiten und erhält das Insekt damit auch bei Minusgraden am Leben. Bewegen können sich die Käfer und Larven in ihrer Kältestarre trotzdem nicht. Zum Schutz vor Fressfeinden verkriechen sie sich deshalb im Herbst unter der Baumrinde oder im Boden. Auch alle anderen wechselwarmen Tiere, wie Amphibien, Reptilien und Fische, fallen in eine Winterstarre.

Es gibt aber noch Waldtiere, die weder in Schlaf noch in Starre verfallen – sie ruhen. Sie lassen es im Winter einfach langsamer angehen. Knurrt der Magen oder drückt die Blase, blinzeln sie halb verschlafen aus ihren Verstecken hervor. Peitscht der Regen durchs Geäst, hauen sie sich einfach wieder aufs Ohr und schauen morgen noch mal nach der Wetterlage. Wer will schon direkt aus dem Bett ins Nasse? Zu den Waldtieren, die eine Winterruhe halten, gehören zum Beispiel Eichhörnchen, Waschbären und Dachse.

Aber woher wissen die Tiere eigentlich, wann sie in den Wintermodus schalten sollen? Früher vermutete man herbstliche Temperaturen oder Nahrungsmangel als Auslöser. Heute gehen Experten davon aus, dass Tageslänge, hormonelle Umstellungen und die »innere Uhr« den Ausschlag geben.

Die genaue Ursache für das Aufwachen im Frühjahr ist hingegen immer noch nicht bekannt. Steigende Außentemperaturen und die Anreicherung von Stoffwechselendprodukten im Körperinneren könnten als Wecksignal dienen. Dann ändert sich der Hormonhaushalt und Fett wird zur Aufwärmung des Körpers verbrannt. Hat der Körper 15 °C erreicht, kommt Muskelzittern hinzu. Das ist dann der Boostfaktor, um möglichst schnell auf volle Betriebstemperatur zu kommen. Kopf- und Brustbereich mit den lebenswichtigen Organen werden dabei schneller erwärmt als der restliche Körper – kalte Füße sind bei den Winterschläfern im Frühjahr also völlig normal.

5. GRUND

Weil er im Frühjahr ein Blütenmeer ist

Wir bewegen uns irgendwo zwischen Spätwinter und Vorfrühling. Die winterkahlen Laubwälder bieten die Kulisse für ein einzigartiges Spektakel: Es ist die Zeit der Frühblüher. Vom Sturm herabgeworfene Äste, dürres Gras und feuchtes Laub bieten einen trostlosen Anblick. Aber plötzlich, von einem Tag auf den anderen, sind sie da: Blaue Leberblümchen, gelbes Scharbockskraut und violette Waldveilchen verwandeln den Waldboden in ein Wunderland.

Bei meinen Spaziergängen durch alte Buchenwälder staune ich immer wieder über die Blütenteppiche des Buschwindröschens. Die kleinen rosa-weißen Blüten drängen sich so eng aneinander, dass man meinen könnte, es habe geschneit. Aber nicht nur wir Menschen erfreuen uns an diesen Frühlingsvorboten, auch die Insekten können nun endlich wieder aus dem Vollen schöpfen.

Die Frühblüher haben die Energiereserven des Vorjahres in den unterirdischen Knollen, Zwiebeln und Rhizomen gespeichert. Aber woher wissen sie eigentlich, wann es Zeit ist, dieses Kraftwerk anzuwerfen, um ihre zarten Triebe aus dem schützenden Boden nach oben zu schieben? Die wichtigsten Faktoren dabei sind Temperatur und Tageslänge. Passen diese, beginnt der Wettlauf mit den Mitbewerbern der Pflanzenwelt. Die Konkurrenz schläft nicht, der Kampf ums Licht beginnt.

In meinem Internet-Blog waldbret.de habe ich dieses Thema unter der Überschrift »Der Letzte macht das Licht aus: Frühblüher im Wald« mit einem Augenzwinkern beschrieben. Diesen Beitrag möchte ich Ihnen, liebe Leserinnen und Leser, nicht vorenthalten. Bitte sehen Sie mir das dort übliche »Du« in der Anrede nach:

»Die Bäume sind noch kahl, das Wetter ungemütlich. Eine gewaltige Macht schiebt sich durch die dicke Humusschicht ins Freie: Das sind die Frühblüher in der Pflanzenwelt. Nichts für Auf-die-Schlummertaste-Drücker, Den-ganzen-Tag-im-Schlafanzug-Bleiber, Statt-Frühstück-gleich-zu-Mittag-Esser. Nein, das Heer an lichthungrigen Pflänzchen hat es eilig, denn die Zeit ist knapp. In nur wenigen Wochen wird das Licht schon wieder ausgeknipst: Sobald die Baumkrone dicht macht, ist Ende Gelände. Dann müssen die Energiereserven wieder aufgefüllt sein für das nächste Frühjahr. Deshalb arbeitet die Fotosynthese, was das Zeug hält, und pumpt die mühsam produzierte Energie in die unterirdischen Lagerkapazitäten. Back to the roots sozusagen.

Die Spätblüher fahren eine andere Strategie: Erst mal ausschlafen. Der Winter ist sozusagen das Wochenende und am Montag kommen sie etwas später zur Arbeit. Dafür bleiben sie dann aber die ganze Woche eine Stunde länger im Büro. Dort werkeln sie so gemütlich vor sich hin und bekommen am Ende ihre Stunden auch geschafft.

Die Frühblüher dagegen sind diejenigen Kollegen, die schon am Sonntag Home-Office machen und dann nur drei Tage die Woche arbeiten – an diesen Tagen aber morgens ganz zeitig anfangen, erst heimgehen, wenn es dunkel ist – und ab Donnerstag schon im Wochenende sind.

Das heißt zusammengefasst: Während die Spätblüher noch vor sich hin similieren, sind die Frühblüher schon am Assimilieren.

Du würdest dich eher dem Spätblüher-Typ zuordnen, bist aber nicht ganz sicher, weil du den Unterschied immer noch nicht ganz verstanden hast? O. K., dann also noch mal etwas plakativer: Die Frühblüher sind die Sportwagenfahrer der Pflanzenwelt. Während du müde Baldrianknospe mit Tempo 50 auf der linken Spur vor dich hin tuckelst, taucht dieser narzisstische Breitwegerich aus dem Nichts hinter dir auf, drückt zweimal auf die Osterglocke und drängt dich dann wie trockenes Laub von der Geraden, als wolle er den Ehrenpreis gewinnen. Du bist noch nicht mal ganz zur Seite, drückt die Prachtspiere noch mal richtig auf den Huflattich, zeigt dir seinen Lerchensporn und hinterlässt als Vergissmeinnicht noch ein bisschen Blütenstaub auf deiner stumpfen Karosserie, bevor er vollends verduftet. Nur kurz kannst du Primel noch die prächtig aufpolierte Sonderlackierung erkennen, dann ist die Zaubernuss auch schon vorbei.

Aber dir kriechender Günsel schlägt das nicht aufs Leberblümchen. Mit der bewährten Stiefmütterchen-Devise ›Ich komme irgendwann auch ans Ziel‹ fährst du weiter gemütlich auf der mittleren Spur, behinderst in gewohnter Taubnessel-Manier die Stoffwechselvorgänge hinter dir und zeigst gelegentlich so einem Schlurchi-Pilz auf der rechten Spur den mittleren Fingerhut. Aber rechtzeitig, bevor die Streufahrzeuge im Rückspiegel auftauchen, bist auch du am Ziel und kannst deine Herbstaster in die Garage stellen.

Noch ein Tipp: Bitte den Sportwagenfahrer nicht als gemeine Pestwurz beschimpfen, da könnte ein Veilchen blühen. Raspel lieber Süßholz, dann kriegst du vielleicht noch einen Krokus.«

Weil er verschiedene Stockwerke hat

Um leben zu können, benötigen Pflanzen Wasser und Licht. Das Wasser ziehen sie mit ihren Wurzeln aus dem Boden, das Licht kommt von oben. Man muss sich den Aufbau eines Waldes nun wie ein großes Mehrfamilienhaus vorstellen. Das Dachgeschoss belegen die Baumkronen. Die oberste Blätterschicht macht sich dabei auf der Dachterrasse breit. Das klingt erst mal nach dem besten Platz. Vom Licht her gesehen stimmt das vielleicht, allerdings müssen sie dafür einen hohen Preis bezahlen: Sie übernehmen die Aufgabe der Dachziegel und sind damit Starkregen, Sturm und sengender Sommerhitze voll ausgesetzt. Im unteren Kronenteil lebt es sich dagegen schon angenehmer. Im Wald wird das gesamte oberste Stockwerk als Baumschicht bezeichnet.

Die Baumschicht ist Lebensraum für viele Tierarten. Ganz außen an der Baumkrone suchen die leichten Blaumeisen nach Insekten und Sämereien. Wie Artisten hängen sie sich selbst an die dünnsten Zweigchen. Die fülligeren Kohlmeisen haben lieber etwas mehr Holz unter ihren Beinen und befreien den Baum im inneren Kronenbereich von lästigen Plagegeistern. Doch nicht alles sind Plagegeister. In der Baumkrone summt und brummt es, besonders wenn die Bäume blühen. Dann suchen dort Bienen nach Pollen und Nektar. Das ist wichtig für Baumarten, die über Insekten bestäubt werden, wie beispielsweise Ahorne und Linden. Auf den unteren Ästen der Baumkrone bezieht der Habicht seinen Lauerposten. Er sitzt dort bewegungslos und wartet, bis er einen Vogel erspäht, den er nach kurzem Verfolgungsflug schlägt. Nachts nimmt dann der Waldkauz seinen Platz ein, um nach Mäusen Ausschau zu halten.

Zum Baum gehört natürlich nicht nur die Krone, sondern auch der Stamm. Er verbindet den Wipfel mit den Wurzeln und muss den enormen Hebelwirkungen von Stürmen standhalten. In ihm wird Wasser nach oben gepumpt und Nährstoffe nach unten, auch wenn Spechte sich an der einen oder anderen Stelle eine Bruthöhle zimmern. Der

Stamm ist für alle ungeflügelten Tierarten das Treppenhaus. Nicht nur Eichhörnchen flitzen emsig auf und ab. Ameisen zum Beispiel marschieren an ihm senkrecht nach oben, um in den Baumkronen nach Blattläusen zu suchen. Diese werden dann gemolken, um an den süßen Honigtau zu kommen. Melken bedeutet, dass die Ameise den Hinterleib der Blattlaus betrommelt, bis diese einen Teil des von ihr aufgesaugten Pflanzensaftes ausscheidet. Im Gegenzug beschützen die Ameisen »ihre« Blattläuse vor Fressfeinden wie Marienkäfern, Schwebfliegenlarven oder Florfliegen.

Wie viel Licht die Baumkrone für alle anderen Bewohner des Hauses durchlässt, hängt von der Baumart ab, seiner individuellen Belaubung und dem Abstand zum Nachbarn. Der Lichteinfall entscheidet über den Artenreichtum und die Zusammensetzung der unteren Etagen. Je heller, umso mehr Arten finden sich in den anderen Schichten.

In dunklen Waldbeständen können manche Stockwerke auch komplett entfallen. Dazu zählt zum Beispiel die Strauchschicht, die sich unterhalb der Baumschicht befindet und etwa drei Meter hoch wird. Sie setzt sich zusammen aus jugendlichen Bäumen, die gerne ins Erwachsenen-Stockwerk umziehen würden, und aus strauchförmig wachsenden Arten wie Haselnuss, Weißdorn und Holunder. In dunklen Fichten- oder Buchenwäldern kann diese Schicht mangels Licht vollständig fehlen.

Im Schutze dichter oder gar dornenbewehrter Sträucher können kleine Bäume in Ruhe wachsen, ohne gleich von hungrigen Rehen entdeckt zu werden, die sich liebend gerne über die nährstoffreichen Knospen hermachen würden. Dummerweise halten sich Rehe bevorzugt im Schutze der Strauchschicht auf, haben also jede Menge Zeit zu suchen. Rehe zwicken mit Vorliebe die Knospe des Leittriebs ab. Das ist der senkrechte Trieb in der Mitte, der für den schnellen, geraden Wuchs des kleinen Bäumchens verantwortlich ist. Der Förster sagt, der Baum ist aus dem Äser gewachsen, wenn der Leittrieb eine Höhe erreicht hat, die das Maul (der Äser) des Rehs nicht mehr erreicht. Dem Strauch ist das egal – er will ja eh nicht ins Dachgeschoss.

Unter der Strauchschicht hält die Krautschicht aus Farnen, Gräsern und Kräutern die Stellung. Direkt am Boden bildet die Moosschicht dann das unterste Stockwerk im Waldhaus. Das dunkle Erdgeschoss ist Lebensraum für viele Insekten, Spinnen, Reptilien und Kleinsäuger. Die dort herrschende hohe Luftfeuchtigkeit bewahrt speziell die empfindlichen Kleinlebewesen vor dem Austrocknen. Gerade in den unteren Schichten des Waldes herrschst das reichste Tierleben: Hier findet jeder das passende Plätzchen: ein sonniges Eck für die Wildschweinmutter, um ihre kleinen Frischlinge zu säugen, einen hohlen Baumstumpf für das Nest des Rotkehlchens und einen schattigen Winkel für den Feuersalamander.

Richtig was los ist am Boden: Asseln, Springschwänze und Regenwürmer, die durch das Zersetzen des toten, organischen Materials die Nährstoffe wieder für das Pflanzenwachstum bereitstellen.

Im Waldhaus herrscht ein ausgeglichenes Klima. Geringe Temperaturschwankungen, hohe Luftfeuchtigkeit und gedämpftes Licht sorgen für eine angenehme Atmosphäre. Und nicht nur die Klimaanlage funktioniert einwandfrei, auch unter den Hausbewohnern befindet sich alles im Gleichgewicht. Udo Jürgens würde sagen: »Ein ehrenwertes Haus«.

7. GRUND

Weil dort die Spechte trommeln

Die einen singen, die anderen trommeln. Nicht jeder in der gut besetzten Forstcombo kann eben Stimmbandkönig sein und trällern wie eine Nachtigall – es muss neben den Goldkehlchen auch die durchgeknallten Drummer geben. Und da ist der Specht ein echter Rockstar in der Headbanger-Szene, der seinen roten Scheitel auch gern mal zum Iro aufstellt und senkrecht die Wand hochgeht, wenn ihm einer dumm kommt. Sobald er einen guten Resonanzkörper gefunden hat, legt er einen Trommelwirbel hin, der kilometerweit zu hören ist.

Ganz zum Leidwesen einiger geplagter Bauherren haben die rhythmisch begabten Aufsteigertypen auch die alternative Hausmusik für sich entdeckt. Moderne, wärmegedämmte Fassaden geben nämlich einen wunderbaren Sound. Während sich die Hausbesitzer meist als unmusikalische Nörgler entpuppen, fliegt alles, was in den adrett angelegten Gärten einen langen Schnabel hat, auf die Revoluzzer der Straßenszene. Die Senkrechtstarter erschließen mit ihren A-cappella--Auftritten »en fassade« ganz neue Fanmeilen für ihre Liebesabenteuer – und das ohne die lästigen Background-Sänger der Forstcombo, die sich mit ihrem nervigen Gepfeife sowieso immer nur in den Vordergrund drängen wollen.

Aber so ein Specht ist nicht nur ein lebendes Metronom – nein, er ist auch noch handwerklich begabt. Und nicht, dass einer meint, das sind nur die Männer unter den Spechten. Auch die Damen wissen mit dem spitzen Meißel umzugehen. Nach nur zwei, drei Wochen abwechselnder Zimmermannsarbeit hat das Brautpaar eine Bruthöhle in den Baum geschlagen, mit Holzspänen flüchtig ausgepolstert und fertig ist das Kinderzimmer. Natürlich suchen sich die Eltern gerne einen etwas morschen Baum oder Ast aus, denn unnötige Arbeit muss ja nicht sein. Aber wer's nicht glaubt: So ein Schwarzspecht lässt auch bei einem gesunden Baum die Späne fliegen.

Eigentlich müsste man doch jetzt meinen, dass sich so ein Specht sein letztes bisschen Hirn aus dem Schädel hämmert. Man müsste doch meinen, dass er nach dem ewigen Getrommel gar nicht mehr weiß, wofür er jetzt eigentlich das Loch gemacht hat, oder? Und das Blöde ist ja, dass es ihm seine Frau auch nicht mehr sagen kann, weil die ja auch feste mit druffgehauen hat. Aber da die Familie der Spechte nicht ausgestorben ist, muss es hier wohl eine technische Lösung geben. Und tatsächlich: Zwischen Schnabel und Schädel ist eine Art Stoßdämpfer eingebaut. Ziemlich clever.

Es ist wie beim Menschen: Nicht jeder hat die gleichen Talente. Während Spechte die Typen fürs Grobe sind, sind andere Tierarten die Inneneinrichter. Sperlingskauz, Hohltaube, Kohlmeise, Siebenschläfer, Fledermaus oder Biene – alle sind den Zimmerleuten für ihre Vorarbeit dankbar. Ohne Spechtlöcher könnten Höhlenbrüter nicht überleben. Sie sind nicht in der Lage, eigene Brutplätze zu bauen, und profitieren davon, dass Spechte oft zwei und mehr Höhlen errichten, von denen sie schlussendlich nur eine beziehen.

Vorjahreshöhlen werden von Spechten zwar teilweise wieder genutzt, aber manchmal steigen die Komfortansprüche halt mit dem Alter. Dann wird kurzerhand eine neue, altersgerechte Wohnung gezimmert. Glücklicherweise haben auch wir Menschen den Wert dieser Lebensräume erkannt. Deshalb markieren Förster diese sogenannten Spechtbäume mit einem Zeichen, damit sie als solche vom Waldbesitzer erkannt und nicht gefällt werden.

Da von Liebe und Luft bekanntlich keiner leben kann, dient der Spechtschnabel auch noch zur Nahrungssuche. Durch das Aufhacken der Baumrinde kommen die Vögel an Insekten, die sie entweder direkt aufpicken oder mit ihrer widerhakenbesetzten Zunge aus den Bohrlöchern holen. Andere Spechtarten, wie z. B. der Grünspecht, nehmen auch gerne Ameisen vom Boden auf.

Speziell im Herbst und Winter gehören Nüsse und Zapfen auf den Speiseplan. Dann wird der Zimmermann zum Schmied. Zumindest wird seine Werkbank so bezeichnet – die sogenannte Spechtschmiede. Dabei handelt es sich um eine Furche im Holz, in die der Specht die gesammelten Früchte klemmt, um diese dann aufzumeißeln. Denn seine Zehen sind zum Klettern gebaut, nicht zum Festhalten von Gegenständen. Aber man muss sich ja nur zu helfen wissen. Eine Spechtschmiede erkennt man übrigens an den massenhaft umherliegenden Zapfen- und Schalenresten.

Und wer glaubt, der Hirsch ist der Mann vom Reh, glaubt wahrscheinlich auch, die Schnapsdrossel ist die Frau vom Schluckspecht. In beiden Fällen kann ich das jedoch widerlegen. Der Specht frönt allerdings im Frühjahr einer eigenwilligen Trinkgewohnheit. Wenn die Bäume die zum Blattaustrieb notwendige Energie als zuckerhaltigen Saft in die Krone transportieren, zapfen die Spechte die Leitungsbahnen an. Dazu picken sie viele Löcher rings um den Stamm bzw. Ast, was als »Ringeln« bezeichnet wird. Den austretenden Saft lecken die Zuckerschlucker dann auf. Und jeder weiß ja, Zucker ist die Vorstufe zum Alkohol – also ist die Bezeichnung Schluckspecht doch nicht so ganz abwegig.

Weil kein Baum ist wie der andere

Wie beim Menschen unterscheidet sich jeder Baum vom anderen. Innerhalb der Baumart sind jedoch gleiche Muster zu erkennen. So formen Stamm und Krone eine charakteristische Gestalt, anhand derer man viele Baumarten schon aus weiter Entfernung bestimmen kann. Es gibt Arten, bei denen der Stamm eine gerade, durchgehende Achse bildet, wie zum Beispiel die Kiefer, und es gibt Arten, bei denen der Stamm nur ein paar Meter zu erkennen ist und dann schon in mehrere starke Äste übergeht, wie zum Beispiel bei einer alten Linde.

Speziell Nadelbäume behalten diese gerade Achse ihr ganzes Leben lang bei, wohingegen Laubbäume schon früh mehrere, gleich starke Seitenäste ausbilden. Trotzdem verfügen beide über einen erkennbaren Stamm. Besonders kritisch ist es, wenn dieser sogenannte Leittrieb in jungen Jahren vom Wild abgebissen wird. Oft übernimmt dann zwar ein Seitentrieb seine Aufgabe, aber das Bäumchen braucht dazu zusätzlich Zeit, was es in der Entwicklung zurückwirft. Im Gegensatz zum Baum wachsen beim Strauch mehrere gleich starke Stämmchen aus dem Boden. Wird hier ein bisschen rumgeknabbert, ist das nicht so schlimm.

Hat der Baum nun die kritische Phase überstanden und ist mit seinem Leittrieb aus der Reichweite des Wildes herausgewachsen, sterben die in der Jugendphase gebildeten Seitenäste im Laufe der Zeit ab. Das geschieht insbesondere durch die Beschattung der Nachbarbäume und ist ganz im Sinne des Forstmanns. Denn die astfreien unteren Stammstücke sind besonders wertvoll. Deshalb versucht der Förster die Bäume in der Jugendzeit möglichst eng aneinander aufwachsen zu lassen oder fördert sogenannte unterständige Baumarten, die niedriger wachsen und so den Stammbereich der Zielbaumart beschatten. Zum Beispiel wird die Hainbuche dazu gerne unter der Eiche verwendet.

Trotzdem gibt es im langen Baumleben viele Faktoren, die seine Wuchsform beeinflussen können. Zunächst wächst jeder Stamm durch den Einfluss der Schwerkraft erst einmal gerade oder, wie der

Förster sagt, »geradschaftig«. Bäume sind also von Natur aus Senkrechtstarter. Aber Wind, Licht oder Bodenbewegungen können den Stamm zu den bizarrsten Formen verbiegen. Gerade im Wald ist der Konkurrenzkampf groß – hier ist sich jeder selbst der Nächste. Bietet sich die Gelegenheit, eine frei gewordene Lücke in der Krone zu ergattern, lässt der Emporkömmling auch einmal alle fünfe gerade sein und riskiert eine Krümmung – für seine Zukunft nicht ungefährlich, weil das eine potenzielle Bruchstelle sein kann.

Bäume, die ständig starkem Wind ausgesetzt sind, geben dieser Naturgewalt schließlich nach und passen ihre Wuchsform an. Bekannt sind die Wetterbuchen auf dem Schauinsland im Südschwarzwald. Alle Äste ragen wie Wetterfahnen in dieselbe Richtung. Interessant wäre zu sehen, wie sich die Wurzeln unterirdisch ausbreiten, um dieser gewaltigen Hebelwirkung Herr zu werden.

Auch ein Erdrutsch kann einen Baum in Schräglage bringen. Solch ein einmaliges Ereignis kann der Baum durchaus wieder ausgleichen. Er schafft es aus eigener Kraft, seinen Stamm wieder aufzurichten. Er bildet das sogenannte Reaktionsholz, mit dem er seinen Wipfel wieder in die Senkrechte drücken kann. Zeitlebens erkennt man den Veteran an seinem Kriegsleiden – dem typischen »Knie«.

Als ästhetisches Merkmal schlechthin dient aber die Baumkrone. Sie ist die Visitenkarte einer Baumart. Sie verbindet sowohl Typisches als auch Individuelles. Je frei stehender der Baum, umso charakteristischer kann sich die Krone ausbilden. Im Innern eines Waldes sieht das anders aus – hier muss jeder schauen, wo er bleibt. Die Konkurrenz der Nachbarbäume zwingt den Baum dazu, die gute Kinderstube zu vergessen. Schnell groß werden und dann breit machen hat sich im »Waldkindergarten« bewährt. Das Ziel ist für alle Bäume dasselbe: Sonnenlicht. Und das ist in einem naturbelassenen Wald sehr ungleich verteilt. Deshalb unterscheidet sich die Wuchsform der Bäume dort auch sehr viel stärker als in einem Altersklassenwald, wo jeder Baum gleich groß ist und ihm exakt der gleiche Platz zur Verfügung steht wie seinem Klassenkameraden.

Im Gegensatz zum Altersklassenwald ist der sogenannte Plenterwald ein sich stetig verjüngender Dauerwald, in dem Bäume jeder

Größe und jedes Alters gemischt wachsen. Gerade in dieser Waldform gibt es Baumarten, die es sich leisten können zu warten, bis ihr Tag gekommen ist – wie zum Beispiel die Weißtanne. Sie hält den Schatten lange aus – sehr lange. Ich weiß von Tannenbäumchen, die bei einem Alter von 130 Jahren nur 1,30 m hoch waren. Segnet dann irgendwann der Nachbar das Zeitliche oder wird vom Förster entnommen, hat der Geduldige so viel Kräfte gesammelt, dass er voll durchstarten kann und keine Konkurrenz mehr zu fürchten braucht.

9. GRUND

Weil die Tannen eine Meise haben

Obwohl die Tannenmeise hierzulande keine Seltenheit ist – sie gehört sogar zu den häufigsten Meisenarten Deutschlands –, erkennen sie viele Menschen gar nicht als eigene Vogelart. Auf den ersten Blick sieht sie nämlich aus wie eine zu klein geratende Kohlmeise. Dabei ist die Tannenmeise eigentlich leicht von ihrem größeren Verwandten zu unterscheiden, wenn man weiß, worauf man achten muss. Im Gegensatz zur Kohlmeise fehlt ihr der schwarze Längsstreifen an Brust und Bauch. Die Tannenmeise hat nur einen kurzen schwarzen Latz, dafür aber einen weißen Nackenfleck. Außerdem unterscheidet sich die Tannenmeise durch ihre Körperform: Der Kopf ist überproportional groß und vergleichsweise spitz.

Die Tannenmeise erreicht nicht einmal die Größe einer Blaumeise und turnt mit Vorliebe im alleräußersten Kronenbereich von Tannen, Fichten und anderen Nadelbäumen herum. Ihre langen Zehen kann sie krallenartig schließen und sich damit auch noch an den dünnsten Zweigchen festhalten. Die nur acht bis zehn Gramm schwere Tannenmeise weiß, dass außer Blaumeise und Wintergoldhähnchen dort kein anderes Tier hinkommt. Deshalb nutzt das leichte Federbäuschchen diesen schwer zugänglichen Ort an den äußersten Astspitzen mit Vorliebe als Versteck für ihren Proviant. Diese Reserve für magere Zeiten besteht im Winter überwiegend aus Fichtensamen, die sie dort zwischen den Nadeln deponiert. Dazu muss die emsige Tannenmeise die Fichtensamen aber erst mal einsammeln. Um an die nahrhaften Leckerbissen zu gelangen, profitiert die kleine Meise unter anderem von der Kraft des Eichhörnchens. Der ungehobelte Nager reißt die Deckschuppen der Fichtenzapfen mit roher Gewalt ab, wobei viele der Samen herunterfallen oder im Zapfen zurückbleiben. Jetzt braucht die Tannenmeise die Schmankerl nur noch aufzusammeln, um sie direkt zu verspeisen oder in den Zweigspitzen zu verstecken. Von den vielen ölhaltigen Samen bekommt die Tannenmeise ordentlich Durst. Um den Durst zu stillen, leckt sie Wassertropfen von den Zweigen oder nimmt gleich ein Vollbad im Schnee.

Bei der Wahl ihres Brutplatzes ist die Tannenmeise nicht sehr wählerisch. Als klassischer Höhlenbrüter sind natürliche Baumhöhlen sehr beliebt. Leider teilt sie mit Blaumeise, Sumpfmeise und Haubenmeise das Schicksal, dass sie häufig von der stärkeren Kohlmeise vertrieben wird, sofern das Einschlupfloch zu groß ist und einen Durchmesser von 26 mm überschreitet. Dadurch lässt sich die Tannenmeise aber nicht vom Brüten abhalten. Sie gibt einfach klein bei und baut ihr Nest in morsche Baumstümpfe, Erdspalten und Mauselöcher.

Den Gesang der Tannenmeise kann man das ganze Jahr über hören. Zart, hoch und dünn singen Männchen wie Weibchen ein schnelles, monotones »wize-wize-wize«. Damit ist sein Repertoire auch schon fast ausgeschöpft – bis auf ein paar einfache Rufe, die einem »si-si« oder schwirrenden »sirrrrr« ähneln.

Im Winter lebt die Tannenmeise gesellig und geht auch gemeinsam mit anderen Meisenarten auf Nahrungssuche. Dann zieht die ganze Corona von Futterhäuschen zu Futterhäuschen und turnt mit großem Engagement an den überall aufgehängten Meisenknödeln herum. Obwohl die Tannenmeisen das ganze Jahr über weit oben in den Baumkronen herumstromern, überraschen sie am Futterhäuschen mit einer sehr kurzen Fluchtdistanz – das heißt, sie lassen Menschen, Hunde und sogar Katzen ziemlich nah an sich herankommen. Eine tolle Möglichkeit, diese Vögel einmal ganz aus der Nähe zu beobachten.

Weil die Lärche den herbstlichen Nadelwald verzaubert

Die Lärche ist die einzige heimische Baumart, die ihre Nadeln im Herbst abwirft. Besonders in den Bergwäldern setzt sie mit ihrer leuchtend gelben Herbstfärbung spektakuläre Akzente im dunkelgrünen Fichtenwald. Dort, im Hochgebirge, ist sie zu Hause. Sie braucht ihre Freiheit, einen freien Kopf, eine freie Krone. Eine seitliche Einengung durch andere Bäume mag sie überhaupt nicht. Sie ist eine Pionierbaumart, die sich gerne dort ansiedelt, wo sie wenig Konkurrenz anderer Bäume zu fürchten hat, wie z. B. auf Blockschutthalden, entlang von Lawinengassen, auf Erdrutschen oder nach Waldbränden. Obwohl zwischen den einzelnen Lärchen viel Licht auf den Boden fällt, kommt kaum Bodenvegetation auf, denn die Streu dieser Baumart zersetzt sich nur schwer.

Wer gerne auf Abstand zu anderen Baumarten geht, muss mit dem rauen Klima alleine zurechtkommen. Für die Lärche kein Problem: Sie verträgt sowohl Temperaturen von −40 °C als auch hochsommerliche Hitze, ist ohne ein winterliches Nadelkleid schneebruchsicher und durch ihr kompaktes Herzwurzelsystem trotzt sie den starken Gebirgsstürmen. Die besten Voraussetzungen, um bis zu 1000 Jahre alt zu werden und die Menschengenerationen in den Tälern kommen und gehen zu sehen.

Dabei hilft ihr auch der hohe Harzgehalt, durch den sie Verletzungen an Stamm und Wurzel leicht ausheilen kann. Aufgrund der hohen Beständigkeit eignet sich das Holz ausgezeichnet für den Innen- und Außenbereich: Neben Bauholz wird es im Brücken-, Boots- und Wasserbau eingesetzt. Auch Zäune, Spielgeräte und Dachschindeln werden aus Lärchenholz gefertigt. Zunehmender Beliebtheit erfreuen sich Außenverkleidungen aus Lärche, die man einfach vergrauen lässt, wodurch man sich den lästigen, turnusmäßigen Neuanstrich erspart. Neben dem der Eibe zählt Lärchenholz zu den schwersten und härtesten heimischen Nadelhölzern, hat aber bei Weitem nicht die Dauerhaftigkeit von Eiche oder Robinie.

Aufgrund dieser gefragten Eigenschaften wurde die Lärche schon seit dem 16. Jahrhundert angebaut und ist seither in ganz Deutschland und weit darüber hinaus forstlich genutzt. Dennoch besitzt die Lärche lediglich einen Anteil von etwa 2 % an den deutschen Wäldern, wohingegen sie in Österreich mit ca. 25 % vertreten ist. In den Zentralalpen bildet sie heute oft die Baumgrenze. In Deutschland kommt die Lärche natürlich nur in den bayerischen Alpen (z. B. Karwendel und Berchtesgaden) vor.[3]

Entscheidend für die hohe Beständigkeit des Lärchenholzes sind enge Jahresringe, wie sie durch das raue Klima in den Bergen entstehen. Diese Gebirgsbäume werden »Steinlärchen« genannt, wohingegen die Lärchen der Ebene als »Graslärchen« bzw. »Wiesenlärchen« bezeichnet werden – im Tiefland ist die Vegetationsphase länger und die Jahresringe sind entsprechend breiter. Dass sie dort unten eigentlich nicht hingehört, zeigt die höhere Anfälligkeit gegen den Lärchenkrebs.

Die Lärche besitzt eine schlanke spitzkegelige Silhouette – ihre Hauptäste stehen locker und sind an den Enden meistens aufwärts gekrümmt. Die herabhängenden Zweigchen mit den weichen Nadeln und aneinandergereihten Zapfen lassen die Lärche aus der Entfernung aussehen, als wäre sie mit Lametta geschmückt. Mit ihrer tänzerischen Anmut, ihrer lichtdurchfluteten Feingliedrigkeit und ihrem stetigen Bewegtsein ähnelt sie der Birke. Die Rinde ist allerdings nicht birkenweiß, sondern in der Jugend glatt und grau. Im Alter erscheint sie tiefgefurcht wie das Gesicht eines Alphirten und wird mit zehn Zentimeter Stärke sehr mächtig. Zwischen den auffälligen, karminroten Borkenschuppen bietet sie Lebensraum für zahlreiche Insektenarten. Der Stamm ist ein wahres Futterhäuschen für Meisen, Kleiber und Baumläufer, die emsig am Stamm auf und ab suchen. Auf dem Waldboden finden sich unter der Lärche oft verschiedene Alpenrosenarten, einige Meter tiefer hat der Goldröhrling – ein Mykorrhizapilz – einen Pakt mit der Lärche geschlossen.

Weil dort Kinder viel fürs Leben lernen

In den 70er- und 80er-Jahren war es völlig normal, dass Kinder draußen spielten. So durften 1971 zwei Drittel der deutschen Sieben- bis Elfjährigen auf der Straße Rad fahren. Knapp 20 Jahre später erlaubten Eltern das lediglich noch einem Viertel dieser Altersgruppe. 1990 gaben in Deutschland fast drei Viertel der Kinder zwischen sechs und 13 an, sich täglich im Freien herumzutreiben – 2003 waren es schon weniger als die Hälfte.[4]

Diesen Trend bestätigt auch eine 2015 von der Deutschen Wildtier Stiftung in Auftrag gegebene Emnid-Umfrage zum Thema »Kinder und ihr Kontakt zur Natur«. Die Umfrage ergab, dass 49 % der Kinder zwischen vier und zwölf Jahren noch nie selbstständig auf einen Baum geklettert sind. Und der Trend setzt sich fort, denn je jünger die Eltern sind, desto ängstlicher sind sie. So sagten 58 % der über 50-Jährigen: »Ja, mein Kind ist ohne Hilfe auf einen Baum hochgeklettert!« Aber nur 33 % der unter 29-jährigen Eltern beantworteten diese Frage mit »Ja«.

Meine Frau ist seit 24 Jahren Erzieherin im Kindergarten und kann diese Entwicklung bestätigen. Die Zahl der sogenannten Helikopter-Eltern nimmt immer mehr zu. Dieser Begriff bezeichnet laut Wikipedia überfürsorgliche Eltern, die sich wie eine Beobachtungsdrohne ständig in der Nähe ihrer Kinder aufhalten, um diese zu überwachen und zu behüten. »Ihr Erziehungsstil ist geprägt von (zum Teil zwanghafter oder paranoider) Überbehütung und exzessiver Einmischung in die Angelegenheiten des Kindes oder des Heranwachsenden.«[5]

In meiner Kindheit war das ganz anders. Ich sagte nach der Schule zu meiner Mutter: »Ich geh mit Tim in den Wald.« Sie antwortete dann nur: »Um sechs gibt es aber Abendessen.« Und das war's. Um 18 Uhr war ich dann wieder zu Hause.

Der amerikanische Journalist Richard Louv rief 2005 in seinem Buch *Das letzte Kind im Wald?* erstmals den Naturmangel der Kinder ins Bewusstsein. Ein Neunjähriger gab ihm bei seinen Recherchen folgende symptomatische Antwort: »Ich spiele lieber drinnen, weil da die ganzen Steckdosen sind.« Anstatt eines Aufschreis unterstützen die stets besorgten Erziehungsberechtigten sogar diese Einstellung: Im Zimmer ist der Nachwuchs gut aufgehoben, die Natur dagegen ist unberechenbar und gefährlich. Zecken, Fuchsbandwurm und herabfallende Äste könnten das leibliche Wohl des Sprosses gefährden. Und mit einer Kindesentführung ist natürlich ebenfalls jederzeit zu rechnen. Neuerdings werden auf vielen Spielplätzen Rutschen und Schaukeln entfernt – sie gelten vielen Müttern und Vätern als zu gefährlich.

Das Seltsame daran ist, dass sich viele Eltern gerne an ihre eigene Kindheit erinnern und ihren Kindern abends auf dem Sofa mit tränenerstickter Stimme davon erzählen, welche Abenteuer sie selbst als Kinder alle erlebten. Der nächsten Generation enthalten sie diese Erfahrungen aber vor. Sie lassen sich mitreißen von der heutigen Leistungsgesellschaft. Dort gilt es, frühzeitig die strategischen Weichen zu stellen. Spielekonsolen und Smartphones gelten als geeigneter Einstieg in unsere digitalisierte Arbeitswelt. Und sie erscheinen den Eltern sicherer als das freie Herumstreifen im Wald. Die Kinder können sich dabei zwar nicht körperlich verletzen, die Gefahren im Netz sind aber bekanntermaßen anderer Art.

Den elterlichen Einfluss belegt die Statistik: Während 1997 noch 53 % der Kinder gerne alleine durch den Wald gingen, machen das 2016 nur noch 29 %. Die Hälfte der Jugendlichen verbringt heute jeden Tag mindestens drei Stunden vor Bildschirmen – teilweise parallel vor mehreren Geräten. Dafür sind die Früchte des Waldes weitgehend unbekannt.[6]

Es spricht vieles dafür, dass das Spielen in der Natur für Heranwachsende notwendig ist, um kognitive und emotionale Bedürfnisse zu befriedigen. Wird ihnen dieser Freiraum verwehrt, können sie zentrale Fertigkeiten des Lebens kaum noch entfalten. Dazu gehört neben motorischen Fähigkeiten das Wissen um die Folgen des eigenen Handelns. Fantasie, Kreativität und Lebensfreude lassen ebenfalls kräftig Federn.

Besonders die fehlende seelische Nähe zu anderen Lebewesen lässt einen Teil der emotionalen Bindungsfähigkeit unserer Kinder verkümmern. Eine ganze Reihe amerikanischer Untersuchungen zeigt, dass Kinder, die ohne Tiere aufwuchsen, weniger Mitgefühl entwickelten als ihre Altersgenossen. Haben Sie als Kind nicht auch hilflosen Regenwürmern über die Straße geholfen? Ich mache das heute noch, auch wenn danach die Finger »glibberig« sind.

Warum fehlt vielen Menschen diese ehrliche Empathie zu ihren Mitgeschöpfen? Mit »ehrlich« meine ich alle Tiere betreffend – damit möchte ich mich vom Bambi-Syndrom abgrenzen, das ein mögliches Mitgefühl vom »süßen« Erscheinungsbild des Tieres abhängig macht. Meine Frau hat die Erfahrung gemacht, dass Spinnen von den Kindergartenkindern oft totgetreten werden, Marienkäfer hingegen werden auf den Finger genommen und verschont. Von welchen Vorbildern haben sie das nur!?

Mit »ehrlich« meine ich aber auch, ein Gesamtverständnis für den Kreislauf der Natur zu entwickeln: Warum sind Spinnen genauso wichtig wie Marienkäfer? Und dürfen wir uns überhaupt anmaßen, Lebewesen nach dem Grad ihrer Nützlichkeit einzuteilen? Der Respekt vor dem Geschöpf sollte als Maßstab ausreichen. Kein Tier darf gequält oder sinnlos getötet werden – das muss Kindern von klein auf beigebracht werden. Kinder müssen aber auch verstehen, dass das Sterben Bestandteil des Lebens ist: Das Wiener Schnitzel kommt nicht aus der Tiefkühltruhe.

2. KAPITEL

WILD UND URSPRÜNGLICH

Weil dort wilde Katzen
herumschleichen

Haben Sie gewusst, dass Wildkatzen die einzigen Katzen sind, die als absolut unzähmbar gelten? Selbst in Gefangenschaft geborene Tiere lassen sich niemals freiwillig vom Menschen berühren. Jeder Versuch wird mit scharfen Krallen und spitzen Zähnen beantwortet.

Das Bild der Unzähmbarkeit harmoniert hervorragend mit der äußeren Erscheinung »unserer« europäischen Wildkatze (Felis silvestris silvestris): Mit 18 einziehbaren, langen Krallen und ihrem sehr kräftigen Raubtiergebiss ist sie für ein Tier ihrer Größe extrem wehrhaft. Sie ist körperlich stark, aber dennoch sehr beweglich. Ihr Geruchssinn ist sogar dem des Hundes überlegen. Der buschige Schwanz mit den schwarzen Ringen, der dicke Kopf und die verwaschene Zeichnung mit dem typischen schwarzen Aalstrich auf dem Rücken runden das Bild ab.

Der Mythos Wildkatze hält sich besonders hartnäckig, weil man nie eine zu Gesicht bekommt. Zum einen, weil sie besonders scheu ist, zum anderen, weil sie mit nur 5.000–10.000 Exemplaren zu den seltenen Säugetieren Deutschlands gehört. Sollte man doch einmal das Glück haben, einer zu begegnen, könnte es sein, dass man sie mit einer getigerten Hauskatze verwechselt. Dabei leben die »Waldkatzen«, wie sie auch genannt werden, ausschließlich in großen, geschlossenen Waldgebieten, wohin sich bestimmt keine Hauskatze verirrt – zu weit wären Whiskas-Döschen und weiches Sofakissen entfernt. Hier hat die Wildkatze das Hausrecht – denn sie durchstreifte diese Wälder, lange bevor die Römer unsere spätere Hauskatze über die Alpen nach Europa brachten.

Irgendwo Richtung Waldrand kann es aber doch einmal passieren, dass das zahme Hauskätzchen eine Romanze mit dem wilden Kuder eingeht. Aus der flüchtigen Beziehung entspringen dann Blendlinge – das sind fortpflanzungsfähige Hybride aus Haus- und Wildkatze, die aufgrund der Vermischung des Genmaterials unerwünscht sind. Zum

Glück passiert das recht selten – bei nur 4 % der untersuchten Wildkatzen konnte Hauskatzen-DNA festgestellt werden.[7]

Die Ernährung der Wildkatze besteht zu 90 % aus Mäusen, den Rest machen Eidechsen, Frösche, Eichhörnchen oder Insekten aus. Deshalb lieben Wildkatzen abwechslungsreiche Waldstrukturen mit Windbrüchen, Lichtungen und Waldinnensäumen, wo sich die kleinen Nager tummeln. Den Schutz des Waldes verlassen Wildkatzen fast nie, deshalb ist die Vernetzung der Populationen nicht ganz so einfach. Umso erstaunlicher ist es, dass Senckenberg-Wissenschaftler in einer groß angelegten Studie festgestellt haben, dass Wildkatzen in Deutschland weiter verbreitet sind, als bisher vermutet. Das Forscherteam wertete über 6000 DNA-Proben der scheuen Wildtiere aus und zeigte in einer im Fachjournal *Conservation Genetics* erschienenen Studie, dass die Katzen in weiten Teilen der waldreichen Mittelgebirgsregion Deutschlands nahezu flächendeckend vorkommen.

Aber wie haben das die Wissenschaftler nachgewiesen, wo doch frei lebende Tiere den Menschen meiden und niemals an Verstecke zurückkehren, die Menschen entdeckt haben? Bilder frei lebender Tiere gelangen erstmals in den 1950er-Jahren und sind auch heute noch extrem selten. Ein Nachweis der Existenz von Wildkatzen gelingt deshalb nur mit einem Trick, der sogenannten Lockstock-Methode: Dabei werden Stöcke mit Baldrian eingerieben und im Waldboden festgepflockt. Baldrian wirkt auf Katzen wie ein Sexualpheromon – sie werden dadurch besonders in der Paarungszeit von Januar bis April angelockt und reiben sich daran. An der angerauten Holzoberfläche bleiben Haare zurück, anhand deren DNA festgestellt werden kann, ob es sich um eine Wild- oder Hauskatze handelt. Auch einzelne Individuen können dadurch zweifelsfrei wiedererkannt werden.

Zu den natürlichen Feinden gehören Fuchs, Luchs und Wolf. Die größte Gefahr droht jedoch durch die Zerstörung des Lebensraums und die Zerschneidung der Landschaft mit Straßen und Schienen. Man glaubt es kaum, aber eine Gefährdung droht auch durch die Mitnahme von Jungkatzen durch Waldbesucher. Regelmäßig wird bekannt, dass Spaziergänger junge Wildkatzen mit nach Hause genommen haben, weil sie dachten, es handele sich um alleingelassene

Hauskatzen. Denn im Gegensatz zu den extrem scheuen adulten Tieren sind die Kleinen sehr neugierig und laufen sogar Waldspaziergängern hinterher.

Das passiert nur in den Monaten März bis August, denn da kommt der Wurf mit zwei bis vier Jungen zur Welt. Fallen sie weder Feind noch Auto oder Spaziergänger zum Opfer, können Wildkatzen in freier Wildbahn bis zu zehn Jahre alt werden.

13. GRUND

Weil er mit den Wildtieren im Einklang steht

Einen Wald ohne Tiere gibt es nicht. Tiere, von denen der Mensch kaum Notiz nimmt, wie Regenwürmer und Tausendfüßler. Aber auch Tiere, die für den Menschen von Interesse sind, weil er ihr Fleisch essen, ihr Fell umhängen oder sich ihre Trophäe zu eigen machen möchte. Sie wurden später unter das Jagdrecht gestellt, um zu regeln, wer, wann und wie viel von den jeweiligen Wildarten erlegen darf. Vor 1848 war das klar: (fast) alles für den Landesherrn. Konkurrenten wie dem Wolf, dem Bär und dem Luchs wurde der Garaus gemacht.

Für die Feudalherren war es wichtig, hohe Wildbestände zu haben, damit bei den »eingestellten Jagden« dem Herrscher und seinen Gästen möglichst viele Trophäenträger vor die Laufmündung getrieben wurden. Der hohe Wildbesatz führte zu ebenso hohen Schäden an Wald und Feld. Mit der Bauernrevolution 1848 war damit Schluss. Das Jagdregal der Landesherren wurde aufgehoben und das Jagdrecht auf die Landbesitzer übertragen. Dem neu gewonnenen Privileg frönte das Volk ohne Rücksicht auf waidmännische Traditionen und schon bald waren die einst hohen Wildbestände stark ausgedünnt. Diese »Aasjägerei« ohne Beachtung jagdlicher Ethik war der etablierten Jägerschaft ein Dorn im Auge.

Deshalb wurde in der Weimarer Republik unter Federführung von Ulrich Scherping ein deutschlandweit einheitliches Jagdgesetz ausgearbeitet und 1934 als Reichsjagdgesetz erlassen. Es schrieb unter

anderem die behördliche Abschussplanung, die Gründung von Jagd-
genossenschaften und die bestandene Jägerprüfung zur Lösung eines
Jagdscheins vor.

Nach dem Zweiten Weltkrieg lag der Fokus auf der Hege der gebeu-
telten Wildbestände. Durch die Schonung weiblicher Tiere versuchte
man, möglichst viel Nachwuchs auf die Fläche zu bekommen. Das
gelang so gut, dass das Thema Wildschäden bald wieder Zündstoff
bekam und bis heute besitzt. Nach Ausrottung der Großräuber im
19. Jahrhundert, den natürlichen Feinden des Schalenwildes, lag es in
den Händen der Jäger, die Höhe der Wildbestände zu regulieren. Zwar
bestimmen die Behörden bei den meisten Schalenwildarten mit einem
Abschussplan die Anzahl der zu erlegenden Tiere, aber Papier ist ge-
duldig. Was vom Jäger letztlich im Revier zur Strecke gebracht wird,
bleibt im dunklen Tann verborgen. Ist ihm der behördliche Abschussplan zu hoch, meldet er einfach ein erlegtes Reh, das in Wirklichkeit
munter weiter an den Knospen knabbert. »Postkartenabschuss« nennt
man das. Aufgrund dieser Trickserei und des dadurch sinnlosen Be-
hördenaufwands wird zum Beispiel in Baden-Württemberg bereits
auf amtliche Abschusspläne verzichtet. Die Festlegung der Abschuss-
höhe erfolgt vielmehr in Absprache zwischen Waldbesitzer und Jagdpächter.

»Postkartenabschüsse« sind keine Seltenheit. Denn es ist ein weit
verbreiteter Irrglaube, dass der »schießwütige« (Hobby-)Jäger alles
um die Ecke bringt, was ihm vor die Büchse läuft. Im Gegenteil, er
freut sich über viele Tiere im Wald. Denn er will »Anblick haben«,
das heißt Wild sehen, wenn er auf seinem Hochstand sitzt. Wenn das
Wildtier nach Alter, Geschlecht, Konstitution oder Trophäe passt, erlegt der Jäger dann auch mal eins davon. Auf der einen Seite bringt
ihm dieses »Kümmern« in der Öffentlichkeit Pluspunkte. Jeder hat das
Winterbild vom fütternden Jäger vor Augen. Im Widerspruch dazu
stehen selbstverherrlichende Erlegerbilder, breit grinsend und mit der
Hand ein Victory-Zeichen formend hinter dem toten Tier, wie sie leider immer wieder in den sozialen Medien zu sehen sind. Diese stehen
nicht stellvertretend für den Großteil der Jäger, denn die Grundlage
waidgerechten Jagens ist die Achtung vor dem Mitgeschöpf.

Im Gegensatz zu den Jägern richten sich die Förster nach dem Leitspruch »Wald vor Wild«, wie er zum Beispiel im Bayerischen Waldgesetz verankert ist. Diese Berufsgruppe folgt der Vorgabe des Bundeswaldgesetzes, »einen Ausgleich zwischen dem Interesse der Allgemeinheit und den Belangen der Waldbesitzer herbeizuführen«. Zu den Interessen der Allgemeinheit gehört zum Beispiel die Schutz- und die Erholungsfunktion des Waldes. Um diese Funktionen auch für zukünftige Generationen sicherzustellen, müssen sie die früher vielerorts angepflanzten Fichtenwälder in stabile Mischwälder umwandeln. Das ist auch im Sinne der Waldbesitzer, die ihr Kapital sicher anlegen möchten. Um die Wälder auf den fortschreitenden Klimawandel vorzubereiten, werden kleine Eichen, Buchen, Tannen oder Ahorne unter die Fichten gepflanzt oder man nutzt die natürlich aufkommende Verjüngung. Jetzt ist dieses Vorhaben aber so, als würde man einer Hundemeute Leberwurst in den Zwinger werfen. Denn gerade diese Zielbaumarten sind Leckerbissen speziell für Rehe. Gibt es nun zu viele Rehe oder anderes Schalenwild, müssen teure Zäune gepflanzt werden, um die Leckermäuler fernzuhalten. Das kann aber niemand bezahlen. Deshalb ist das Ziel der Waldbesitzer- und Forstverbände, möglichst wenig Schalenwild im Wald zu haben.

Die Frage »Wie viel Wild verträgt der Wald?« wird vonseiten der Forst- und Jagdpartie völlig unterschiedlich beantwortet. Diese kontroverse Diskussion wird als Wald-Wild-Konflikt bezeichnet und führte in den vergangenen Jahrzehnten leider zum Aufbau regelrechter Feindbilder zwischen den Parteien.

Wann die Wildtiere nun »im Einklang mit dem Wald stehen«, wie dieses Kapitel heißt, lässt sich also nicht so einfach sagen. Der US-amerikanische Forstwissenschaftler, Wildbiologe und Jäger Aldo Leopold brachte das eigentliche Problem schon vor vielen Jahren auf den Punkt: »Der Umgang mit Wildtieren ist vergleichsweise einfach – schwierig ist der Umgang mit den beteiligten Menschen.«[8]

Weil dort Hirschkäfer Kommentkämpfe austragen

Zur wichtigsten Lektüre während meines Forststudiums gehörten Bestimmungsbücher. Bestimmungsbücher über Bäume, über Sträucher, über Blumen, über Pilze, über Vögel. Mit seinem Prachteinband stach jedoch eines besonders aus meinem Bücherregal hervor: *Kerfe des Waldes* von Prof. Gottfried Amann. Mit Kerfe sind Insekten gemeint und davon zieren auch verschiedene das von Paul Richter wunderschön gemalte Buchcover. Mittelpunkt des Bildes ist ein Hirschkäfer auf einem Eichenblatt. Er wurde vermutlich deshalb als würdig für diesen Platz erachtet, weil er mit neun Zentimeter Länge der größte und imposanteste Käfer unter den 8.000 in Mitteleuropa vorkommenden Käferarten ist. Weltweit gibt es übrigens 350.000 Arten in 179 Familien. Jedes vierte Tier auf der Erde ist ein Käfer und noch immer werden neue entdeckt. Außer in der Antarktis trifft man sie überall, besonders in Lateinamerika gibt es die größte Bandbreite von sehr groß (Herkuleskäfer: 17,5 cm) bis sehr klein (Mini-Käfer: 0,3 cm).

Namensgeber für den Hirschkäfer sind die Männchen, denn ihr Oberkiefer ähnelt einem Hirschgeweih, während die Weibchen normal entwickelte Mandibeln haben. Trotz seiner Körperfülle und der archaisch anmutenden Mundwerkzeuge ist der Hirschkäfer für den Menschen nicht gefährlich. Allerdings ist das Kneifen mit den »Geweihstangen« schon spürbar, das Zwicken der Weibchen sogar schmerzhaft.

Das imposante Geweih der Männchen dient nicht zur Nahrungsaufnahme, sondern hat einen anderen Zweck: nämlich den Nebenbuhler im Nahkampf vom Ast zu stoßen und das Weibchen bis zur Paarung festzuhalten. Bis es dazu kommt, futtern die Larven aber erst einmal fünf bis acht Jahre lang morsches, feuchtes, verpilztes Holz am Fuße eines alten Eichenstubbens. Während dieser Zeit häuten sie sich zweimal, bis die dicke weiße Larve eine Größe von 10–12 cm erreicht.

Sind die Larvenjahre vorüber, schlüpfen irgendwann im Mai die fertig entwickelten Imagines aus dem Boden – zuerst die Männchen.

Bei Anbruch der Dunkelheit fliegen die schwerfälligen Käfer als Allererstes zu Saftstellen, mit Vorliebe an Eichen. Saftstellen sind Baumwunden, wie sie durch Frostrisse, Windbruch und Blitzschlag hervorgerufen werden. Unterkiefer und Unterlippe des Hirschkäfers formen ein gelbes, gefiedertes Pinselchen, mit dem der austretende Saft aufgenommen wird. Der Baumsaft enthält Quercitin, Eichenzucker, der als Energielieferant für den sehr anstrengenden Flug benötigt wird. Außerdem werden mit dem Saft Schlauchpilze aufgenommen, die für die Reifung der Keimzellen erforderlich sind.

Die Weibchen kommen etwas später aus dem Boden und machen sich meist zu Fuß auf den Weg. Das Ziel ist ebenfalls die Saftbar, welche bei alkoholischen Drinks und lockerer Stimmung auch gleichzeitig als Partnerbörse fungiert. Alkoholisch deshalb, weil der Saftfleck an der Rinde oft von Bakterien besiedelt wird, die den Zucker zu Alkohol vergären. Manchmal fallen die Hirschkäfer dann berauscht zu Boden, wenn sie sich zu viel hinter die chitinhaltige Binde gepinselt haben.

Das Weibchen sondert Pheromone, also Sexuallockstoffe, ab, mit denen weitere Männchen angelockt werden. Dann kommt es unter den Männchen zu Kommentkämpfen, die denen des Rothirsches ähneln. Jeder will die verführerisch duftende Dame für sich alleine haben. Die geweihartigen Mandibeln werden ineinander verhakt und jeder versucht, den anderen vom Ast zu stoßen. Dabei kann es vorkommen, dass der Gegner in die Höhe gestemmt wird, dadurch jegliche Bodenhaftung verliert und in den Abgrund katapultiert wird.

Wer oben bleibt, ist der Platzhirsch. Er stellt sich über das Weibchen und verhindert mit seinem Geweih – wie mit einer Wegfahrsperre – das Fortlaufen des Weibchens. Der Arrest kann mehrere Tage dauern, in denen das Männchen die eroberte Dame und die private Hausbar gegen andere Hirschkäfer verteidigt. Zu guter Letzt erfolgt die Paarung.

Nach der Paarung begibt sich das Weibchen zu einem fauligen Baumstumpf, am liebsten zu den Überresten einer Eiche, und gräbt sich dort etwa 50 cm tief in die Erde. Hier legt sie dann ihre Eier direkt an den morschen Wurzeln ab. Diese Aktion hat natürlich viel Energie gekostet, deshalb sucht sie anschließend wieder die bekannte Saftbar zur Stärkung auf. Dort wartet der inzwischen ausgeruhte Lover schon auf die Saftschubse und der Liebesakt wird erneut vollzogen. Dann erfolgt wieder eine Eiablage usw. Das Ganze kann sich mehrere Male wiederholen. Am Schluss sind 50–100 Eier im Boden versenkt.

Dass der Hirschkäfer wie ein Phantom im Wald lebt, das kaum jemand zu Gesicht bekommt, liegt neben der langen Entwicklungszeit der Larven besonders an seinen Lebensraumansprüchen. Diese ruhen auf zwei Säulen, die mit der modernen Forstwirtschaft leider nicht oder nur eingeschränkt kompatibel sind: Totholz und Saftstellen. Beschädigte Bäume, die als Saftbar dienen könnten, werden meist schnell entfernt. Zu hoch ist das Risiko, dass über die Wunden Pilze in den Baum gelangen könnten, die den Holzwert mindern. Und die für die Entwicklung der Larven notwendigen Wurzelstöcke werden gerodet, um Platz für Neuanpflanzungen zu schaffen. Im Zuge sogenannter »Aufräumaktionen« werden sogar ganze Laubwälder von Totholz »befreit«.

Der Hirschkäfer, das »Insekt des Jahres 2012«, wird in der Roten Liste Deutschlands bereits als »stark gefährdet« (Kategorie 2) eingestuft. Zudem ist der Hirschkäfer im Anhang II der FFH-Richtlinie aufgeführt. Er ist damit eine Tierart von allgemeinem Interesse, für deren Erhaltung besondere Schutzgebiete ausgewiesen werden müssen. Auch die Entwicklung der Bestände muss laufend kontrolliert werden. So mussten im Jahre 2005 für den Bau der Werft für den Airbus A380 am Flughafen Frankfurt etwa 50 Baumstümpfe, in denen Hirschkäferlarven vermutet wurden, ausgegraben und an anderen Stellen in der Nähe des Flughafens wieder eingesetzt werden.[9]

15. GRUND

Weil der Schwarzstorch eine Rarität ist

Der Weißstorch ist in Deutschland bekannt dafür, dass er die Kinder bringt. Deshalb heißt er in Fabeln auch Adebar – vom germanischen »auda«, das bedeutet Glück, und »bera«, gebären. Weniger bekannt ist dagegen der etwas kleinere Schwarzstorch. Wer jetzt vermutet, dass der dunkelfedrige Verwandte des Klapperstorchs die Kinder in Afrika zustellt, hat sich getäuscht. Der Schwarzstorch brütet ebenfalls in Europa und fliegt genau wie Adebar nur zum Überwintern nach Afrika.

Der Weißstorch hat kein Problem mit der Nähe zum Menschen und brütet gerne mitten in den Ortschaften hoch oben auf dem Kirchturm oder auf sonstigen geeigneten Gebäuden. Er gilt als Glückssymbol. Noch heute bringen viele Menschen, besonders in Norddeutschland, ein Wagenrad auf dem Dach an, in der Hoffnung, dass sich darauf ein Storchenpaar ansiedelt und dem Anwesen glückliche Zeiten beschert.

Der Schwarzstorch dagegen galt in vorchristlich-germanischer Zeit als Begleiter Odins und war im Volksaberglauben als Künder von Krankheit, Unheil und Krieg verrufen. Vielleicht meidet der schwarze Storch deshalb so sehr den Menschen. Er lebt zurückgezogen in großen, geschlossenen Waldgebieten mit Bachläufen, Tümpeln und Feuchtwiesen, wo er in bewährter Storchenmanier nach Amphibien, Fischen und Insekten stochert. Im Übrigen ist sein Gefieder nicht uni-schwarz, sondern es schillert metallisch grün bis purpurfarben, wohingegen die Bauchseite eine weiße Färbung besitzt. Schnabel und Beine sowie die nackten Hautpartien um die Augen sind während der Brutzeit leuchtend rot.

Sein rundes Nest baut der Waldstorch auf einen alten, möglichst hohen Baum mit breiter Krone – bevorzugt eine Eiche oder Buche. Alt deshalb, weil die Äste stark genug sein müssen, um das schwere Nest tragen zu können. Schwarzstörche kehren jedes Jahr gerne wieder zu »ihrem« Nest zurück. Obwohl die Ehepartner den Winter über getrennt irgendwo in Afrika verbringen, treffen sie sich im nächsten Frühjahr wieder am altbewährten Liebesnest. Meistens hat es nach den Herbst- und Winterstürmen etwas gelitten, deshalb wird das Astgeflecht sorgfältig instand gesetzt. Das immer wieder aufgestockte und an die nächste Generation weitervererbte Konstrukt kann dann irgendwann bis zu einer Tonne wiegen! Die Wahl eines ausreichend starken Baumes ist also das Fundament für eine glückliche Ehe.

Sein Lebensraum hat ihm auch den Namen »Waldstorch« eingebracht. Um in der Baumkrone besser manövrieren zu können, hat der

Waldstorch eine besondere Flugtechnik entwickelt, die ihm durch eine anatomische Besonderheit ermöglicht wird: Er kann das Karpalgelenk (Handgelenk) stark abwinkeln, wodurch die große Flügelspannweite von bis zu zwei Metern erheblich reduziert wird. Das macht ihn viel wendiger. Noch einen weiteren Unterschied gibt es zu seinem großen weißen Bruder: Im Gegensatz zum weitgehend stummen Klapperstorch verfügt der Schwarzstorch über verschiedene melodische Rufe, die aber meist nur im Nestbereich zu hören sind.

Auf Störungen in Nestnähe reagieren die scheuen Schwarzstörche sehr empfindlich. Meistens sind es Wanderer oder Fotografen, die die scheuen Waldbewohner beobachten möchten. Bereits Annäherungen auf unter 100 Meter zum Brutbaum werden als Störung empfunden, forstliche Maßnahmen schon ab 300 Meter.[10] Ein Verlust der Brut ist besonders tragisch, weil Schwarzstörche erst mit drei Jahren eine eigene Familie gründen. Dazu kommt, dass die Kollision mit Stromleitungen regelmäßig zu hohen Ausfällen führt. Als wäre das nicht schon genug, fordert auch der lange Weg nach Afrika seinen Tribut. Dort lauern viele Gefahren, wie zum Beispiel der Abschuss und Fang in Südeuropa. Nur drei von zehn Jungstörchen überleben den ersten Winter. Wenn alles gut geht, können wild lebende Schwarzstörche bis zu zwölf Jahre alt werden.

Der Schutz des Schwarzstorches bedeutet in erster Linie Schutz vor Störungen. Mit diesem Wissen, in Verbindung mit einer naturnahen Waldbewirtschaftung sowie einer extensiven Bewirtschaftung feuchter Waldwiesen, konnte sich die Schwarzstorch-Population in Westeuropa in den letzten 25 Jahren wieder leicht erholen. Anfang der 1970er-Jahre brüteten nur knapp 50 Paare in Deutschland, heute geht man wieder von 500 Brutpaaren aus.

Weil dort die Wildererromantik zu Hause ist

Obwohl Wilderer Straftäter sind und mit bis zu fünf Jahren Gefängnis bestraft werden können, wird mit diesem zweifelhaften »Berufszweig« immer noch etwas Heldenhaftes in Verbindung gebracht. Um zu verstehen, woher dieser Mythos kommt, muss man einen Blick in die Vergangenheit werfen.

Ursprünglich hatten alle Germanen das freie Recht zu jagen. Bis hinein ins Mittelalter verfolgte die Landbevölkerung mit der Jagd zwei Ziele: Zum einen schützte die Bauern ihre Äcker vor Wildschäden und ihre Viehherden vor Bären und Wölfen. Zum anderen kam mit der Jagd das Fleisch auf den Tisch.

Doch mit der zunehmenden Abhängigkeit der Bauern von ihren Landesherren, die ihnen militärischen Schutz boten, wurde dieses Recht immer weiter eingeschränkt – bis der Adel zuletzt die »Hohe Jagd« für sich alleine beanspruchte. Der Landbevölkerung wurde nur zugebilligt, dem »Niederwild« wie Hase und Fasan mit Schlingen, Fallen und Netzen nachzustellen. Das Jagdprivileg des Adels wurde erst mit der Revolution von 1848 wieder abgeschafft. Bis dahin wurden zur Durchsetzung des Anspruchs Forstbeamte eingesetzt, die für den Schutz, die Pflege sowie die Überwachung des Jagdreviers verantwortlich waren. Wer trotzdem dem Hochwild nachstellte, wurde zur Strafe und Abschreckung gedemütigt. So gab es die sogenannte Wildererkappe, eine eiserne Kopfbedeckung mit Hirschgeweih darauf, die unter großen Schmerzen am Kopf des Verurteilten festgenietet wurde und die dieser dann für einen längeren Zeitraum tragen musste.

Im Jahr 1526 wurde in Bayern unerlaubtes »Wildbretpürschen« erstmals den »Malefiz- oder Schwerverbrechen« zugeordnet. Damit wurden auch die Strafen immer drakonischer. Herzog Albrecht V. kündigte 1567 im »Wildereimandat« an, Wilderer zukünftig nicht wie bisher mit Gefängnis, sondern ab sofort mit dem Tode zu bestrafen. Selbst dabei wurde oftmals als Zeichen ihrer Straftat und gleichsam zur Abschreckung ein Geweih oder Fell über dem Galgen angebracht.

Mit diesen Maßnahmen brachten die Landesherren die Bevölkerung gegen sich auf, die hilflos zuschauen musste, wie Hirsche und Wildschweine ihr täglich Brot vom Acker fraßen. Deshalb verdienten sich diejenigen große Anerkennung, die ihre Flinte nicht ins Korn warfen und ihre Büchse nicht an den Haken hängten. Sie wurden zu Volkshelden stilisiert, die es den Großkopferten da oben zeigten. Der Wilddiebstahl wurde als ausgleichende Gerechtigkeit betrachtet und Wilderer galten nicht nur in Bayern als eine Art Gamsbart-Version von Robin Hood. Die bekanntesten von ihnen werden noch heute in Wildschützenliedern besungen.

Trotz aller verklärender Wildererromantik darf nicht verkannt werden, dass Wilderer oft auch skrupellose Kriminelle waren, denen ein Menschenleben wenig bedeutete. Davon zeugen die vielen aktenkundigen Fälle von ermordeten Förstern und Jagdaufsehern. Auf der anderen Seite blieb manchem Wilddieb keine andere Wahl, um sich und seine Familie vor dem Hungertod zu bewahren. Manch einer veräußerte das erlegte Wild auch gewinnbringend – so hatte der Spessarter Erzwilderer Johann Adam Hasenstab einen florierenden Wildbrethandel bis nach Frankfurt.

In den Alpen entstand im 19. Jahrhundert eine regelrechte Wildererromantik, da – wie das Jagen – auch das Wildern im Hochgebirge nicht nur besonders gute Ortskenntnisse, sondern auch ein tiefes Naturverständnis, ein hohes Maß an Verwegenheit und nicht zuletzt bergsteigerische Fähigkeiten erforderte. Noch heute sind manche Gebirgswanderwege auf alte Jägerpfade zurückzuführen. Führen sie durchs Unterholz, können es auch ehemalige Schleichwege von Wilderern sein, denn besonders im bayerisch-österreichischen Grenzgebiet waren Wilderer oft zugleich auch Schmuggler.

Im Zuge der Romantik Anfang des 19. Jahrhunderts wurden die Gebirgs-Wildschützen schließlich in Verbindung mit den Alpen-Motiven auch in Kunst und Literatur immer häufiger als »natürliche Helden« dargestellt und verehrt.[11] Diese tollkühnen Wildschützen – der Bekannteste ist sicher Georg »Girgl« Jennerwein – jagten stets waidgerecht nach dem Ehrenkodex, keine Schlingen zu legen und keinem Rehkitz die Mutter wegzuschießen, weshalb sie in der Öffentlichkeit auch so beliebt waren. Man darf sich aber nicht täuschen lassen: Der Großteil der Wilderer lauerte dem Wild heimtückisch mit Schlingen auf und scherte sich einen Dreck um das Leiden der Tiere. Oft quälte sich das gefangene Wild tagelang in den Drähten, mancher Fuchs biss sich sogar den Fuß ab, um zu entkommen.

Sogar für die Nationalsozialisten war Wilderer nicht gleich Wilderer: Ab Ende Mai 1940 wurden unter Oskar Dirlewanger im KZ Sachsenhausen rechtskräftig verurteilte Wilderer aus dem ganzen Reich zum »Wilddiebkommando Oranienburg« zusammengestellt. Dabei wurden aber nur diejenigen berücksichtigt, die mit dem Gewehr gejagt hatten. Am 3. August 1944 erklärte Heinrich Himmler vor den Gauleitern in Posen: »Ich habe mir vom Führer die Genehmigung geben lassen, aus den Gefängnissen Deutschlands alle Wilderer, die Büchsenjäger sind, also die Kugelwilderer, keine Schlingenjäger, herauszuziehen. Das waren ungefähr 2000. Von diesen anständigen und braven Männern leben leider Gottes nur noch 400.«[12]

Dass die Wilddiebe als »anständige und brave Männer« bezeichnet werden, zeigt die in der Volksüberlieferung verwurzelte Hochachtung der mit Gewehr jagenden Wilderer im Gegensatz zu den »feigen« Schlingenstellern.

Noch heute wird dieser Mythos gepflegt. Im Dokumentarfilm *Grüß Gott Gams – Felix und die Wildschützen der Alpen* aus dem Jahr 2008 berichten die Wilderer Felix Laubhuber und Horst Eberhöfer über die Faszination der illegalen Jagd. Felix »Fex« Laubhuber aus Schleching gilt als »König der Schwarzgeher« und wurde bereits zweimal wegen Wilderei verurteilt. Trotzdem wird ihm mit diesem Fernsehfilm eine Plattform zur Selbstdarstellung gegeben.

Mit Romantik hat die heutige Wilderei nichts zu tun und von einem jagdlichen Ehrenkodex haben Jennerweins Erben noch nie etwas gehört. Im Bericht zur Polizeilichen Kriminalstatistik wurden für das Jahr 2016 in der Bundesrepublik 1.054 Fälle der Jagdwilderei erfasst. Dazu kommt noch eine enorme Dunkelziffer. Der Täter muss schon in flagranti mit frischer Beute oder einer Waffe angetroffen werden, um ihn zu überführen. Wilderei 2.0 geschieht meist nachts mit Scheinwerfer oder Nachtzielgerät und Schalldämpfer. Damit der Schussknall möglichst leise ist, werden in der Regel Kleinkaliberwaffen verwendet. Deren Wirkung ist auf weitere Entfernung jedoch so schwach, dass Rehe – die häufigsten Opfer – bei schlechten Treffern nicht gleich getötet werden. Aus Furcht, entdeckt zu werden, suchen die Heckenschützen aber nicht nach dem verletzten Tier, sondern überlassen es einfach seinem qualvollen Schicksal.

Auch vor archaischen Methoden wie Armbrust und Schlagfalle schrecken die Jagdfrevler nicht zurück. Immer wieder wird von Wildtieren berichtet, in denen Bogen- oder Armbrustpfeile stecken. Eckhard Fuhr, Kolumnist der Tageszeitung *Die Welt*, folgert aus dieser Entwicklung:»Die Sehnsucht nach dem Archaischen bricht sich, vor allem unter Männern, immer öfter Bahn … Ich bin davon überzeugt, dass die beiden Wilderer Bärte trugen und Hipster waren. Ja, wir erleben die Geburt eines Trends. Es würde mich nicht überraschen, wenn künftig Modemacher, Werbefritzen und Chefredakteure mit Vollbart und Armbrust durch den Wald schlichen. Und wenn ich das nächste Mal dort zum Essen eingeladen bin, dann heißt es bestimmt: selbst gewildert.«[13]

17. GRUND

Weil dort Luchse ihre Pinselohren spitzen

Der Luchs ist die größte europäische Katzenart und nach Bär und Wolf das größte Landraubtier, das in Europa heimisch ist. Genau wie in Bär und Wolf sahen unsere Vorfahren im Luchs einen Vieh- und Wilddieb, den es auszurotten galt.

Nach der vollständigen Eliminierung des Luchses in Mitteleuropa wandelte sich die Einstellung zu dieser Tierart erst langsam in der zweiten Hälfte des 20. Jahrhunderts. Ab etwa 1950 wanderten wieder vereinzelt Luchse in unsere heimischen Wälder ein. Gezielte Wiederansiedlungen in den Nachbarstaaten führten zu weiteren Zuwanderungen. So fanden Luchse aus den Karpaten ihren Weg in die Schweiz und nach Tschechien und eroberten sich dort ihre ehemaligen Territorien wieder zurück. Aber auch in Frankreich, Österreich und Polen erlebten die Luchse eine Renaissance durch Menschenhand.

Ein einzelner Luchs beansprucht ein Territorium von 100 Quadratkilometern und mehr. Bei diesem Platzbedarf liegt es nahe, dass innerhalb kurzer Zeit einzelne Individuen in den grenznahen Gebieten der Bundesrepublik gesichtet wurden. Mittlerweile gibt es in Deutschland neben dem Luchsvorkommen im Bayerischen Wald ein zweites größeres Vorkommen im Harz. Im Schwarzwald und im Pfälzer Wald gibt es immer wieder Hinweise auf Einzeltiere, neuerdings auch im Thüringer Wald.

Eines ist den lokalen Populationen gemeinsam: Sie sind sehr klein und nur wenige stehen in regelmäßigem genetischen Austausch miteinander. Will man den Luchs wieder als feste Größe in unserer heimischen Tierwelt etablieren, müssen die Vorkommen miteinander vernetzt werden, um Inzucht zu verhindern. Das ist sehr schwierig, weil die geeigneten Lebensräume weit voneinander entfernt sind und der Weg durch unsere Kulturlandschaft sehr gefährlich ist.

Im Harz, wo 1818 nach elftägiger Jagd mit 200 Jägern und Treibern der letzte Luchs zur Strecke kam, läuft seit 2000 ein Auswilderungsprojekt, in dessen Rahmen 24 Luchse ausgewildert wurden. Im Sommer 2002 kam es zur ersten Geburt freilebender Luchse seit der Wiedereinführung. Seither erblickten in jeder Saison kleine Luchse das Licht der Welt – bis Ende 2008 ließen sich bereits 58 Jungtiere dokumentieren.

Aber nicht jeder freut sich über diese Nachrichten und teilt die Begeisterung, dass ein beinahe schäferhundgroßes Raubtier in unseren Wäldern unterwegs ist. Dabei sind Luchse nun wirklich keine Gefahr für den Menschen. Ihre Lieblingsspeise sind Rehe – ihnen lauert der Luchs auf und springt ihnen bis zu sechs Meter weit in Raubkatzenmanier an die Kehle. Ausnahmsweise sprintet er auch mal hinterher – nicht weit, aber mit bis zu 70 km/h verdammt schnell. Dann stillt er seinen ersten Hunger, versteckt die Beute unter etwas Laub und kehrt dann mehrere Tage hintereinander zum Resteessen dorthin zurück. Jeden Tag etwa ein bis eineinhalb Kilogramm Fleisch und die Katze ist glücklich.

Nicht so glücklich sind manche Jagdpächter, denn in Summe kommen da pro Luchs schon mal 50 Rehe pro Jahr zusammen, die der Waidmann gerne selbst erlegt und verkauft hätte. Da wird der Luchs zum Konkurrenten. Der Jäger bekommt zwar für jeden Luchsriss eine Entschädigung, aber nur wern ein offizieller Luchsberater bestätigt, dass das Beutetier von der Großkatze gerissen wurde. Dazu muss man die Überreste natürlich erst mal finden.

Als Einzelgänger mit riesigem Pirschbezirk ist der Einfluss des Luchses auf den Rehwildbestand zwar spürbar, ersetzt aber nicht den Jäger mit der Büchse. Allerdings beschränkt sich der Luchs bei seinen Jagdzügen nicht nur auf Wildtiere: Schafe und Ziegen stehen ebenfalls auf seinem Speiseplan, was wiederum zu Konflikten mit den Bauern führt. Auch diese werden entschädigt. Trotzdem sind viele Jäger und Bauern der Meinung, dass man gerne auf den Luchs – genauso wie auf den Wolf – verzichten könne.

Beim Wolf geht die öffentliche Meinung auseinander, der Luchs stellt für den Menschen jedoch keine Gefahr dar und ist allein schon durch sein Aussehen ein Sympathieträger – denn mit seinen Pinselohren, dem Backenbart, dem Stummelschwanz und den großen, flauschigen Tatzen wirkt er plüschig wie ein Kuscheltier.

18. GRUND

Weil sich in Urwäldern
der Mensch mal völlig raushält

Nur selten dürfen Bäume in Deutschland machen, was sie wollen. Genaugenommen nur auf zwei Prozent der Waldfläche. Hier wurde der Wald dauerhaft aus der Nutzung genommen und sich selbst überlassen, was landläufig als Urwald bezeichnet wird. Der Begriff stimmt eigentlich nicht ganz, weil ein Urwald ein Wald ist, der noch nie von einem Menschen genutzt wurde. Aufgrund der weit zurückreichenden Kulturtätigkeit des Menschen in Mitteleuropa existieren in Deutschland jedoch keine echten Urwälder mehr. Allerdings gibt es noch Waldbestände oder Gruppen von Altbäumen, die eine weit zurückreichende Habitattradition besitzen.

Unter Habitattradition versteht man die Kontinuität eines Wald- oder Baumbestandes hinsichtlich seiner Baumartenzusammensetzung sowie seines Totholz- und Strukturangebots. Seit über tausend Jahren unterbricht der wirtschaftende Mensch jedoch diese Tradition.[14]

Seit dem 12. Jahrhundert gibt es deshalb in Mitteleuropa kaum noch urwüchsigen, naturbelassenen Wald. Bereits Anfang des 14. Jahrhunderts war ein Großteil der Waldflächen ausgebeutet und verwüstet. Mit Erfindung der Nadelholzsaaten gelang der Forstwirtschaft aus damaliger Sicht ein großer Wurf, denn so konnten die Flächen schnell und ertragreich wieder aufgestockt werden. Damit begann aber auch die Änderung der natürlichen Baumartenzusammensetzung. Der großflächige Bestockungswandel hin zu standortfremden Nadelbaumarten nahm besonders ab dem 19. Jahrhundert im Rahmen der Bodenreinertragslehre nochmals richtig Fahrt auf.[15]

Nur Wälder, die anderen Interessen dienten, blieben von dem radikalen Bestockungswandel verschont. Dazu gehörten die Jagdgebiete der Landesherren, die sogenannten Bannwälder, und die Hutewälder, in die das Vieh zur Waldweide getrieben wurde. Ebenfalls verschont blieben abgelegene Gebirgswälder. Diese Ausnahmen sind heute die wichtigsten »Urwaldreliktstandorte« in Deutschland, an denen die sogenannten Urwaldreliktarten überdauern konnten. Dazu gehören unter anderem 115 totholzbewohnende Käferarten. So ist das Vorkommen des Raubplattkäfers (Cryptolestes abietis) in Deutschland nur aus dem Naturwaldreservat »Wettersteinwald« belegt, wo 1987 erstmals sieben Exemplare nachgewiesen wurden.[16]

In Urwäldern spielt das Sterben und Zerfallen eine große Rolle – nicht nur für Reliktarten, sondern für eine Vielzahl weiterer gefährdeter Organismen. Dieses Stadium wird in einem Wirtschaftswald jedoch größtenteils eliminiert, indem das Holz vorher geerntet wird. So kommen auf einen Hektar deutschen Wirtschaftswald gerade einmal zehn Kubikmeter totes Holz – ein europäischer Urwald beherbergt die 14-fache Menge.[17]

Den deutschen »Urwäldern« kommt daher hinsichtlich der zu schützenden und zu bewahrenden biologischen Vielfalt eine große Verantwortung zu. Das hat auch die Bundesregierung vor zehn Jahren erkannt und die »Nationale Strategie zur biologischen Vielfalt« verabschiedet. Das Bundeskabinett unter Bundeskanzlerin Angela Merkel steckte sich dabei das Ziel, dass bis zum Jahr 2020 mindestens fünf Prozent der deutschen Waldflächen einer natürlichen Entwicklung überlassen worden sind.

Wie eingangs erwähnt, sind es bisher jedoch nur zwei Prozent und das für 2020 gesteckte Ziel scheint sich zu einer unerreichbaren 5-Prozent-Hürde zu entwickeln. Die großen deutschen Naturschutzverbände kommen in einer Analyse zu dem Schluss, dass sich der Zustand der biologischen Vielfalt in den vergangenen zehn Jahren nicht etwa verbessert, sondern sogar verschlechtert hat. Der Schwund an Arten und Lebensräumen soll laut dem Papier ungebremst anhalten. So seien die deutschen Wälder noch immer zu erheblichen Teilen durch naturferne Forste mit überwiegend nicht standortheimischen Baumarten geprägt.[18]

Weil dort Rehe und Hirsche umherstreifen

Wer an matschigen Stellen im Wald genau hinschaut, sieht dort häufig Fußabdrücke von Wildtieren, die am Wasser ihren Durst gestillt haben. Wenn diese Spuren aussehen wie zwei spitz zulaufende Nieren, stammen sie vom sogenannten Schalenwild. Darunter versteht man die dem Jagdrecht unterliegenden Paarhufer, deren Klauen in der Jägersprache als »Schalen« bezeichnet werden. Der Fußabdruck wird als Trittsiegel bezeichnet.

Die bekanntesten Schalenwildarten dürften Rehwild, Rotwild und Schwarzwild sein – landläufig als Reh, Hirsch und Wildschwein bekannt. Am häufigsten sind die Spuren vom Rehwild zu sehen, denn es kommt in Deutschland flächendeckend vor. Rotwild dagegen lebt nur in bestimmten Gebieten. Das liegt aber nicht daran, dass es woanders nicht überleben kann. Ursprünglich lebte diese Wildart in lichten Wäldern und weiten, steppenartigen Landschaften.

In Deutschland können wir diese von Menschen ungestörten Flächen nicht bieten – außer auf einigen Truppenübungsplätzen. In Grafenwöhr zum Beispiel hat sich das Rotwild sehr gut an Panzer und Schüsse gewöhnt. Außerhalb dieser Sperrgebiete drängen die vielen menschlichen Störungen das in Rudeln lebende Rotwild in größere Waldkomplexe oder ins Hochgebirge zurück. Denn Rotwild reagiert auf die Anwesenheit von Menschen viel empfindlicher als das Rehwild.

Dummerweise hat Rotwild die Angewohnheit, die Rinde von Baumstämmen abzuschälen, was zu großen Schäden an den Bäumen führt. Auch auf landwirtschaftlich genutzten Flächen kann es ordentlich zu Schaden gehen. Deshalb wird diese Wildart bewusst nur in bestimmten Gegenden geduldet, den sogenannten »Rotwildgebieten«. In Deutschland gibt es heute 140 solcher behördlich festgelegter Gebiete, die rund 15 % der Bundesfläche umfassen.[19] Diese flächenmäßige Begrenzung auf inselartige Rückzugsgebiete führt leider zu einer genetischen Verarmung der Populationen. Auch die für Rotwild charakteristischen Wanderbewegungen zwischen höher gelegenem Sommer- und tiefer gelegenem Wintereinstand sind größtenteils nicht mehr möglich, weil sich in den klimatisch günstigeren Tallagen der Mensch breitgemacht hat.

Rehwild und Rotwild gehören beide zur Familie der Hirsche. Doch schon bei der Unterfamilie trennen sich die Wege. Der Hirsch ist also keinesfalls der Mann vom Reh, wie manche Menschen glauben. Auch vom Größenverhältnis her wäre das ein sehr ungleiches Paar, denn ein Rothirsch kann bis zu 250 kg schwer werden, ein Reh wiegt dagegen um die 25 kg. Das männliche Reh ist der Rehbock, das weibliche Reh heißt in Norddeutschland Ricke, in Süddeutschland Geiß. Weibliches Rotwild, also die »Frau« vom Rothirsch, heißt Hirschkuh oder Alttier.

Und die Unterschiede gehen weiter: Ein Reh setzt in der Regel zwei Kitze, ein Alttier pro Jahr ein Kalb. Für einjährige Tiere gibt es auch noch Extrabezeichnungen: Beim Rehwild heißen die männlichen

Tiere Jährling und die weiblichen Tiere Schmalreh. Beim Rotwild ist das Pendant der Schmalspießer und das Schmaltier. Unter dem Begriff Kahlwild werden alle weiblichen Tiere beim Rotwild zusammengefasst. Die Bezeichnung kommt daher, dass die Damen kein Geweih tragen und deshalb auf dem Kopf »kahl« sind.

Das Geweih eines Rothirsches kann bis zu 15 kg schwer werden und wird jedes Jahr komplett neu aufgebaut. Übrigens: Die Anzahl der Geweihspitzen gibt nicht das Alter eines Hirsches an. Die Zahl der Enden ist genetisch und altersbedingt. Zwischen Ende Februar und April wirft der Hirsch die beiden Geweihstangen einzeln ab, die sogenannten Abwurfstangen. Nach und nach wächst das neue Geweih. Das Wachstum besorgt der Bast, eine fellähnliche Haut, die den Knochen umgibt und mit Nährstoffen versorgt. Ist die volle Größe des Geweihs erreicht, vertrocknet der Bast und der Hirsch schubbert die oft in Fetzen herabhängende Haut an Baumstämmen und Ästen ab – man sagt »er fegt«.

Im September, pünktlich zur Brunft, präsentiert sich der Hirsch der Damenwelt dann mit prachtvollem Kopfschmuck und einer mächtigen Brunftmähne am Hals. Vom Prinzip her macht der Rehbock das ähnlich, nur zeitlich etwas versetzt und alles eine Nummer kleiner – auch auf die Brunftmähne verzichtet er.

Ab der Spätromantik trat das Motiv des röhrenden Hirsches seinen Siegeszug an. Bis in die 1960er-Jahre hinein war der röhrende Hirsch in Kaufhäusern anzutreffen. Der König der Wälder war die Krone des Gelsenkirchener Barocks und stand für den Konservatismus schlechthin: »Wer einen röhrenden Hirsch im Wohnzimmer hatte, liebte den Wald, seine Heimat, seinen Chef und sonntags einen schönen Braten.«[20] In den Jahren danach stand das Hirschgemälde als Synonym für Kitsch in der Kunst und war auf Flohmärkten für ein paar Mark zu haben.

Heute erlebt das Motiv eine Renaissance und die totgesagten Ölgemälde sind, genau wie Hirschgeweihe und Rehgehörne, in der modernen Inneneinrichtung gefragter denn je.

Weil dort Wildschweine im Boden wühlen

Das Wildschwein ist das massigste und wehrhafteste Tier unserer heimischen Wälder, weshalb sich viele Menschen vor einer Begegnung mit ihm fürchten. Das liegt sicher daran, dass in den Nachrichten immer mal wieder von einem Angriff zu hören ist, man sonst aber von dieser Wildart kaum etwas sieht. Sich ein eigenes Bild zu machen ist also schwierig, was die wenigen Berichte zur Allgemeingültigkeit erhebt.

Dass diese Tiere wehrhaft sind, fällt aber auch nicht schwer zu glauben, denn Wildschweine sind ganz schöne Brocken: Ein Keiler – das männliche Wildschwein – kann bis zu 200 kg schwer werden. Seine unteren Eckzähne werden etwa 20 cm lang, wovon aber »nur« etwa 10 cm aus dem Kiefer herausschauen. Das ist seine gefährlichste Waffe, mit der er sich sehr gut zur Wehr setzen kann. Denn die oben erwähnten Angriffe sind nichts anderes als Verteidigung. Fast immer sind es verletzte Tiere oder Bachen – weibliche Wildschweine –, die ihre kleinen Frischlinge beschützen wollen. Bachen besitzen nicht die ausgeprägten Eckzähne wie ihre männlichen Artgenossen, ihr Gebiss ist aber genauso kräftig. Wildschweine können damit sogar Kokosnüsse knacken!

Aber keine Sorge, die Begegnung mit verletzten Tieren haben in der Regel nur Nachsuchenführer. Das sind Jäger, die speziell dazu ausgerüstet sind, mit ihrem Hund die Spur angeschossener oder angefahrener Wildschweine zu verfolgen, um diese von ihrem Leid zu erlösen. Hier kommt es tatsächlich häufiger vor, dass der verletzte Schwarzkittel den Hundeführer angreift, um sich seiner borstigen Schwarte zu erwehren.

Wenn Sie als Spaziergänger wirklich einmal auf dem Waldweg einer Rotte Wildschweine begegnen sollten, ist das Beste, Sie drehen um und entfernen sich. Wildschweine besitzen keinen Hetztrieb, wie man es von Hunden oder Wölfen kennt, also keine Angst: Die Schweine werden Sie nicht verfolgen. Im Gegenteil, sie sind froh, wenn sie ihre Ruhe haben.

Eine Begegnung mit Schwarzwild – so heißen Wildschweine im Jagdjargon – dürfte aber recht selten sein. Denn die Urform unserer Hausschweine geht erst nachts auf Nahrungssuche. Tagsüber ruht es in undurchdringlichen Dickungen und unter dichten Brombeerranken, wo normal kein Mensch freiwillig hingeht. Für das dichte, borstige Fell der Wildschweine sind die Dornen kein Problem, eher eine Massage mit Striegeleffekt. Sollte sich doch einmal ein masochistischer Beerensammler in das Tageslager verirren, weil er selbst die letzte Beere pflücken will, bleiben die Wildschweine dort so lange liegen, bis er beinahe auf sie tritt. Erst im letzten Moment verlassen sie unwillig ihr trockenes, warmes Lager. Aber selbst dann greifen sie den Menschen nicht an, sondern flüchten in die nächste Dickung.

Senkt sich dann langsam die Dunkelheit über den Wald, rumpelt und quiekt es im Dickicht, als müsste jede Nacht von Neuem ausgehandelt werden, in welcher Reihenfolge die Corona auf Piste geht. Am Ende ist es aber doch immer gleich: Die Leitbache, quasi die Übermutti, geht vorneweg und die anderen hinterher. Wildschweine sind sehr intelligent und profitieren von der Erfahrung älterer Tiere. Sie führen den ganzen Schweinetrupp im Schutze der Dunkelheit zu den sicheren Futterplätzen. Das können im Wald Würmer, Schnecken, Wurzeln, Bucheckern und Eicheln sein, aber auch Feldfrüchte wie Mais und verschiedene Leguminosen. Ganz zum Leidwesen der Landwirte, die in den letzten Jahren über die zunehmenden Schäden auf ihren Äckern klagen.

Ganz besonders lieben Wildschweine den Mais. Doch irgendwann verschwinden die leckeren goldenen Kolben im gefräßigen Maishäcksler und rücken damit in unerreichbare Ferne für die verwöhnten Wildschweine. Die Wochen zuvor waren das reinste Schlaraffenland: einfach den ganzen Tag saugemütlich mitten im mannshohen Mais stehen und fressen, fressen, fressen. Nachts mal kurz rüber in den Wald, ein frisches Fangobad nehmen und wieder flugs zurück an den Esstisch. Da sind schnell ein paar Kilo Maisgold in Hüftgold umgewandelt. Da spannt die Sauschwarte.

Dann ist der Mais plötzlich verschwunden. Das bedeutet zurück in den Wald. In normalen Jahren müssen die Schweine jetzt mühsam auf die Suche gehen nach Fressbarem. Ein Würmchen hier, ein Pilzchen dort – wie soll ein Saumagen denn da satt werden? Und das viele Suchen macht ja gleich schon wieder Hunger … Was war das doch schön im Mais!

Der Mais ist noch nicht mal ganz geerntet, da fährt die Natur bereits den zweiten Gang auf – und zwar in gewaltigen Mengen. Denn immer häufiger gibt es Mastjahre, in denen sich Eichen und Buchen förmlich unter der Last ihrer Früchte biegen. Eicheln und Bucheckern prasseln lautstark auf den Waldboden, häufig unterbrochen durch ein lautes »Klacken«, wenn einige der schweren Eicheln von einem Ast abprallen.

Ohne großen Aufwand können die Schwarzkittel sich nun riesige Mengen an Eicheln und Bucheckern einverleiben. Ein wahrlich goldener Herbst. Man könnte sich ja jetzt freuen, dass sich die Schweinchen sauwohl fühlen. Aber die Medaille hat auch eine Kehrseite: In normalen Jahren überlebt ein Teil der Frischlinge den Winter nicht. Nicht so in den Mastjahren: Die properen Kleinen feiern alle gemeinsam ein gutes Neues – also Schwein gehabt, verhungern muss niemand, keine Verluste in der riesigen Suidae-Familie.

Ganz im Gegenteil: Die gute Konstitution sorgt dafür, dass sich bereits die kleinen Frischlinge an der Reproduktion beteiligen. Das führt zu noch mehr Wildschweinen. Der Wald hat kein Problem damit, denn Wildschweine fressen im Gegensatz zu Rehen keine ausgekeimten Bäumchen – im Gegenteil, durch das Auflockern des Bodens können Samen umso besser austreiben und anwachsen. Ihre nächtlichen Ausflüge auf die Felder sind das Problem.

Nach Expertenmeinung sollen aufgrund des Klimawandels die Mastjahre übrigens in immer kürzeren Abständen auftreten – und die Anbauflächen für Biogasmais immer weiter zunehmen. Eine Aufwärtsspirale, bei der keiner weiß, wo sie hinführt. Jagdlich kann der Wildschweinbestand sowieso nicht mehr reguliert werden.

Bei einer Vollmast im Wald weiß der Jäger nie, wo die Sauen im Gebräch stehen (Jägersprache für »wo sie auf Nahrungssuche sind«). Die vom Jäger sorgsam angelegten Mais-Kirrungen zum gezielten Anlocken der Schwarzkittel werden in Anbetracht der schlaraffenlandartigen Gesamtsituation vom gemästeten Schweinerüssel als Saufraß abgetan und großzügig ignoriert. Dazu kommt noch, dass die nacht-aktiven Tiere nur an den Tagen um Vollmond gejagt werden können – weil der Jäger ansonsten schlichtweg nichts sieht. Denn bis vor Kurzem war der Einsatz von künstlichen Lichtquellen in Deutschland verboten, inzwischen ist aber Bewegung in die Zulassung von Taschenlampen und Nachtzielgeräten für die Schwarzwildjagd gekommen.

Um überhaupt einen Einfluss auf die stark zunehmenden Wild-schweinbestände nehmen zu können, sind großräumige Bewegungs-jagden das Mittel der Wahl, auf denen auch mal 30 Sauen und mehr erlegt werden können. Dazu werden die Wildschweine im Wald – meist mithilfe von Hunden – aus ihren Tagesverstecken gedrängt, um diese den Jägern vor die Büchse zu treiben.

Allerdings könnten die hiesigen Wildschweinbestände bald aus einem anderen Grund zusammenbrechen. Bei Drucklegung dieses Buches steht die Afrikanische Schweinepest (ASP) vor den Toren Deutschlands. Gegen die ASP gibt es im Gegensatz zur klassischen Schweinepest bisher keinen Impfstoff. Das Auftreten der Seuche hätte nicht nur für das Schwarzwild fatale Folgen, sondern auch für die landwirtschaftliche Schweinehaltung.

21. GRUND

Weil dort der Große Hahn balzt

Bis zur Wende vom 19. zum 20. Jahrhundert war Europas größter Hühnervogel, der Auerhahn, bei uns in allen Gebirgen, bewaldeten Höhen und geschlossenen Wäldern der Ebene verbreitet. Begegnun-gen mit ihm waren trotzdem eine Seltenheit, denn man darf sich das Auerwild nicht wie eine Hühnerschar vorstellen, die pickend über den Waldweg trippelt. Auerhühner sind Einzelgänger und sehr scheu. Nur während der Balz vergessen die territorialen Hähne ihre Vor-sicht. Dann steigt ihr Testosteronspiegel um das Hundertfache an und schon mancher Spaziergänger musste schmerzhafte Schnabelhiebe einstecken und wurde zum fluchtartigen Verlassen des Reviers genötigt.

Der eine oder andere könnte jetzt sagen: »Ich werde ja wohl mit einem Huhn fertig.« Aber so ein Auerhahn ist eine imposante Erscheinung, denn er bringt vier bis fünf Kilo auf die Waage und erreicht etwa die Größe einer Gans – er wird deshalb in der Jägersprache auch »Großer Hahn« genannt. Dazu kommt das dichte, schwarze Federkleid und sein bei Erregung breit gefächerter Schwanz und der gesträubte Kehlbart. Typisch für alle Raufußhühner ist die starke Befiederung der Füße. Zusammen mit seitlichen Hornstiften an den Zehen, welche die Trittfläche vergrößern, verhindern diese »Schneeschuhe« das Einsinken im Winter.

Während die Waldgebiete im borealen Nadelwaldgürtel Eurasiens fast flächendeckend vom Auerhuhn besiedelt sind, kommt das Auerhuhn in Mitteleuropa nur noch selten vor. Es handelt sich hier um kleine isolierte Populationen in alten, wenig berührten Bergwaldregionen – etwa in Österreich, der Schweiz, Slowenien, im südlichen Berchtesgadener Land, im Bayerischen Wald, im Fichtelgebirge und im Schwarzwald.

Dass das Auerhuhn sich trotz aller Schutzbemühungen nicht weiter verbreitet, hängt mit dessen hohen Lebensraumansprüchen zusammen. Während manch andere Tierarten durchaus Kompromisse eingehen, weicht das Auerhuhn keinen Deut von seinen Forderungen ab.

Zu diesen Forderungen gehört die enge Verzahnung aus Nahrungsangebot und Deckung. Dabei darf die Übersicht aber nicht verloren gehen. Praktisch sieht das dann so aus: ein lichter Waldbestand aus alten Fichten oder Kiefern mit reichlich Heidelbeersträuchern auf dem Boden, der Lieblingsnahrung des Auerhuhns. Dazu stellenweise Naturverjüngung als Versteck vor Feinden. Aber nicht zu hoch, damit die Flugbahn für den großen Vogel frei ist und gute Rundumsicht herrscht. Wenn das Ganze dann noch an einem schwach geneigten, südlich exponierten Hang liegt, wo es viele Insekten für die Küken gibt, ist das Auerhuhn glücklich.

Dauerhaft sind solche lückigen Waldstrukturen nur in den klimatisch rauen Hoch- und Kammlagen der Mittelgebirge und des Hochgebirges sowie in der Taigaregion in Skandinavien und Russland zu finden. In tieferen Lagen müssen diese Waldbilder vom Menschen aktiv erhalten werden. Früher geschah das eher zufällig, als die Wälder durch menschliche Übernutzung – insbesondere die Streunutzung und Waldweide – ihren lichten Charakter bekamen und damit ganz nebenbei zum Lebensraum des Auerwildes wurden.

Der »Große Hahn« hatte in den vergangenen Jahrhunderten mächtige Fürsprecher, denn er gehört seit jeher zum Hochwild, dessen Bejagung früher ausschließlich dem Adel vorbehalten war. Dementsprechend sorgte die Noblesse auch für ein ausreichendes Vorkommen dieser Vogelart.

Die Hahnenjagd erfolgte klassisch bei der Balz. Diese beginnt je nach Höhenlage und Witterung im März und dauert bis etwa Anfang Juni. Die Hähne starten in der Morgendämmerung mit der Baumbalz. Dazu setzt sich der Hahn auf den Ast eines alten Baumes, fächert seinen Schwanz auf und reckt seinen Kopf mit den leuchtend roten Rosen in die Höhe. Dann stimmt er die Balzarie an. Diese klingt jedoch nicht wie ein Stück aus der Oper, sondern erinnert eher an die Geräuschkulisse eines Handwerksbetriebs. Die Arie beginnt mit einem hölzernen »Knappen«, das immer schneller wird, und klingt wie das Fallenlassen einer Holzkugel. Die Strophe steigert sich über den »Triller« bis hin zum »Hauptschlag«, der dem Öffnen einer Sektflasche ähnelt. Zum Schluss folgt das »Wetzen«, auch »Schleifen« genannt, das sich wie das Wetzen einer Sense anhört. Die ganze Strophe dauert etwa sechs Sekunden und der Hahn wiederholt sie mehrere Hundert Mal am Morgen.

Mit Sonnenaufgang geht die Balz am Boden weiter. Der Hahn streicht von seiner Warte herab auf die Lichtung, wo sich die Hennen eingefunden haben. Auf dem Balzplatz zieht er jetzt richtig vom Leder und tanzt sich die Seele aus dem Federkleid. Er stolziert auf und ab, trippelt von einem Bein aufs andere und bisweilen macht er einen Sprung in die Höhe. Diese tänzerische Darbietung soll übrigens die Vorlage für den volkstümlichen Schuhplattler sein. Sind mehrere Hähne in der Balzarena zugange, kommt es oft zu spektakulären Kämpfen zwischen den Rivalen. Als Abschluss der Bodenbalz werden die Hennen dann vom ranghöchsten Hahn getreten, wie die Paarung bei Vögeln genannt wird.

Für die Bejagung machen sich die Waidmänner übrigens ein Phänomen des Balzliedes zunutze: Während des Schleifens ist der Hahn praktisch taub. Mit jeder Strophe gelingt es dem Jäger deshalb, unbemerkt ein Stück näher zum balzenden Hahn zu laufen, bis er schließlich auf Schussentfernung herangekommen ist.

Das Auerwild ist in Deutschland vom Aussterben bedroht und steht auf der Roten Liste gefährdeter Tierarten. Deshalb wird es auch schon lange nicht mehr bejagt und besitzt eine ganzjährige Schonzeit. Sein Rückgang hat andere Gründe: zunehmende Freizeitaktivitäten und die Art und Weise der Waldbewirtschaftung – zudem sind bei kleinflächigen Habitaten mit geringer Populationsgröße die Beutegreifer das Zünglein an der Waage.

Die Bewirtschafter der letzten deutschen Auerhuhn-Lebensräume sind sich ihrer großen Verantwortung bewusst und setzen sich stark für den Schutz dieses majestätischen Vogels ein. Es ist eine große Herausforderung, alle Interessen unter einen Hut zu bringen: Waldwirtschaft, Tourismus, Jagd, Infrastrukturplanung, Energiegewinnung – alle wollen ihr Stück vom Kuchen abhaben.

22. GRUND

Weil man dort nasse Füße bekommen kann

Die Gefahr, im Wald nasse Füße zu bekommen, ist heute nicht mehr groß. Leider, muss man sagen, denn Auwälder gehören zu den artenreichsten Lebensräumen und beherbergen zahlreiche seltene Tier- und Pflanzenarten. Die »Wasserwälder« sind heutzutage in Mitteleuropa nur noch an wenigen Orten zu finden, denn sie haben ein Problem: Sie sind die Wegbegleiter breiter Flüsse, die naturgemäß in den Tälern fließen. Dort gibt es aber auch fruchtbaren Ackerboden und ein angenehmes Klima zum Leben.

Deshalb begradigten die Generationen vor uns die Flüsse und zwängten sie in ein Korsett aus Beton. Im eingeengten Flussbett fließt das Wasser schneller und gräbt sich Zentimeter um Zentimeter tiefer in den Boden ein. Der Grundwasserstand senkt sich immer weiter ab und regelmäßige Überschwemmungen gibt es kaum noch. Durch diese Fehlentwicklung im Wasserbau wird dem »Feuchtlebensraum Aue« das Lebenselixier entzogen und er trocknet aus.

Mit dem Verschwinden der Auwälder geht zugleich ein riesiges Wasser-Auffangbecken verloren. Die Konsequenzen erleben wir hautnah, denn wenn jetzt ein Hochwasser anrollt, dann mit aller Wucht: Die Jahrhunderthochwasser wollen sich nicht mehr an ihren Namen halten und begrüßen uns heute immer häufiger mit ihrem feuchten Händedruck, der sich eher wie ein Würgegriff anfühlt. Besonders bei nah am Wasser gebauten Häusern beschränkt sich die Flut nicht auf ein Hallo am Bordstein, sie macht sich gleich im Keller breit und schaut auch mal oben in der guten Stube vorbei. Die natürlichen Auen hätten es gar nicht so weit kommen lassen und die Wassermassen vorher auf großer Fläche verteilt – und alles wäre gut.

Wo die Flächen entlang der Flüsse nicht für Wohnungsbau oder Landwirtschaft genutzt wurden, pflanzten die Förster nach dem Zweiten Weltkrieg oft standortfremde Baumarten wie Hybridpappeln oder Fichten zur schnellen Holzgewinnung. Zwar wurden viele dieser Bestände zwischenzeitlich in heimische Laubwälder umgewandelt, doch die intensive Vornutzung hat Spätfolgen: Die starke Freisetzung von Nährstoffen infolge der Entwässerung sowie die Auflichtung der Bestände führten zu einer massiven Ansiedlung von Neophyten auf diesen stark gestörten Standorten.

Noch gibt es aber einige intakte Relikte dieser wunderbaren Wälder. Bekannt für ihre Schönheit sind die Donau-Auen, eine der größten Auenlandschaften Mitteleuropas. Sie ziehen sich von Österreich bis in die Slowakei und sind die Heimat unzähliger Pflanzen und Tiere.

Doch Auwald ist nicht gleich Auwald. Je nach Häufigkeit, Höhe, Zeitpunkt und Dauer der Überschwemmungen sowie der naturräumlichen Lage ist der Auwald von unterschiedlichen Baumarten und Pflanzengesellschaften geprägt: Ist der Standort lang andauernd oder häufig mit hohem Wasserstand und hoher Fließgeschwindigkeit durchströmt, bildet sich eine Weichholzaue aus. Diese Voraussetzungen finden sich direkt am Flussufer. Eine typische Baumart der Weichholzaue ist die Silberweide.

Etwas weiter entfernt vom Fluss, wo das Wasser seltener auftaucht und dann nur langsam fließt, entsteht eine Hartholzaue. Ausgedehnte Hartholzauen kommen deshalb nur in breiten Flusstälern vor. Wie bereits erwähnt, wäre ein naturbelassenes Deutschland von Buchenwäldern überzogen. Ganz Deutschland? Nein! Nicht die Auwälder: Denn Staunässe kann die Buche nicht ab. In der Hartholzaue dominieren stattdessen Stieleiche, Ulme, Esche und Bergahorn. Leider kommt die Ulme immer seltener vor, weil das sogenannte Ulmensterben – eine Pilzerkrankung, die vom Ulmensplintkäfer verbreitet wird – diese Baumart an den Rand des Aussterbens bringt. Unter den Kronen der Hartholzauen findet sich eine reich entwickelte Strauch- und Krautschicht und im Frühjahr überzieht ein spektakulärer Blütenteppich von Bärlauch, Goldstern und anderen Gewächsen den Waldboden.

Gebirgsbäche der Alpen und der höheren Mittelgebirge, die im Sommer regelmäßig Hochwasser führen, werden häufig von Grauerlenwäldern begleitet. An etwas tiefer gelegenen Bächen und kleinen Flüssen fühlen sich Schwarzerlen und Eschen zu Hause und im Flachland mischt noch die Traubenkirsche mit.

Um Ihnen einmal ein Gefühl für den Gefährdungsgrad dieses Waldtyps zu geben: Weniger als 1 % der ursprünglichen Hartholzauwälder ist heute noch erhalten.[21] Ein dauerhafter Erhalt dieses einzigartigen Lebensraums kann nur durch konkrete Maßnahmen erreicht werden. Dazu gehört die Renaturierung vor allem kleinerer Flussläufe und Flussabschnitte, wie zum Beispiel der Isar.

Mit Mangrovenwäldern haben Auwälder übrigens nicht viel gemeinsam, außer der Sache mit dem Wasser. Mangrovenwälder wachsen an den tropischen Küsten, sind also von Salzwasser und den Gezeiten geprägt. Wenn Sie gerne mal ein Bierchen zischen, dürfte Sie vielleicht noch interessieren, dass auch der Hopfen seine Wurzeln im Auwald hat. Dort hangelt sich die Wildform des Echten Hopfens neben anderen Schlingpflanzen wie dem Efeu und der Waldrebe an

den Bäumen empor. Der Hopfen wurde schon früher als Nahrungsmittel und Arzneipflanze geschätzt, seinen Durchbruch schaffte er
aber mit der Bierverordnung im Jahre 1516, in welcher Hopfen als
maßgebliche Bierzutat festgelegt wurde. Seitdem beten durstige Keh-
len immer wieder zu Gott, dass er den Hopfen – gemeinsam mit der
anderen Grundzutat, dem Malz – doch bitte erhalten möge.

3. KAPITEL

WENN BÄUME
SPRECHEN KÖNNTEN

Weil er Geschichte atmet

»Wenn dieser Baum sprechen könnte.« Das denke ich mir manchmal, wenn ich vor einem besonders alten Exemplar stehe wie der »1000-jährigen Spessarteiche«. Sie stand bis 2014 in der Waldabteilung Dreibuch bei Rohrbrunn (Lkr. Aschaffenburg), unweit der Autobahn A3. Leider wurde sie während eines Sturms von einer benachbarten Buche mit umgerissen. Im Nachhinein stellte sich dann heraus, dass die 1000-Jährige doch nur halb so alt war, wie man all die Zeit glaubte. Egal, eine imposante Erscheinung war sie trotzdem: Angeblich brauchte es sieben stattliche Männer, um ihren Stamm mit den Armen zu umfassen. Als ich sie besuchte, waren nie sechs weitere Männer zur Hand, deshalb kann ich das nicht mit Sicherheit bestätigen.

Bis zum Jahr 2012 galt eine 4.845 Jahre alte Kiefer in den USA als ältester Baum der Welt.[22] Es gibt aus genetischer Sicht gesehen noch ältere Bäume – allerdings ist hier nur der Wurzelstock so alt, der daraus ausgetriebene Baum ist im Vergleich ein Jüngling. Besagte Kiefer in den USA gehört zur Baumart Langlebige Kiefer (Pinus longaeva) – nomen est omen. Sie steht im Inyo National Forest in der höchstgelegenen Region der White Mountains zwischen Nevada und dem Death Valley auf einer Höhe von über 3000 m. Ihr wurde in Anbetracht ihres fortgeschrittenen Alters der Name Methuselah gegeben.

Im Jahre 2012 wurde die Bohrkernprobe eines anderen Baumes aus der gleichen Wuchsregion ausgewertet, die ein Alter von 5.062 Jahren ergab. Der genaue Standort des Baumes wird geheim gehalten. Es handelt sich dabei ebenfalls um eine Langlebige Kiefer (Pinus longaeva).[23]

Wenn ich mir überlege, was in der Welt alles geschah, während Methuselah in alpiner Höhenlage Jahresring an Jahresring zimmerte. Als der junge Kiefernstamm um 2700 v. Chr. gerade sein erstes Jahrhundert auf dem hölzernen Buckel hatte, wurde in China mit der Seidenproduktion begonnen und einer chinesischen Legende zufolge soll Tee als Getränk entdeckt worden sein. Die Ägypter bauten mit der »Roten Pyramide« ihre erste geometrische Pyramide und legten den

Grundstein der Großen Sphinx von Gizeh. In Mittelamerika wurde erstmals Mais domestiziert und angebaut.[24]

Aber auch unsere alten heimischen Eichenwälder haben so manches miterlebt. Der älteste Eichenbestand Bayerns ist der 10 ha große, locker bestockte Rohrberg im Hochspessart (Lkr. Aschaffenburg). Dort wachsen gewaltige Eichenbäume mit einem Alter zwischen 500 und 800 Jahren. Schon seit 1928 ist der Rohrberg Naturschutzgebiet – er gehört damit zu den ältesten Naturschutzgebieten Bayerns. Auch die nahe gelegenen Waldabteilungen Eichhall und Metzgergraben & Krone können mit ähnlich alten Eichen aufwarten.

Es ist kein Zufall, dass diese alten Eichenwälder gerade im Hochspessart zu finden sind. Es war das Jagdgebiet der Mainzer Fürstbischöfe. Neben der Kulisse für ihr Jagdvergnügen benötigten sie Holz für ihre pompösen Bauwerke. Gerne ließen sich die Kleriker ihre beliebte Spessarteiche auch von solventen Holländern vergolden, die jede Menge Holz für den Schiffsbau benötigten. Die Eiche konnte all diese Ansprüche am besten erfüllen: Das stabile Holz war ideales Bauholz und die nahrhaften Früchte ließen Hirsche und Wildschweine gut gedeihen. Deswegen wurde diese Baumart von den Landesherren besonders geschützt. Vergleichbar alte Eichenwälder findet man in Nordhessen an der Sababurg und dann erst wieder im Urwald von Bialowieza im Grenzgebiet von Polen und Weißrussland.[25]

Was diese ehrwürdigen Eichen schon alles mitmachen mussten: Zuerst haben die Wildschweine vermutlich einen Großteil ihrer abgeworfenen Eicheln weggefressen. Nach dem ausgiebigen Mahl wurde dann ein kühles Schlammbad genommen und anschließend schubberten diese Schweine ihre feiste Schwarte voller Wonne an der rauen Borke. Der Fürstbischof hat sich während der Jagd in ihren Schatten einen großen Krug Rebensaft einverleibt und auf der großen Lichtung musste an einem ihrer starken Äste vermutlich der eine oder andere Wilderer sein Leben lassen.

Kurzer Prozess im Wald, Schauprozess im Dorf: Im Mittelalter wurde unter den Dorflinden Gericht gehalten – solche »Gerichtslinden« findet man mancherorts noch als Naturdenkmal. Unter den Linden, hieß es, komme die reine Wahrheit ans Licht, ihr Duft stimme die

Richter milde und die streitenden Parteien versöhnlich.[26] Die Linde war Vermittler zwischen Unterwelt und himmlischen Mächten. Deshalb verlegte man die Tanzböden auch gerne in die Lindenkrone – es entstanden die »Tanzlinden«. Nicht von ungefähr gilt die Linde als der Baum der Liebenden. Was diese Baumart vermutlich schon alles mit ansehen musste, sollte besser ihr Geheimnis bleiben.

Aber nicht nur in früheren Zeiten haben Linden viel zu hören bekommen. Auch heute wird es manchmal ziemlich laut in Straßen mit so idyllischen Namen wie »Unter den Linden« oder »Lindenstraße«. Denn wer sein Auto im Sommer längere Zeit unter einer Linde parkt, bekommt ein klebriges Geschenk von oben. Blattläuse lieben Linden und ihre Ausscheidungen fallen nach unten: süßer, pappiger Honigtau, der nur noch in der Waschstraße von Lack und Scheibe runter zu bekommen ist – besonders wenn die Sommerhitze vorher eine Art Crème brûlée auf der Motorhaube zubereitet hat. Der Sprachjargon einer Linde dürfte also von den zärtlichen Worten eines Liebespaares bis hin zu den deftigen Flüchen eines zugekleisterten Autofahrers reichen.

Weil er ein Ort der Romantik und geschnitzter Herzen ist

Seit der gleichnamigen Epoche gilt der Wald als Sinnbild der Romantik. Ab etwa dem Jahr 1800 trinkt das kleine Rehkitz aus dem plätschernden Bächlein, während das Liebespaar Händchen haltend den zwitschernden Vöglein lauscht. Man erkennt schon an den verniedlichenden Worten, dass der Wald ab diesem Zeitpunkt als ein idealisierter Ort glorifiziert wurde. Noch wenige Jahrzehnte zuvor beuteten die Menschen den Wald als Rohstoffquelle aus. Das Bedürfnis nach einem Ort der Einsamkeit bzw. Zweisamkeit saß tief.

Die pathetische Beschwörung des Waldes als unverfälschte deutsche Landschaft zog sich durch alle Kunstrichtungen, von der Malerei über die Dichtung bis hin zur Musik. Der Begriff der Waldeinsamkeit wurde geboren und ein Schlüsselbegriff der deutschen Romantik. Er tauchte erstmals 1796 im Kunstmärchen *Der blonde Eckbert* von Ludwig Tieck auf. Dort singt ein Vogel folgendes Lied:

Waldeinsamkeit,
Die mich erfreut,
So morgen wie heut
In ewger Zeit,
O wie mich freut
Waldeinsamkeit.
Waldeinsamkeit
Wie liegst du weit!
O Dir gereut
Einst mit der Zeit.
Ach einzge Freud
Waldeinsamkeit!
Waldeinsamkeit
Mich wieder freut,
Mir geschieht kein Leid,
Hier wohnt kein Neid
Von neuem mich freut
Waldeinsamkeit.

Der Dichter Joseph von Eichendorff verwendete den Begriff der Waldeinsamkeit zur Verklärung des Waldes als zeitloses Gegenstück zur menschlichen Vergänglichkeit. Er beschwor immer wieder den rauschenden Wald als »eine Art Hallraum der Seele«[27]. Dabei war der Übergang von Sentimentalisierung und Nationalisierung fließend. Besonders in der nationalsozialistischen »Waldanschauung« wurde der deutsche Wald ideologisiert, in Anlehnung an die Blut-und-Boden-Ideologie der nationalsozialistischen Agrarpolitik. So sagte Hermann Göring: »Ewiger Wald und ewiges Volk, sie gehören zusammen.« Der Wald galt als »rassischer Kraftquell« und die Deutschen als direkte Nachfahren des »ursprünglichen Waldvolks« der Germanen.

Das Besondere ist, dass wir Deutsche von der Romantik bis heute ohne Unterbrechung ein extrem romantisches Waldbewusstsein besitzen.[28] Trotz aller politischer und sozialer Umwälzungen lassen wir auf den Wald nichts kommen – und das quer durch alle Gesellschaftsschichten. Nach dem Zweiten Weltkrieg war es schlecht um den Wald bestellt: Um den finanziellen Forderungen der Besatzungsmächte gerecht zu werden, wurden massive Abholzungen durchgeführt, die sogenannten Reparationshiebe.

Bei dem trostlosen Anblick des Waldes blutete den Deutschen das Herz. Deshalb gründete sich schon 1947 die Schutzgemeinschaft Deutscher Wald (SDW), um dem durch die Kriegsfolgen bedingten Raubbau am Wald entgegenzuwirken. Die SDW ist damit die älteste Bürgerinitiative Deutschlands. Auch das Motiv des 50-Pfennig-Stücks mit einer knienden Frau, die gerade einen Eichensetzling pflanzt, ist nicht zufällig gewählt. Es sollte ein Symbol sein für den Wiederaufbau Deutschlands nach dem Zweiten Weltkrieg und ein Denkmal für die Millionen Trümmerfrauen und die zahlreichen Waldarbeiterinnen, die bei der Wiederaufforstung der Wälder halfen.

Als Naturschützer Anfang der 1980er-Jahre unter dem Begriff »Waldsterben« das großflächige Absterben des Waldes prophezeiten, wurde es dem deutschen Volk angst und bange. Die Emotionen schlugen hoch und selbst das bekannteste deutsche Nachrichtenmagazin, *Der Spiegel*, schürte diese Furcht 1981 auf dem Titel mit der Feststellung »Der Wald stirbt«. Es gab 1985 sogar eine 80-Pfennig-Briefmarke der Deutschen Bundespost mit dem Bildmotiv »drei Minuten vor zwölf« und dem Text »Rettet den Wald«. Die Debatte um das Waldsterben war mitverantwortlich für den Aufstieg der Partei der Grünen.

Und wenn jemand dem Wald an den Kragen will, wird der Deutsche zur Furie. Jüngstes Beispiel ist eine Greenpeace-Aktion im Spessart. Dort hatten die Bayerischen Staatsforsten (BaySF) mit dem Holzeinschlag in alten, über 180-jährigen Buchenwäldern begonnen. Als sich abzeichnete, dass trotz Intervention von Greenpeace der Einschlag fortgesetzt werden sollte, errichteten die Umweltaktivisten kurzerhand ein Waldcamp, mitten im Februar bei deutlichen Minusgraden. Das brachte der Umweltschutzorganisation deutliche Sympathien in der Bevölkerung ein.

Schon viele Herzen haben bei einem gemeinsamen Waldspaziergang zusammengefunden. Ein Brauch verliebter Paare ist es, ein Herz mit ihren Initialen in einen Baum zu ritzen. »Ich schnitt in seine Rinde so manches liebe Wort«, heißt es im Volkslied *Am Brunnen vor dem Tore*. Dessen Autor, der Romantiker Wilhelm Müller, dichtete außerdem: »Ich schnitt es gern in alle Rinden ein. […] Dein ist mein Herz und soll es ewig bleiben.«

An den stattlichen Buchen bei mir im Wald gibt es viele solcher Herzen. Weil die Buchen schon so alt sind und die Herzen in der Breite mitwachsen, sind diese kaum zu übersehen. Ist Ihnen aber schon mal die Frage gekommen, warum die Herzen zwar größer werden, aber nicht mit in die Höhe wachsen? Das liegt daran, dass das Längenwachstum nur auf einen kleinen Bereich an der Stammspitze beschränkt ist.

Weil nun viele der Pärchen auch die Jahreszahl mit eingeschnitzt haben, weiß ich genau, wann das Taschenmesser gezückt wurde, und ich frage mich dann oft, ob diese Menschen heute noch zusammen sind oder überhaupt noch leben. Manche der Herzen sind über 70 Jahre alt! In der zuständigen Gemeinde wurde vor Kurzem der Vorschlag gemacht, einen Liebespfad einzurichten, der an den schönsten und ältesten dieser historischen Liebesbezeugungen vorbeiführen soll.

So romantisch das klingt, so gefährlich ist es für den Baum – also nicht die Einrichtung des Liebespfads, sondern das Einritzen der Herzen. Denn es ist schlichtweg eine Verletzung, durch die Pilze, Fäulnis und Krankheiten ins Innere des Baumes eindringen können. Vielleicht sagen Sie jetzt: »Wieso, die Bäume stehen doch noch alle.« Ob es alle sind, wissen wir nicht. Vielleicht sind einige der Herzträger schon in jungen Jahren abgestorben oder mussten gefällt werden.

Es muss ja nicht ein Herz im Baum sein, im Wald gibt es noch viele andere Möglichkeiten für einen Liebesbeweis, bei dem niemand verletzt werden muss:

- auf einem Baumstumpf ein Picknick vorbereiten und die Liebste oder den Liebsten dorthin führen,

- Pilze sammeln und zu Hause gemeinsam ein Wildgericht kochen (Wildbret können Sie von mir bekommen unter www.waldbret.de),
- gemeinsam mit dem Förster einen »Liebesbaum« pflanzen
- oder für Fortgeschrittene: einen Heiratsantrag unter der Krone eines majestätischen Baumes machen.

Weil er Teil von Religionen ist

Was wir heute wissen, fühlten die Menschen bereits in früherer Zeit: kein Leben ohne Vegetation, ohne Bäume. Der Baum symbolisierte die Kraft für ewiges Wachstum und Zeugung. Unsere Vorfahren legten gezielt Haine und Wälder an, jedoch nicht unter ökonomischen Gesichtspunkten, wie wir das heute handhaben, sondern unter energetischen. Dieser Glaube an die energetische Kraft der Bäume war zunächst noch keine Religion, die mit Göttern verknüpft war. Erst viel später wurde die Kraft der Bäume personifiziert und auf Götter und Geister projiziert.

Einige Eskimo- und Indianerkulturen sehen Bäume noch heute als Verbindung zwischen Himmel und Erde. Nach deren Vorstellung entsprang der erste Mann aus einer Esche und die erste Frau aus einer Ulme. Bei den Finnen dagegen kam das erste Menschenpaar aus einer Eiche und aus einer Linde.

Mit vielen Bräuchen versuchte man, die Kraft und die Fruchtbarkeit des Baumes auf sich selbst oder auf Mitmenschen zu übertragen. So war es üblich, dass die Burschen zur Wintersonnenwende, zur Fastenzeit und zu den Maifesten die Mädchen mit frischen Birkenreisern »schlugen«, um deren Fruchtbarkeit und Gesundheit anzuregen. Mancherorts wurde dieser Brauch auch bei Haustieren und Obstbäumen praktiziert. Die Nikolausrute hat sich bis in die heutige Zeit erhalten – ein Streich mit ihr sollte ursprünglich Glück und Kraft schenken.

Auch in anderen Bräuchen hat sich die Symbolik des Baumes bis heute erhalten. Das Aufstellen des Weihnachtsbaumes in der Stube, das Anbringen eines Richtbaums auf dem Neubau oder das Aufrichten des Maibaums auf dem Marktplatz – in allen Fällen soll der Baum Gesundheit und Lebenskraft verleihen.

Unsere Vorfahren hatten eine ganz besondere Beziehung zu Bäumen. Sie sahen sie als gleichberechtigte Lebewesen an mit einer eigenen Seele. Sie waren der Sitz von Geistern und Göttern. Bei den Germanen ging die Verehrung sogar so weit, dass das Abschälen von Rinde eines lebenden Baumes mit dem Tode bestraft wurde. In Litauen wurde bis zum 14. Jahrhundert jeder streng bestraft, der einem Baum auch nur einen Ast abschlug.

Bei manchen Indianervölkern galt das Fällen eines Baumes als Verbrechen. War es doch einmal notwendig, versuchten zum Beispiel die Tobongoos, die Waldgeister zu besänftigen, indem sie für sie eine Hütte bauten sowie Nahrung, Kleidung und Gold bereitstellten. Einen ergonomischeren Denkansatz verfolgten dagegen die Samoris, die vor der Baumfällung eine Leiter an den Stamm lehnten, damit der Baumgeist sich in aufrechter Haltung in Sicherheit bringen konnte.

In den Augen der Nordgermanen nahm der Donnergott Thor die Gestalt einer Eiche an, sobald diese vom Blitz getroffen wurde. Entsprechend groß war die Ehrfurcht vor diesen unzerstörbaren, knorrigen Bäumen. Bei den Hochzeiten der Römer und Griechen spielte die Fichte eine besondere Rolle, die als Baum des Meeresgottes verehrt wurde, der die Schiffe beschützte.

In diese Richtung geht auch der Glaube an den Klabautermann. Das ist der Geist, der im Baum wohnte, als dieser – vor seinem ersten Seegang – noch im Wald stand. Eine Variante besagt, dass der Klabautermann die Seeleute vor Gefahren warnte und sie auf hoher See beschützte. Eine andere ist weniger optimistisch und besagt, dass der Geist sein Unwesen auf dem Schiff trieb, weil er erbost über die Zerstörung seiner Wohnstatt war.

Jedes Volk hatte einen zentralen Baum, der Kultort des Stammes war. Er war umgeben von einem heiligen Bezirk, dem Heiligen Hain. In diesem Bereich wurden besondere Baumarten gehegt, die im Glauben der Stammesbewohner eine positive Energie ausstrahlten. Dieser Heilige Hain war umgeben von dichten Dornsträuchern und somit ein geschütztes Paradies. In ihm galten besondere Rechte und Gesetze: So durfte dort kein Tier getötet, kein Ast abgebrochen und kein Mensch wegen weltlicher Angelegenheiten belangt werden – es herrschte dort »Gottesfriede«.

Diese Heiligen Haine waren in ganz Europa zu finden, besonders jedoch bei den Germanen und Kelten, über deren ausgeprägte Waldliebe der römische Geschichtsschreiber Tacitus immer wieder berichtete.

Fachleute, die sich die Überreste oder Rekonstruktionen dieser Orte genauer anschauten, erkannten, dass es sich bei den nördlichen Kulturen nicht um einen primitiven Natur- und Geisterglauben handelte. Diese heiligen Plätze waren genauestens nach den Sternen ausgerichtet und Runen- und Orakelplätze waren nach energetischen Gesichtspunkten angelegt.

Viele dieser Orte fielen den großflächigen Rodungen der Römer zum Opfer. Im Zuge der Christianisierung wurden gezielt heilige Bäume und besonders die Eichenhaine gefällt, um den Germanen und Kelten die Grundlage ihres alten Glaubens zu entziehen. Teilweise wurden die Heiligen Haine, Bäume und Quellen aber auch »zweckentfremdet« und die Missionare bauten Wallfahrtskapellen in oder neben ihnen.

Doch die alten Baum- und Quellenkulte hielten sich hartnäckig in der Bevölkerung und ließen sich nicht so einfach ausmerzen. Und so schlich sich der eine oder andere heidnische Brauch ins Christentum ein, wie zum Beispiel das Aufstellen des Weihnachtsbaums. Auch der Glaube, dass an Quellen Krankheiten geheilt werden können, hat sich bis heute gehalten. Früher hängten Kranke ein Kleidungsstück an Sträucher, die in der Nähe der Quelle wuchsen. War dieses verrottet, sollte auch die Krankheit verschwunden sein. Viele dieser heiligen Quellorte wurden vom Christentum zu Wallfahrtsorten umfunktioniert.[29]

Weil man ihn oft vor lauter Bäumen nicht sieht, man sich dort wie die Axt benimmt und es so herausschallt, wie man hineinruft

Unsere enge Verbundenheit mit dem Wald zeigt sich auch darin, wie tief verwurzelt er im deutschen Sprachgebrauch ist. Im Dickicht der deutschen Sprache finden sich zahllose Worte und Redewendungen, die ihren Ursprung im Wald haben.

Wer zum Beispiel auf dem Holzweg ist, hat die falsche Richtung eingeschlagen und wird nicht zum Ziel gelangen. Der Holzweg diente früher lediglich zum Abtransport von Stammholz und nicht zur Verbindung zweier Orte. Es war der Vorgänger der heutigen Rückegassen, die nur zum nächsten ausgebauten Weg führen.

Als astrein gilt etwas, wenn es sich in tadellosem Zustand befindet. Baumstämme, die im unteren Bereich keine Äste haben, gelten seit jeher in der Holzverarbeitung als wertvoller. Zur Wertholzproduktion werden bestimmte Baumarten in jungen Jahren hochgeastet. Das bedeutet, dass die Äste im unteren Stammbereich komplett entfernt werden, damit sie nicht in den inneren Stammbereich einwachsen.

Wer im Leben keine Fortschritte macht, bringt es auf keinen grünen Zweig. Wenn das auch schon bei dessen Eltern der Fall war, fällt der Apfel nicht weit vom Stamm. Manchmal muss man eben aus einem anderen Holz geschnitzt sein, Bäume ausreißen können oder sich wie die Axt im Walde benehmen, um jemand richtig Zunder zu geben. Der Zunderschwamm ist übrigens ein Baumpilz, der früher in getrockneter Form zum Feuerentfachen eingesetzt wurde.

Es kann allerdings passieren, dass es aus dem Wald herausschallt, wie man hineingerufen hat, und man dann selbst wie Espenlaub zittert. Deshalb sollte das Holzauge wachsam sein und man mit mancher Information besser hinter dem Busch halten – besonders wenn man selbst etwas auf dem Kerbholz hat, um sich nicht den Ast abzusägen, auf dem man sitzt. Der Begriff Kerbholz bezieht sich nebenbei bemerkt auf ein früheres Messholz für Leihschulden.

Ab und an kann es im Leben auch mal unübersichtlich werden. Man verliert sich in den Einzelheiten, erkennt das Große und Ganze aber nicht. Dann sieht man den Wald vor lauter Bäumen nicht. Hat man schon ein paar Lebensjahre auf dem Buckel und es steht ein Umzug bevor, vergisst man nicht zu betonen, dass ein alter Baum nicht verpflanzt werden soll.

Wenn jemand groben Unfug anstellt, ist das hanebüchener Unsinn. Das Wort »hanebüchen« stammt von der Hainbuche ab, eine besonders harte und zähe Baumart.

Befindet man sich im Wald und es zieht ein Gewitter auf, soll man Eichen weichen und Buchen suchen. Ein eher fragwürdiges Sprichwort, bei dem dir später keiner mehr die Kastanien aus dem Feuer holt. Und die Tipps gehen noch weiter: »Die Fichten wähl' mitnichten« und: »Die Weiden musst du meiden«. Unterm Strich bleiben demnach nur die Buchen. Aber stellt nicht jeder Baum bei Blitzschlag eine Gefahr dar? Es gibt tatsächlich Untersuchungen, die belegen, dass Eichen aufgrund des höheren Wassergehalts Blitze stärker anziehen als Buchen.[30]

Andere Studien sagen, dass der Blitzeinschlag bei Eichen lediglich besser sichtbar ist als bei Buchen. Die dicke, zerklüftete Borke der Eiche saugt das Wasser wie ein Schwamm auf und wird dadurch empfänglicher für die elektrische Entladung. Die glatte Buchenrinde dagegen leitet den Blitz direkt in den Boden, ohne dass sichtbare Schäden entstehen. In beiden Fällen ist jedoch die Gefahr für den Schutzsuchenden gleich groß.[31] Wer da heil rauskommt, sollte anschließend zumindest auf Holz klopfen, um das Glück zu besiegeln.

Der beste Tipp bei Gewittern lautet: im Auto sitzen, weil dieses aufgrund des Metallrahmens einen Faradaykäfig bildet und der Innenraum weitestgehend geschützt ist. Ist Ihr Auto nicht in der Nähe, dann hocken Sie sich am besten in eine Mulde auf dem freien Feld und lassen die Beine dicht beieinander. Sprichwörtlich das kleinere Übel!

Weil dort dem heiligen Hubertus das Jägermeister-Logo erschien

Viele Menschen kennen das Bild des Hirsches mit dem Kreuz im Geweih, und wenn auch nur vom Etikett der Jägermeister-Flasche. Dort nicht zu sehen ist der vor dem Hirsch kniende heilige Hubertus. Besonders die Jäger, Forstleute und Schützen verehren den heiligen Hubertus als ihren Schutzpatron. In manchen Gegenden wird er vom gläubigen Volk zu den Vierzehn Nothelfern gezählt. Zahlreiche Kirchen (in ganz Deutschland über 50), Kapellen, Handwerkergilden, Ordensbruderschaften, Jagdgesellschaften und Pfadfinderstämme führen seinen Namen. Bekannte und unbekannte Künstler haben bis in die Gegenwart hinein zahlreiche Darstellungen des Heiligen geschaffen.

Über den heiligen Hubertus sind nur wenige historische Fakten bekannt. Wahrscheinlich wurde er um das Jahr 655 als Sohn eines Edelmannes geboren. Er war ein Schüler des heiligen Lambertus und folgte ihm nach dessen Ermordung 705 als Bischof von Tongern und Maastricht. Ungefähr zehn Jahre später übertrug der die Gebeine seines Lehrers von Maastricht nach Lüttich, wohin er 717 oder 718 auch den Bischofssitz verlegte. Dort ließ Hubertus eine Kirche zu Ehren des heiligen Lambertus und eine zu Ehren des heiligen Petrus errichten.

Hubertus erwarb sich große Verdienste bei der Missionierung der Ardennen und von Südbrabant, weshalb man ihm den Ehrentitel »Apostel der Ardennen« gab. Er starb am 30. Mai 727 auf einer Visitationsreise in Tervueren bei Brüssel. Beigesetzt wurde er in der Kirche des heiligen Petrus in Lüttich, zunächst beim Altar des heiligen Albin, dann nach der feierlichen »Erhebung« der Reliquien (Elevation) am 3. November 743 vor dem Hauptaltar. Seit dieser Zeit gilt der 3. November allgemein als Festtag des heiligen Hubertus.

Von Lüttich aus wurden die Gebeine des Heiligen im Jahre 825 in das Ardennenkloster Andagium (Andain) – südlich von Namur gelegen – überführt, das sich bald darauf »Sankt Hubert« (Saint Hubert) nannte. Dort fanden sie, von kurzen Unterbrechungen abgesehen, ihre endgültige Ruhestätte, bis sie in den Wirren der Hugenottenkämpfe 1568 verloren gingen.

Die Verehrung des heiligen Hubertus breitete sich besonders im 10. Jahrhundert aus. Dazu kam, dass im 15. Jahrhundert die sogenannte »Eustachius-Legende« auf Hubertus übertragen wurde. Die Legende besagt, dem heiligen Eustachius sei einst ein Hirsch erschienen, der ein leuchtendes Kreuz zwischen dem Geweih trug. Diese Legende kam von Belgien nach Holland und Frankreich und von dort nach Deutschland und brachte es mit sich, dass Hubertus – vor allem am Niederrhein und in der Eifel und später auch in anderen Regionen – sehr verehrt wurde.

Da gerade in unserer Zeit die Jagdgesellschaften und Schützenvereine eine Blütezeit erleben, ist auch das Andenken an den heiligen Hubertus ungebrochen. In besonderer Weise verehren die Jäger, Forstleute und Schützen den heiligen Hubertus als ihren Patron. Im Gedenken an ihn haben sie es sich zur Aufgabe gemacht, mit Wild und Wald in waidmännischer und gottgefälliger Weise umzugehen. Sie bitten den Heiligen um Schutz und Beistand für sich selbst, aber auch für ihre Hunde, die sie auf der Jagd begleiten.

Vielen Jägern ist Sankt Hubertus zum nachahmenswerten Jagdvorbild geworden, das Richard Eiselt in einem seiner Schlussverse zum Hubertustag 1955 mit folgenden Worten besingt:

Es blicken die Jägerscharen
als Vorbild zu jenem fortan:
Das hat vor zwölfhundert Jahren
das Zeichen des Kreuzes getan.[32]

Wie aber wurde der heilige Hubertus zum Patron der Jäger? Die älteste Lebensbeschreibung, die nicht sehr lange nach seinem Tod – offenbar von einem seiner Schüler – verfasst wurde (vermutlich um 744), weiß noch nichts von einer Beziehung des Heiligen zur Jagd. Erst eine Chronik von »Sankt Hubert« (Andage) aus dem 12. Jahrhundert erzählt zum ersten Mal, dass Hubertus ein leidenschaftlicher Jäger war, als er noch in der Welt und am Fürstenhof Pippins lebte. Und im 15. Jahrhundert folgte dann – wie oben erwähnt – die Legende vom Hirsch mit dem strahlenden Kreuz zwischen dem Geweih.

Viel Brauchtum rankt sich um den Hubertustag am 3. November. Neben Hubertusmessen und Hubertusjagden finden rund um den Hubertustag vielerorts zahlreiche Veranstaltungen und Feiern zu Ehren des Heiligen statt. Jagdverbände, Bruderschaften, Ritterorden, Schützengilden, Reit- und Fahrvereine sowie Kirchengemeinden halten durch verschiedene Feierlichkeiten die Erinnerung an den heiligen Hubertus wach – angefangen von den zum Hubertustag unerlässlichen Ansprachen von Vereinsrednern in grünem und rotem Rock bis hin zu den geselligen »Hubertusabenden«.

Im Übrigen: Der Hubertustag wird unter Jägern und Klerikern auch scherzhaft »Allerhasen« genannt. In Verbindung mit den ersten beiden Novemberfeiertagen ist die Festfolge also Allerheiligen (1. November), Allerseelen (2. November) und Allerhasen (3. November).

Wer gerne einen »Jägermeister« trinkt, stellt fest, dass das Logo dieses seit 1934 in Wolfenbüttel hergestellten Kräuterlikörs (Erfinder Curt Mast, der selbst Jäger war) mit dem heiligen Hubertus zu tun hat. Es zeigt den Kopf des in der Legende erwähnten Hirsches, in dessen Geweih ein strahlendes Kreuz erscheint. Auf dem Etikett ist folgendes Gedicht von Otto von Riesenthal (1848) abgedruckt:

Das ist des Jägers Ehrenschild,
dass er beschützt und hegt sein Wild.
Waidmännisch jagt, wie sich's gehört,
den Schöpfer im Geschöpfe ehrt.

Das Image des Jägermeister-Kräuterlikörs hat ja eine interessante Wandlung hinter sich. Ich kann mich noch gut erinnern, wie ich als Kind die kleinen grünen Fläschchen auf dem Nachhauseweg von der Schule gesammelt habe. Die geleerten Pullen wurden dort meist von Obdachlosen ins Gebüsch geworfen. Mir gefiel der Hirsch mit dem Kreuz im Geweih so gut und ich reihte die Flaschen dann in meinem Zimmer auf. Besonders stolz war ich auf die großen Flaschen mit dem geprägten Jägermeister-Schriftzug an der Seite. Meine Mutter war allerdings nicht so begeistert von dem nach Hause geschleppten Altglas. Während die Spirituose aus 56 Kräutern in den 80ern und Anfang der 90er noch als Altherrengetränk galt, gelang dem niedersächsischen Unternehmen vor der Jahrtausendwende ein Imagewandel. Mit entsprechendem Marketing konnte eine jüngere Zielgruppe erreicht und Jägermeister als Modegetränk etabliert werden. Früher wäre nie jemand auf die Idee gekommen, den Kräuterlikör als Mixgetränk oder eiskalt zu trinken – heute gehört beides zum guten Stil.

Einen Imagewandel hatte der heilige Hubertus bis zur heutigen Zeit nicht nötig. Die Botschaft der Hirsch-Legende ist so aktuell wie vor über tausend Jahren. »Hubertustage und Hubertusfeiern«, sagt Lutz Krüger (Emmendorf) treffend, »sollten jedem Einzelnen von uns Anstoß sein, sich und sein Verhalten auf den Prüfstand zu stellen, und zur Erneuerung und Stärkung christlicher und damit naturverantwortlicher Grundhaltung werden.«[33]

28. GRUND

Weil man Jahresringe lesen kann wie ein Geschichtsbuch

An den Waldwegen sieht man häufig zu Poltern aufgestapelte Baumstämme liegen. Sie warten dort auf ihren Abtransport ins Sägewerk. Die Kinder balancieren gerne darauf herum und die Hunde stecken gerne mal ihre Nase in die Ritzen, weil Igel und anderes Getier sich dort verstecken. Sind es Kiefern oder Fichten, steigt dem Spaziergänger ein herrlicher Harzgeruch entgegen. Wer sich allerdings daraufsetzt, um eine kurze Rast einzulegen, bezahlt das mit einer klebrigen Hose.

Meistens schenken wir den Baumstämmen jedoch keine Beachtung. Dabei liegt hier eine Ortschronik am Wegesrand, die bald in Form von Balken und Brettern in alle Welt verstreut werden wird. Die Chronik ist nicht in Worten aufgezeichnet, sondern in Form von Kreisen – den Jahresringen. Schauen wir auf die Stirnseite der Stamms, sehen wir manchmal enger beieinander-, manchmal weiter auseinanderliegende Ringe. Jedes Kind weiß, dass die Anzahl der Jahresringe dem Alter des Baumes entspricht. Aber warum ist das so?

Zur Beantwortung der Frage muss ich zunächst in die Baumphysiologie abschweifen: Das Kambium ist eine Wachstumsschicht zwischen Rinde und Holz, die dafür sorgt, dass der Baum dicker wird. Diese Schicht produziert sowohl Zellen nach innen als auch nach außen. Nach innen werden die Zellen in ihrer Summe als Splintholz bezeichnet. Die wichtigste Aufgabe des Splintholzes ist es, Wasser und Nährsalze von den Wurzeln nach oben in die Blätter zu befördern.

Nach außen produziert das Kambium den Bast, der direkt unter der Borke liegt. Der Bast hat die Aufgabe, den durch die Fotosynthese produzierten und in Wasser gelösten Zucker von den Blättern in die anderen Baumorgane und die Wurzeln zu transportieren. Einen Teil des Traubenzuckers benötigt der Baum zum Leben, der Rest wird als Stärke in den Wurzeln fürs nächste Frühjahr gespeichert. Bei der Gewinnung von Zuckerahorn und Birkenwasser wird übrigens genau diese zuckerführende Bastschicht angebohrt.

Kommt das Frühjahr, werden die eingelagerten Nährstoffe wieder mobilisiert. Das Kambium produziert nun große Zellen, das sogenannte Frühholz, die den schnellen Transport von Wasser und Mineralien von der Wurzel in die Krone gewährleisten. Weil die Zellen des Frühholzes dünnwandig sind, erscheint das Holz hell. Die Geschwindigkeit des Transpirationsstroms während der Wachstumsphase kann bei Bäumen der kühl-gemäßigten Klimazone bis zu 6 m/h, bei Bäumen der mediterranen Klimazone bis zu 40 m/h betragen.[34]

Ist die Wachstumsphase im Spätsommer vorbei, beginnt das Kambium damit, kleine, dickwandige Zellen zu produzieren, das sogenannte Spätholz. Durch den höheren Anteil an Lignin in den Zellwänden erscheint es dunkler als das Frühholz. Dieser schmale dunkle Ring ist als Jahresring zu erkennen.

Weil sich dieser Wechsel zwischen Früh- und Spätholz in unseren Breiten jedes Jahr wiederholt, kann das Alter des Baumes anhand der Jahresringe bestimmt werden. Aber nicht nur das Alter kann ermittelt werden, sondern auch der Zeitabschnitt, in dem er lebte. Das Prinzip ist einfach: Jahresringe aus Jahren mit guten Wachstumsbedingungen sind breiter als solche aus Jahren mit schlechten Wachstumsbedingungen. Das bedeutet, dass strenge Winter oder trockene Sommer schmale Ringe ergeben – milde, feuchte Jahre dagegen breite. Und diese charakteristische Abfolge von schmalen und breiten Jahresringen ist bei allen Bäumen einer Region gleich. Es ist wie ein Strichcode, durch den Hölzer genau datiert werden können, sofern eine Jahresringchronologie für die jeweilige Region zum Abgleich vorliegt.

In einigen Gebieten konnten solche lückenlosen Jahresringtabellen für die letzten 10.000 Jahre erstellt werden, wie zum Beispiel die mitteleuropäische Eichenchronologie. Rekordhalter ist derzeit der sogenannte Hohenheimer Jahrringkalender, der rund 12.500 Jahre bis ans Ende der letzten Eiszeit zurückreicht.[35]

Die Dendrochronologie gibt uns wertvolle Einblicke in die Geschichte: So kann zum Beispiel das Alter historischer Gebäude anhand der verbauten Holzbalken bestimmt werden, sofern diese nicht von einem früheren Haus wiederverwendet wurden. Auch das Alter von Kunstwerken und Musikinstrumenten lässt sich mit dieser Methode präzise bestimmen. Klimatische Extremereignisse fungieren bei der Eindatierung wie Fixpunkte in der Zeitachse. Das können zum Beispiel Waldbrände, Hochwasser, Schädlingsbefall oder extreme Dürren sein. So findet sich das Trockenjahr 1976 bei fast allen Bäumen Süddeutschlands als sehr schmaler Ring wieder.[36] Schauen Sie doch bei Ihrem nächsten Waldspaziergang einmal genau hin: Vielleicht können Sie das Jahr entdecken. Für den Baum war das ja erst vorgestern.

Weil er die Kulisse vieler Märchen ist

Der Wald galt in früheren Jahrhunderten als ein unheimlicher, dunkler, Furcht einflößender Ort. Die Baumstämme standen nicht wie in den heutigen Forsten in Reih und Glied mit ausreichendem Abstand zueinander, sodass jeder Baum gut gedeiht. Es war ein Urwald, in dem der Kampf ums Licht zu bizarren Wuchsformen führte. Knorrige Stämme mit hölzernen Fratzen schienen jeden Eindringling zu beobachten, abgebrochene Äste nach ihm zu greifen. Hier lebten Wölfe, Bären, wilde Keiler und – mit etwas Fantasie – allerlei Fabelwesen, die wie ein Wolpertinger eine bunte Mischung aus allem darstellten.

Im Schutze der undurchdringlichen Wälder trieben dort zwielichtige Gestalten ihr Unwesen. Glaubt man den Erzählungen, muss es dort von Räubern, Banditen, Wilddieben, Wegelagerern und sonstigen Gesetzlosen nur so gewimmelt haben. Es gab früher meist nur einen Weg durch den Wald, über den die einzelnen Siedlungen erreicht werden konnten. Leichtes Spiel also für die Gesetzlosen, sie mussten dort nur den ehrbaren Bürgern auflauern. Das wusste auch Wilhelm Tell, als er sagte: »Durch diese hohle Gasse muss er kommen.«

Auch in den Mythen und Märchen wurde der Wald nicht als freundlicher Lebensraum dargestellt, sondern als ein Ort, wo Leib und Leben in Gefahr waren. Hier lauerte Unheil: Wer sich hineinwagte, musste im Märchen schlau sein, ehrlich sein, gut kämpfen können oder sonstige erstrebenswerte Eigenschaften mit sich bringen.

In Deutschland verbindet man mit dem Begriff Märchen in erster Linie die »Kinder- und Hausmärchen« der Brüder Grimm, volkstümlich Grimms Märchen genannt. Jacob und Wilhelm Grimm veröffentlichten diese Märchensammlung in zwei Bänden und verschiedenen Auflagen in den Jahren 1812 bis 1858. Es ist übrigens ein Märchen, dass alle Geschichten mit der Eröffnungsformel »Es war einmal« beginnen: Tatsächlich sind es nur etwa 40 %.[37]

In sehr vielen von Grimms Märchen spielt der Wald eine Rolle. Um nur die drei bekanntesten zu nennen:

Schneewittchen: Der Jäger soll die Königstochter im Wald töten und der Stiefmutter als Beweis Lunge und Leber bringen. Der Jäger bringt es aber nicht übers Herz, der 7-jährigen Schönheit das Leben zu nehmen. Nach der Überquerung von sieben Bergen gelangt sie zu den sieben Zwergen – kleinwüchsigen Bergleuten, die in der hügeligen Waldlandschaft nach Erz graben. Dass Obst nicht immer gesund sein muss, lernt man in diesem Märchen auch gleich mit.

Hänsel und Gretel: Die beiden Kinder werden von ihren Hunger leidenden Eltern im Wald ausgesetzt. Kein Wunder, denn obwohl die Familie nichts zu essen hat, füttern die Geschwister Vögel mit einer Scheibe Brot. Was sie dann auch noch mit der Menschenfresser-Hexe anstellen, weiß man ja.

Rotkäppchen: Die Mutter schickt das kleine Rotkäppchen zur bettlägerigen Großmutter, die im Wald wohnt, um ihr einen Korb mit Kuchen und Wein zu bringen (damit wäre die Oma bestimmt wieder auf die Beine gekommen). Im Wald trifft sie auf den »bösen Wolf«. Um Vorsprung zu gewinnen, überredet er Rotkäppchen, für die Großmutter noch einen Blumenstrauß zu pflücken. Zwischenzeitlich verschlingt der Wolf die Oma und anschließend die verspätet eintreffende Enkelin. Ein Jäger befreit schließlich beide aus Isegrims Bauch, ohne dass sie irgendeinen Schaden an den Reißzähnen oder der aggressiven Magensäure des hastigen Schlingers genommen haben.

In fast allen Märchen dient der Wald als Kulisse für ein gemeinsames, profanes Handlungsmuster: Das »Drehbuch« sieht vor, dass sich der Held von einem Ort zum andern auf den Weg macht und dabei den Wald durchqueren muss. In *deutschen* Märchen ist das fast immer der Fall, was aber auch nicht weiter verwunderlich ist: Deutschland war früher fast vollständig von Wald bedeckt und es führte damit kein Weg an ihm vorbei. Flugzeuge gab es ja noch keine. Im Wald passiert dann etwas, was zu einer entscheidenden Wendung führt und für den weiteren Verlauf der Geschichte entscheidend ist.

Was den Helden angeht: Es handelt sich in der Regel um eine schwache Figur, wie zum Beispiel die einzige Tochter oder den jüngsten Sohn, die nach überstandenen Prüfungen und Gefahren mit Reichtum, Glück und Liebe belohnt wird. Wer allerdings zu den Bösen gehört, wird extrem grausam bestraft. Da läuft es einem auch als Erwachsenem manchmal kalt den Rücken herunter.

Neben den Volksmärchen, zu denen die Erzählungen der Gebrüder Grimm gehören, gibt es noch die Kunstmärchen. Kunstmärchen werden auch als Moderne Märchen bezeichnet. In Verbindung mit dem Wald fällt mir hier spontan das *Wirtshaus im Spessart* ein. Die meisten denken dabei wahrscheinlich an die Filmkomödie aus dem Jahre 1957 mit der jungen Liselotte Pulver als Franziska Comtesse von und zu Sandau. Als Vorlage für den Film diente die von Wilhelm Hauff bereits 1827 verfasste gleichnamige Novelle. Der Spessart ist dabei die Heimat der Räuberbande, die das bekannte Wirtshaus immer wieder heimsucht. Auch hier dient der Wald wieder als Heimat der Gesetzlosen, die nachts aus dem Schutz des dunklen Waldes hervorkommen, um Adlige und Würdenträger auszurauben.

Erst in der Zeit der Romantik änderte sich das Naturverständnis grundlegend und der Wald wurde zu einem Ort der Sehnsucht und Idylle überhöht und zum nationalen Symbol stilisiert. Dem gingen allerdings Zeiten der völligen Devastierung der Wälder voran, die diesem Sinneswandel den Weg ebneten.

Weil es in der Legende »Gottesbäume« gibt

Viele Geschichten – Märchen, Gleichnisse, Fabeln und Legenden – beschäftigen sich mit dem Wald. Eine moderne, besonders schöne Legende fand ich bei den Arbeiten zu diesem Buch. Es ist eine religiöse Erzählung und zunächst schenkte ich ihr gar nicht solch eine Beachtung. Als sie mir nach einigen Tagen aber immer wieder in den Sinn kam, merkte ich, dass wohl mehr dahinterstecken musste als eine bloße Bibelgeschichte. Kein Wunder, es ist ja eine Legende – diese ist schließlich dazu geschrieben, Vordergründiges und Hintergründiges, Sichtbares und Unsichtbares zu entdecken. Die Legende trägt den Titel *Die drei Gottesbäume*. Ich gebe sie im Folgenden nach einer Vorlage aus den USA, deren Autor unbekannt ist, wieder.

Auf einem fernen Hügel wuchs ein Wald mit vielen Bäumen. Alle waren glücklich und zufrieden. Die Sonne schien und erwärmte ihre Blätter und Nadeln. Einige träumten in die Zukunft. »Wisst ihr, am liebsten würde ich mich zu einem Babybettchen oder einer Holzwiege verarbeiten lassen«, sagte ein kleines Bäumchen. »Ich habe oft junge Mütter beobachtet und da kam ich auf diese Idee …«

Ein anderes Bäumchen schüttelte entrüstet den Kopf: »Nein, um Himmels willen, bloß das nicht! Ich wäre viel lieber Teil eines majestätischen Schiffes und führe so kreuz und quer über die Weltmeere, Gold, Silber und Edelsteine an Bord.«

Ein dritter Baum, ebenfalls eher klein und schmächtig, murmelte leise, fast gedankenverloren vor sich hin: »Ich möchte nur auf diesem Hügel stehen und mit meiner Spitze gegen den Himmel weisen und Gott lobpreisen.«

Da beugte sich ein älterer Baum herunter und sagte: »Du hast recht, Kleiner; deine Wünsche sind solide.«

Die Jahre gingen dahin und die kleinen Bäume wuchsen zu kräftigen Stämmen heran. Da erschienen Holzfäller und machten sich beim ersten der drei Bäume gleich ans Werk. Als er die Männer auf sich zukommen sah, flüsterte er seinem Nachbarn zu: »Bin ja gespannt, ob mein Traum vom Babybettchen in Erfüllung geht?«

Er ging nicht in Erfüllung. Die Holzfäller zerstückelten ihn in tausend Teile; das größte davon wurde zu einer groben Futterkrippe verarbeitet. Der kleine Baum weinte aus vollem Herzen. Aber Gott, der das kleine Bäumchen liebte, sagte: »Hab Geduld, bald wirst du dich freuen!«

Und so kam es dann auch. Denn es erschienen in derselben Gegend Hirten auf dem Feld, die auch nachts bei ihren Tieren schliefen. Sie wurden von Engeln überrascht, die zu ihnen sagten: »Fürchtet euch nicht, denn wir bringen euch eine große Freude. Heute ist der Heiland geboren in der Stadt Davids. Dies soll euch ein Zeichen sein: Ihr werdet das Kind in Windeln gewickelt und in einer hölzernen Krippe finden …« Als die Engel wieder gegangen waren, machten sich die Hirten auf den Weg nach Bethlehem. Und sie fanden Maria, Josef und das Kind, das in einer Krippe lag. Denn in der Stille der Heiligen Nacht hatte Gott selbst seinen Sohn in die kleine Holzkrippe gelegt …

Als sie das begriff, freute sich die kleine Krippe und jubelte vor Aufregung: »In all meinen Träumen hätte ich dies niemals zu denken gewagt. Ich bin Teil des göttlichen Wunders geworden!« Und auf dem fernen Hügel klatschten die anderen Bäume in die Hände und freuten sich mit der kleinen Krippe.

Wieder gingen Jahre ins Land. Da erschienen abermals die Holzfäller, um erneut einen Baum zu schlagen. Sie legten Axt an den zweiten Baum, an jenen, der einst ein stattliches Schiff werden wollte. Aber auch sein Traum ging nicht in Erfüllung.

Statt zu einer Galeere verzimmert zu werden, wurde aus ihm nur ein kleiner Fischerkahn; er gehörte einem ungebildeten Mann aus Galiläa namens Petrus. Traurig und voller Enttäuschung schrie der kleine Kahn: »Mein Leben lang wollte ich eine Galeere werden; jetzt hat man aus mir einen schmutzigen kleinen Kahn gemacht! Und den fährt einer, der nicht einmal das Gymnasium besucht hat!«

Aber Gott, der auch dieses kleine Bäumchen liebte, sagte: »Warte nur, auch du bekommst deine Zeit!«

Eines Tages bestieg Jesus das Boot des Petrus und lehrte das Volk vom Boot aus. Er sprach Worte von solcher Schönheit, Weisheit und Liebe, dass alle wie gebannt lauschten. Und als Jesus seine Rede beendet hatte, sagte er zu Petrus: »Fahr hinaus auf die See und wirf dein Netz noch einmal aus!« Petrus bockte; die ganze Nacht habe er sich schon abgerackert und nichts gefangen. Doch wenn es der Herr unbedingt wünsche, wolle er es erneut probieren.

Und siehe da, Petrus fing so viele Fische, dass der Kahn zu sinken drohte. Jetzt warf sich Petrus vor dem Herrn auf die Knie und rief: »Geh von mir hinweg! Ich bin ein sündiger Mensch!«

Als der kleine Kahn das sah, kamen ihm Tränen: »Das ist wunderbar! In all meinen Träumen hatte ich nie daran gedacht, solch kostbare Last tragen zu dürfen. Ich bin Teil des göttlichen Wunders geworden.«

Und wieder klatschten die Bäume auf dem fernen Hügel. Und abermals vergingen Monate und erneut kamen die Holzfäller in den Wald. Als sie sich dem dritten Baum näherten, wimmerte der vor Angst und Schrecken: »Nein, lasst mich in Ruhe!«

Aber die Männer kümmerten sich nicht um sein Gejammer. Sie schlugen seine Zweige ab und fällten den Stamm. Dann zersägten sie ihn und zimmerten daraus ein Kreuz. Jetzt wimmerte der Baum noch stärker: »Schrecklich«, schluchzte er, »sie machen mich zum Balken der Schmach – und ich wollte immer nur Gott lobpreisen!«

Aber Gott, der kleine Bäume liebt, flüsterte: »Geduldedich, auch deine Stunde wird kommen!«

Sie kam vor den Toren Jerusalems. Eine große Menschenmenge hatte sich versammelt; in ihrer Mitte stolperte Jesus, niedergedrückt von der Last des Kreuzes. Dann geschah das Wunder: Nachdem Jesus mit lauter Stimme geschrien hatte, gab er seinen Geist auf. Und der Vorhang des Tempels riss entzwei von oben bis unten und die Erde bebte und Felsen zerbrachen. Als der Hauptmann und jene, die mit ihm waren, Jesus sahen und auch das Beben der Erde und all das andere Geschehen, da fürchteten sie sich sehr und sprachen: »Wahrlich, dies ist Gottes Sohn gewesen!«

Dann vernahm der kleine Baum, der zum Kreuz auf Golgota geworden war, die Worte Jesu: »Wenn ich von der Erde erhöht sein werde, werde ich alle Menschen an mich ziehen.« Und es fiel wie Schuppen von seinen Augen: »Wunderbar! Ich bin Teil des göttlichen Plans geworden.«

Und auf dem fernen Hügel beugten alle Bäume ihr Haupt und dankten Gott, weil ihr Bruder für würdig empfunden wurde, am Kreuz Gott ganz nah zu sein …

Weil die Eiche im Volksglauben tief verwurzelt ist

Kein anderer Baum ist so sehr mit der Mythologie und dem deutschen Volksglauben verbunden wie die Eiche. Sie ist der Inbegriff von Stärke und Standfestigkeit. Mit ihrem knorrigen Stamm und der gewaltigen Silhouette trotzt sie jedem Sturm, nur der Blitz kann sie treffen. Die Christen glaubten, dass die Eiche bevorzugtes Ziel der Blitze war, weil sich Judas an einem ihrer Äste erhängt haben soll. In kirchlichen Sagen ist andererseits häufig von »Marien-Eichen« die Rede, in deren Stamm ein Abbild der Mutter Gottes zu erkennen war. Oft hängt an diesen Eichen heute ein kleines Holzgemälde mit Marienmotiv, vor Regen behütet durch ein schmales Dächlein.

Vor rund 1.200 Jahren gab es in Deutschland viele »Donnereichen«, unter denen die heidnischen Bewohner der Gegend ihren Götzen Opfergaben darreichten. So wurde bei Geismar in Nordhessen die dem Donnergott Thor geweihte Donareiche verehrt. Der Missionar Bonifatius fällte diese Eiche, weil sie als Götzenbild einen Verstoß gegen die Zehn Gebote darstellte. Dass jede Reaktion ihrer heidnischen Gottheit ausblieb, beeindruckte die Anwesenden tief und viele ließen sich taufen.

Wenn auch keine Götzen mehr verehrt wurden, so sprach der deutsche Volksglaube der Eiche weiterhin besondere Kräfte zu. Im *Handbuch des deutschen Aberglaubens*[38] findet man die unglaublichsten Theorien:

Traf man früher auf eine Schlange, glaubte man, dass sie Böses im Schilde führt, von wegen Paradies und so. Dafür gab es aber eine einfache Lösung: »Reiß ein paar Blätter vom Eichenzweig und wirf sie nach der Schlange!« Denn Eichenblätter bannen Zaubertiere. Das liegt an ihrer Form, die sie direkt dem Teufel zu verdanken haben. Als sich Satan einmal darüber ärgerte, dass er eine arme Seele nicht auf die dunkle Seite ziehen konnte, ließ er seine Wut an einer Eiche aus und fuhr mit seinen Krallen durch den Baum.

Wer den Teufel gleich für ein ganzes Jahr fernhalten möchte, legt am Karfreitag vor Sonnenaufgang ein Stück Eichenholz in die Stube. Wer dagegen befürchtet, von seinem unsympathischen Nachbarn verhext zu werden, klebt sich ein Pflaster aus Eichenlaub auf die Haut – das hilft, »alle Zauberei und Malefiz« zu vertreiben. Das funktioniert auch prophylaktisch: Vielleicht sollten Sie bei der nächsten Gartenzaunfehde daran denken …

Und wie einfach es ist, von Leiden wie Kopfschmerz und Gicht befreit zu werden: schnell die Kleider vom Leib gerissen und in die Äste einer Eiche gehängt. Wer diesem Rat heutzutage folgt, dem könnte womöglich unterstellt werden, einen in der (Eichen-)Krone zu haben.

Wozu denn Zähneputzen? Zwischen zwei Eichen stellen, mit den Blättern eines abgerissenen Astes über die geschlossenen Zähne schrubben und folgenden Satz murmeln: »Mundfäul, geh hin und wieder: Geh aus allen meinen Gliedern und komme nie wieder!« Und schon ist die Mundhygiene dauerhaft sichergestellt.

Teure Schönheitsoperationen sind hinfällig: Den Körper mit abgestandenem Wasser aus einem hohlen Eichenstumpf benetzen und Warzen, Sommersprossen und Besenreiser sind verschwunden.

Als es noch kein Internet gab, mussten sich die Herren der Schöpfung schon etwas einfallen lassen, um mal nackte Haut zu sehen. »Die Kunst, dass sich das Weibsvolk muss nackend entdecken und das Gewand aufheben«, funktionierte so: Man schreibe mit Hasenblut den Namen der angebeteten Dame auf ein Stück Eichenholz und platziere es auf ihrer Türschwelle. Überschreitet sie diese, muss sie ihr Kleid bis zum Nabel lüften. Die Wünsche der Damenwelt waren nicht solch frivoler Natur: Wer die »Hochzeitseiche« dreimal umrundet, erhält einen Ehemann gratis.

Jeder kennt den Spruch aus Krimis, dass Mörder immer zum Tatort zurückkehren. Aber warum ist das so? Hier ist die Lösung: Es wird Blut vom Opfer auf ein Stück getrocknetes Eichenholz geschmiert. Während dieser Holzscheit verbrannt wird, tauscht man die Schuhe des Toten gegen ein anderes Paar aus. Der Mörder meint nun, bis zu den Knien im Wasser zu stehen. Mit »Wahn und Blindheit geschlagen«, kehrt er zum Tatort zurück. Klingt doch logisch, oder?

Und wer einmal die Englein singen hören möchte, der drückt an Heiligabend um Mitternacht sein Ohr auf einen Eichenstumpf. Ich vermute allerdings, dass der Erfolg davon abhängt, wie fest man drückt …

32. GRUND

Weil dort früher die Eiben wuchsen

Die meisten Menschen kennen die Eibe nur als Gartenhecke oder vom Friedhof. Als Heckenpflanze ist sie beliebt, weil sie nach jedem Rückschnitt wieder zuverlässig austreibt, sehr schattenverträglich ist und eine ansehnliche Höhe erreichen kann. Ihren Platz auf dem Friedhof hat die Eibe den Germanen zu verdanken. Weil Eiben bis zu 3000 Jahre alt werden können, galt sie bei den germanischen Volksstämmen als Symbol des ewigen Lebens. Der Brauch, Eiben auf dem Gottesacker zu pflanzen, hat sich bis heute erhalten. Praktischerweise soll sie auch noch vor Hexen und bösem Zauber schützen.

Die wenigsten wissen, dass diese Baumart in den deutschen Wäldern einmal weit verbreitet war, besonders rund um die Bergregionen. Die Eibe besitzt viele besondere Eigenschaften. Zwei davon waren jedoch ausschlaggebend, dass Taxus baccata – die europäische Eibe – heute kaum noch im Wald anzutreffen ist.

Die erste Eigenschaft betrifft ihr Holz. Es ist äußerst beständig und sehr biegsam – dadurch eignet es sich ideal für den Bogenbau. Besonders die Engländer wollten ihre berühmten Langbogen aus Eibenholz anfertigen. So wurde es von Nürnberg aus in riesigen Mengen nach Antwerpen verschifft und entwickelte sich zu einem regelrechten Exportschlager. Im Jahr 1568 unterrichtete Herzog Albrecht den Kaiserlichen Rat in Nürnberg, dass sich in ganz Bayern keine hiebreife Eibe mehr befinde.[39]

Die zweite Eigenschaft, die für die Verdrängung der Eiben aus unseren Wäldern verantwortlich war, ist ihre tödliche Giftigkeit. Besonders Pferde reagieren extrem empfindlich: Bereits 0,2 bis 2,0 Gramm Nadeln je Kilo Lebendgewicht sind todbringend. Ein Graus für die Fuhrleute der damaligen Zeit. Im Gegensatz dazu vertragen Wiederkäuer bis zu zehn Gramm je Kilo Lebendgewicht.[40] Aber auch diese Mengen sind im Laufe des Tages vom Vieh schnell aufgenommen. Da es bis Ende des 19. Jahrhunderts üblich war, Nutztiere zum Weiden in den Wald zu treiben, war den Hirten und Fuhrleuten die giftige Eibe ein Dorn im Auge. Kurzerhand hackten sie diese Bäume einfach ab.

Erstaunlicherweise haben Wildtiere sogar eine gewisse Vorliebe für diese Baumart entwickelt. Rehe zum Beispiel lieben ihre zarten Knospen. Dummerweise wächst die Eibe sehr langsam und benötigt 20 bis 30 Jahre, bis der wichtige Leittrieb so weit in die Höhe gewachsen ist, dass er nicht mehr vom Wild abgeknabbert werden kann.

Eiben sind zweihäusige Bäume, das heißt, es gibt männliche und weibliche Exemplare. Die weiblichen tragen im Herbst rote, runde

Beeren. Genaugenommen ist es ein fleischiger Samenmantel. Damit lockt der Baum Vögel an, die sich über die leuchtenden Beeren hermachen und den darin befindlichen giftigen Samen andernorts wieder ausscheiden.

Ich bin unweit eines großen Parks aufgewachsen. Dort stand in einer Weggabelung eine Eibe, mehr breit als hoch. Ihr Wuchs war strauchförmig und sie präsentierte ihre Beeren im Überfluss direkt vor meinen Augen. Ich interessierte mich schon als Kind für die Natur und machte mich schlau: Rinde, Nadeln und Samen sind giftig – nicht aber diese herrlich roten Früchte. Sie sind essbar! Das Problem war nur, dass der giftige Samen mittendrin steckte.

Mein Freund und ich nahmen es als Mutprobe: Wir lutschten das Fruchtfleisch vom Samen und spuckten den kleinen Samenkern wieder aus. Und die Beere war nicht nur »essbar« – nein, das Fruchtfleisch war sogar richtig lecker: süß wie Honig und genauso klebrig. Süßigkeiten völlig umsonst und dazu noch selbst entdeckt. Das Ganze überzuckert mit einem Hauch von Abenteuer – was gibt es Schöneres! Im Nachhinein war es doch ziemlich gefährlich. Nicht auszudenken, wenn wir die Kerne verschluckt hätten. Ich lege das mal unter kindlichem Leichtsinn ab – also auf keinen Fall nachmachen!

Wie beim Roten Fingerhut zeigt sich auch bei der Eibe, dass immer die Dosis das Gift macht. Schon bei den Kelten war die Eibe der Baum der Druiden. Gerade einmal 2.000 Jahre später haben auch unsere Mediziner schon die Wirkung des Taxins entdeckt und setzen das Alkaloid heute in der Krebstherapie ein.

Dass die Eibe früher viel weiter verbreitet war, belegen viele Ortsnamen mit dem Bestandteil »ib«, z. B. Unteribental, Ibach, Ibenmoos oder Iberg. Glücklicherweise sind einige dieser Eibenwälder bis heute erhalten geblieben. Dabei sind mit »Eibenwälder« keine Reinbestände gemeint, denn diese gibt es gar nicht natürlich gewachsen. Unter einem Eibenwald versteht man vielmehr einen Wald mit vielen Eiben. So ein Relikt ist der Paterzeller Eibenwald – ein knapp 88 Hektar großes Naturschutzgebiet, in dem ungefähr 2.300 Eiben stehen, die teilweise bis zu 1.000 Jahre alt sind. Damit ist der Paterzeller Eibenwald einer der größten zusammenhängenden Bestände der Europäischen

Eibe in Deutschland. Der Eibenwald befindet sich im ehemaligen Klosterforst von Wessobrunn, einer Gemeinde im oberbayerischen Landkreis Weilheim-Schongau.

Schauen Sie doch mal dort vorbei, ein »Eibenpfad« mit Informationstafeln führt durch den Bestand. Vielleicht geht es Ihnen dann wie im Jahre 1907 dem Weilheimer Arzt Dr. Friedrich Kollmann. Er war so fasziniert von dem Wald, dass er durch seine Hartnäckigkeit sogar die naturverbundene Königin Marie Therese, die Frau von Ludwig III. von Bayern, für sein Vorhaben gewinnen konnte: Durch ihre Fürsprache wurde der Paterzeller Eibenwald ab 1913 unter besonderen Schutz gestellt und es durfte keine Eibe mehr gefällt werden.

4. KAPITEL

BUNTES TREIBEN AUF DEM WALDBODEN

Weil Reineke Fuchs zu den
schlauesten Waldbewohnern gehört

Der Fuchs ist bekannt wie ein bunter Hund. Und das zu Recht, denn tatsächlich gehört er zu den Hundeartigen und ist damit ziemlich nah mit Hund und Wolf verwandt. Und auffällig gefärbt ist er auch – denn in unseren Breiten meinen wir mit Fuchs den Rotfuchs, der meistens rötlich gefärbt ist mit weißer Brust. Sein auffälligstes Merkmal ist jedoch der lange, buschige Schwanz mit weißer Spitze, der in den 1980er-Jahren besonders bei Manta-Fahrern beliebt war. Zu dieser Zeit trugen viele Damen auch gerne eine Mütze oder einen ganzen Mantel aus Fuchsfell. Ich erinnere mich, dass meine Oma einen Schal besaß, an dem sogar noch die Fuchspfoten dranhingen. Mit so etwas muss man sich heute mal in die Innenstadt wagen …

Aber nur weil heute keiner mehr sein Fell tragen will, heißt das nicht, dass der Fuchs ganzjährige Schonzeit hat. Ganz im Gegenteil, die Jagdstrecken sind auf anhaltend hohem Niveau, was darauf hinweist, dass sich der Fuchs prächtig vermehrt. Das hat zwei Gründe: Zum einen konnte man die Füchse mit Impfködern gegen die Tollwut immunisieren. Zum anderen ist der Fuchs ein Nahrungsgeneralist und ein Kulturfolger – eine Kombination, die zum Erfolg verdammt ist. Das Schlitzohr hat gelernt, dem Menschen mit Vorsicht und Raffinesse aus dem Weg zu gehen und doch ganz in seiner Nähe zu leben. Komposthaufen und Abfalleimer wurden als neue Nahrungsquelle erschlossen.

Die meisten Großstädter wissen gar nicht, wer da nachts durch die Gärten streift. Vielleicht ist das auch besser, um keine Panik zu schüren, denn der Fuchsbandwurm ist in aller Munde. Also hoffentlich nicht in wörtlichem Sinne, dennoch besteht die latente Gefahr, die Eier dieses Parasiten unbeabsichtigt aufzunehmen – zum Beispiel mit dem nur flüchtig gewaschenen Salat aus dem Gemüsebeet. Besonders Kinder sind gefährdet, wenn sie auf dem Spielplatz mit Fuchskot verunreinigten Sand in den Mund nehmen.

Beim Beerensammeln im Wald hieß es in meiner Kindheit noch »von der Hand in den Mund«. Vom Fuchsbandwurm wussten wir damals noch nichts. Heute müssen sich die kleinen Schleckermäuler gedulden, bis alle Heidel-, Him- oder Brombeeren in der Küche ordentlich abgewaschen wurden, wodurch leider immer etwas vom echten Waldgeschmack verloren geht. Na ja, zumindest die höher wachsenden Beeren kann man direkt vernaschen. Mit dem Fuchsbandwurm ist nicht zu spaßen. Ich kenne Jäger, die sich mit diesem Parasiten infiziert haben. Vermutlich nicht über Beeren, sondern über den direkten Kontakt mit erlegten Füchsen. Zunächst vermutete der Arzt eine Leberzirrhose, was bei dem Alkoholkonsum mancher Waidmänner auch naheliegt, tatsächlich war es aber der Wurm.

Aber schon weit vor Tollwut und Fuchsbandwurm hatte der Rotrock nicht das beste Image. Er galt als besonders schlau, weshalb er ja auch »Reineke« oder »Reinhard« genannt wird, was so viel heißt wie »der durch seine Schlauheit Unüberwindliche«[41]. Aber schon auf der Schule gehörten die Schlauesten nicht zu den Beliebtesten. So nutzte Reineke Fuchs seine Schlauheit in fast allen Fabeln und Kindergeschichten dazu, mit List zum Erfolg zu kommen. Dieses Verhalten wird ihm als Falschheit und Bösartigkeit ausgelegt. Bekannt ist vor allem Goethes Version von Reineke Fuchs aus dem Jahr 1793. Bis ins 20. Jahrhundert dominiert eine negative Darstellung von Füchsen in Märchen und Kinderbüchern, zum Beispiel in Grimms Märchen, in der Geschichte von Nils Holgersson oder im Kinderlied *Fuchs, du hast die Gans gestohlen*. Aber ein Fünkchen Hoffnung bleibt, denn in einigen Regionen des deutschsprachigen Raumes wird dem Rotfuchs als Osterfuchs eine positive Rolle zugesprochen: Dort übernimmt er im österlichen Brauchtum wie der Osterhase die Aufgabe des Eierbringens.[42]

Auch Förster und Jäger sind unterschiedlicher Meinung, was Pro und Kontra angeht. Bei den Förstern sind Füchse im Wald gerne gesehen, weil sie dort jede Menge Mäuse fressen. Mäuse, besonders Rötelmäuse, nagen nämlich gerne die Rinde von jungen Bäumchen ab, die infolgedessen absterben. Und das mag der Förster gar nicht.

Der Jäger dagegen macht sich Sorgen um den Nachwuchs von Hase, Rebhuhn und Fasan. Mit seinem ausgezeichneten Geruchssinn lokalisiert der Fuchs bei seinen nächtlichen Streifzügen den hilflosen Nachwuchs und macht kurzen Prozess. Sogar Rehkitze gehören zu seinem Beutespektrum: Für das Berner Mittelland wird geschätzt, dass ein Fuchs in den Monaten von Mai bis Juli durchschnittlich elf Kitze frisst.[43] Aber neben dem Geruchssinn setzt der Fuchs auch seine berüchtigte Schläue ein: Es wird für möglich gehalten, dass Rotfüchse aus dem Verhalten der Ricken schließen können, wo sich die Kitze versteckt haben.[44]

Auch Kaninchen gehören auf den Speiseplan der Füchse, sofern sie die grauen Flitzer erwischen. Obwohl das so ist, teilen sich Füchse manchmal ihren Bau mit diesen Nagern und auch mit Brandenten. Beide Tierarten ziehen nämlich ebenfalls in unterirdischen Bauten ihren Nachwuchs auf. Und da liegt es nahe, dass man bei Wohnraummangel auch mal eine Zweckgemeinschaft bildet, sofern es der Platz hergibt. Obwohl der Fuchs den Braten riecht, tut er seinen Nachbarn nichts zuleide. Sie halten »Burgfrieden«, wie die Verhaltensbiologen dieses Phänomen bezeichnen.

34. GRUND

Weil dort warzige Kröten leben

Wie die Eulen gehören Kröten zu den geheimnisvollen Bewohnern des Waldes. Sie leben im Verborgenen – in Erdlöchern, unter Steinen, feuchtem Laub und verfaulendem Holz. Auf Nahrungssuche gehen sie in der Dämmerung. Die Kröte galt mit ihren vielen Warzen auf der Haut und ihrem zahnlosen Maul bis ins Mittelalter als hässlichstes Tier der Schöpfung (vgl. Buch Levitikus / 3. Buch Mose), sodass sie sich nur nachts traute, unter ihrem Stein hervorzukriechen. Kein Hexentrank kommt ohne sie aus, und wer im Märchen zu den Bösen gehört, wird zur Strafe gerne mal in eine Kröte verwandelt.

Zu Gesicht bekommt man eine Kröte in der Regel nur während der Krötenwanderung im März. Wenn die Temperaturen in den Abendstunden mindestens 5 °C betragen und die Nächte frostfrei sind, machen sie sich in der Dunkelheit auf den Weg zu genau dem Gewässer, in dem sie selbst geboren wurden, um dort zu laichen. Sie wählen die Nacht als Reisezeit, weil dann die Luftfeuchtigkeit höher ist und die empfindliche Haut nicht austrocknet. Aber warum machen sie sich die Mühe, bis zu fünf Kilometer weit zu wandern, mit all den Gefahren, die unterwegs auf sie lauern? Es liegt doch oft ein anderer Waldtümpel viel näher. Man vermutet den Grund darin, dass sie im elterlichen Teich ja selbst überlebt haben, das Gewässer der eigenen Fortpflanzung also ebenso wohlgesinnt sein dürfte.

»Auf den Weg machen« heißt bei Kröten übrigens auf allen vieren gehen, im Gegensatz zu Fröschen, die hüpfen. Die Weibchen schleppen die Männchen dabei oft gleich Huckepack mit. Dass wir uns nicht falsch verstehen – die zierlicheren Männchen werden vom Vollweib nicht dazu gezwungen, sie selbst sind es, die sich per Anhalter einfach hinten aufschwingen. Ganz nach dem Motto: Was man hat, das hat man. Denn wer weiß, wie viele andere Männchen am Teich bereits auf die holden Damen warten, deshalb besser gleich schon mal den Besitz beanspruchen. Dummerweise sattelt sich manchmal noch ein weiteres Männchen oben auf. Der Erstbesetzer versucht ihn zwar mit kräftigen Tritten davon abzuhalten, das gelingt aber nicht immer. Egal, ob zu zweit oder zu dritt – mehr als 600 Meter pro Tag sind so nicht drin. Was tut man als Krötenweibchen nicht alles für die nächste Generation!

Im Eifer des Gefechts kann es auch vorkommen, dass sich ein Männchen an ein anderes Männchen klammert, welches dann mit quakenden Lauten auf den Irrtum hinweist. Denn wenn alle den Jockey spielen wollen, kommt ja keiner von beiden voran. Ist kein feminines Kröten-Taxi zur Stelle, müssen die beiden Junggesellen eben selbst loswatscheln zum Wasserbett.

Der Weg im Wald ist gefährlich. Marder, Iltis, Dachs, Fuchs, Waschbär – alle wollen der Kröte ans schrumpelige Leder. Da helfen meist auch die giftigen Drüsensekrete nichts. Diese dienen eher zum Schutz der Haut vor Mikroorganismen. Kann man ja nachvollziehen: Wer die ganze Zeit im feuchten Keller lebt, hat irgendwann mit aufsteigendem Schimmel zu kämpfen.

Kröten besitzen so eine Art integrierten Kompass, der ihnen den direkten Weg zum Heimatgewässer weist. Leider berechnet dieses Navi nicht den sichersten Weg, sondern nur den kürzesten. Da fast jedes Waldgebiet von einer oder mehreren Straßen durchschnitten wird, lauert bei deren Überquerung die größte Gefahr. Denn in ihrer gemächlichen Art kann es eine Viertelstunde dauern, bis die Kröte den Asphalt passiert hat. Erfasst sie das Scheinwerferlicht eines Autos, bleibt sie still sitzen, um zu warten, bis die Gefahr vorüber ist. Eine fatale Strategie: Denn das Auto muss die Kröte gar nicht mit dem Reifen treffen, schon der Unterdruck des über die Kröte hinwegfahrenden Autos reicht aus, um die inneren Organe zu zerfetzen. Das passiert schon bei einer Fahrtgeschwindigkeit von 50 km/h.[45] Es hilft also nichts, die Kröte zwischen die Reifen zu nehmen – außer man fährt maximal Tempo 30, dann würde nämlich nichts passieren. Aber wer fährt schon freiwillig so langsam?

Ganz nach dem Prinzip der Risikostreuung machen sich alle Kröten wie von Geisterhand gleichzeitig auf den Weg zu ihrem Geburtsort. Das erhöht die Chance, dass trotz der mannigfaltigen Gefahren immer ein gewisser Teil der Population am Ziel ankommt und die Tierart in die nächste Generation führt. Oft gibt es im Wald nur einen einzigen größeren Waldsee, zu dem dann aus allen Himmelsrichtungen die Kröten heranwatscheln. Eine Krötendame, der auf dem Hinweg noch kein Klammeraffe auf den Leib gerückt ist, wird dort bei der Partnersuche sicher fündig. Im Waldsee wickeln die Weibchen dann den Laich in Form von langen Strängen um Unterwasserpflanzen, nachdem er von den Männchen befruchtet wurde. Nach einigen Tagen entwickeln sich aus dem Laich Kaulquappen, die nach weiteren zweieinhalb bis drei Monaten als kleine Krötchen zum ersten Mal an Land gehen. An der Stelle, an der vielleicht schon ihre Urururgroßeltern zum ersten Mal die frische Waldluft durch ihre Lungen strömen ließen.

Aber wodurch unterscheiden sich eigentlich Kröten von Unken und Fröschen? Der wichtigste Unterschied ist, dass nur aus dem Frosch ein Prinz wird. Vermutlich hätte die Prinzessin eine Kröte, geschweige denn eine Unke, mit ihren vielen Warzen auch gar nicht geküsst. Ein Frosch dagegen ist schlank und rank mit langen Beinen, hat eine glatte, feuchte Haut, sogar Zähne im Mund und kommt dem Bild eines Prinzen damit insgesamt schon näher. Kröten und Unken sind Landtiere und gehen nur zum Laichen ins Wasser. Frösche dagegen leben immer in der Nähe von Gewässern. Mit seinen muskulösen Sprungbeinen kann der Frosch auch besser hüpfen als die schwerfällige Kröte, die es vorzieht zu gehen.

Die Unke ist entgegen der landläufigen Meinung keine besonders dicke Kröte, sondern gehört zu urtümlichen Froschlurchen mit abgeflachtem Körper und warziger Oberseite. Die Unke ist auf der Oberfläche farblich gut getarnt, wird sie aber von einem Fressfeind entdeckt, wirft sie sich auf den Rücken und stellt ihren leuchtend bunten Bauch zur Schau. Damit will sie ihren Feinden sagen: »Achtung, ich bin giftig!« In der Natur bedeuten grelle Farben nämlich Gefahr, denn wer kann es sich schon leisten, dermaßen aufzufallen – außer er hat es nicht nötig, sich zu tarnen. Tatsächlich kann das Drüsensekret, der sogenannte »Unkenspeichel«, auch die Schleimhäute des Menschen reizen.

Allen Unkenrufen zum Trotz – ich mag die Kröten unter den drei Froschlurch-Arten am liebsten, obwohl sie weder einen bunten Bauch haben noch das Wetter vorhersagen können. Es muss ja nicht jeder aussehen wie ein Feuersalamander oder eine bunte Zauneidechse. Wahre Schönheit kommt von innen.

35. GRUND

Weil dort im Herbst zur Jagd geblasen wird

Von Oktober bis Dezember sieht man das Schild »Vorsicht Jagd« häufig an Straßen und Waldwegen stehen. Es weist Autofahrer und Spaziergänger darauf hin, dass in diesem Streckenabschnitt eine Bewegungsjagd stattfindet und unvermittelt Wild oder Jagdhunde die Straße überqueren können. Bei einer Bewegungsjagd werden Wildtiere durch Treiber und Hunde langsam in »Bewegung« versetzt, damit es an den wartenden Jägern langsam vorbeiläuft und diese die Gelegenheit haben, das Wild genau zu erkennen und zu erlegen.

Jetzt fragt sich der eine oder andere sicher, ob das denn unbedingt sein muss. Die Antwort ist Ja. Gerade Wildschweine und Rehe vermehren sich in unserer Kulturlandschaft stark. Durch die Klimaerwärmung sind die Winter meistenorts so warm, dass es zu keinen nennenswerten Verlusten in den Wildbeständen mehr kommt. Und auch Großräuber wie Wölfe sind (noch) nicht vorhanden, die den Bestand dezimieren könnten. Durch die zunehmende Populationsstärke sind Schäden in Land- und Forstwirtschaft vorprogrammiert. Um diese Schäden zu reduzieren, müssen größere Stückzahlen an Wildtieren entnommen werden, was am besten durch großräumig angelegte Bewegungsjagden gelingt. Sie tragen also maßgeblich zur Erfüllung der behördlichen Abschusspläne bei.

Bewegungsjagden sind elementarer Bestandteil von Intervalljagd-Konzepten. Intervalljagd bedeutet, dass nicht das ganze Jahr über gejagt wird, sondern nur zu den erfolgversprechendsten Zeitpunkten, also in Intervallen. Für Wildtiere ist es natürlicher, wenn nur an wenigen Tagen intensiv gejagt wird, als eine tägliche Beunruhigung durch Einzelansitze. Das entspricht der Bejagungsstrategie von Prädatoren wie Wölfen oder Luchsen. Denn diese bejagen große Landstriche und sind deshalb auch nur in zeitlichen Abständen in einzelnen Revierteilen aktiv.

Die Begriffe Gesellschaftsjagd und Bewegungsjagd werden als Synonym verwendet. Der erste Begriff rührt von der größeren Anzahl an Jägern her, der Jagdgesellschaft, der zweite Begriff von der Jagdart, dem In-Bewegung-Bringen des Wildes. Beide sind wiederum Oberbegriff für die Bezeichnungen Drückjagd und Treibjagd.

Bei der Drückjagd wird mit Kugelwaffen auf Schalenwild gejagt, wozu Rehe, Hirsche und Wildschweine gehören. Die Drückjagd findet im Wald statt.

Bei der Treibjagd wird mit Flinten, also Schrotgewehren, auf Niederwild gejagt, dazu zählen Hasen, Rebhühner und Fasane. Die Treibjagd wird meistens auf dem Feld durchgeführt. Um die Verwirrung komplett zu machen: Auf dem Straßenverkehrsschild steht immer

Treibjagd – hier hat man sich die Unterscheidung aus Kostengründen gespart.

Bei einer Drückjagd können Wildtiere oder Jagdhunde unvermittelt die Straße überqueren. Die Verkehrsteilnehmer müssen vor dieser Gefahr gewarnt werden. Das erfolgt mit entsprechenden Hinweisschildern. Bei stärker frequentierten Straßen können auch Geschwindigkeitsbeschränkungen notwendig sein, für deren Aufstellung eine verkehrsrechtliche Anordnung der Straßenverkehrsbehörde notwendig ist. Wurde solch eine Anordnung erlassen, stellt der Jagdleiter unmittelbar vor Jagdbeginn die entsprechenden Straßenschilder auf. Das sind mehrere Schilder, die die zulässige Höchstgeschwindigkeit in Richtung Gefahrenschwerpunkt langsam herunterdrosseln und nach der Gefahrenstelle wieder aufheben.

Am vereinbarten Sammelplatz treffen sich dann alle Jagdgäste. Sind Jagdhornbläser anwesend, wird das Signal »Begrüßung« geblasen. Der Jagdleiter begrüßt die anwesenden Jäger, Treiber und Hundeführer und schildert kurz den Ablauf des Tages. Er überprüft, ob alle Schützen im Besitz eines gültigen Jagdscheins sind. Wer seinen Jagdschein zu Hause vergessen hat, darf nur als Treiber mitgehen. Danach folgt die Sicherheitsbelehrung, die absolut notwendig ist, damit alle Jagdteilnehmer über die Vorschriften informiert wurden. Das ist ein wichtiger Punkt für die Versicherung, sollte doch einmal ein Unfall passieren. Ein Muss ist dabei folgende Passage: »Jeder Jäger ist für seinen Schuss selbst verantwortlich.« Wird dieser Satz nämlich nicht gesagt, kann der Jagdleiter in Mithaftung genommen werden, sollte es zu einem Unfall kommen, der im Zusammenhang mit einer Schussabgabe steht.

Obwohl selbstverständlich, weist der Jagdleiter noch einmal darauf hin, dass alle Teilnehmer signalfarbene Warnbekleidung tragen müssen, damit sie sich gegenseitig frühzeitig erkennen. Auch die Jagdhunde tragen eine Warnweste, damit sie nicht im Eifer des Gefechts mit einem Wildschwein oder einem Fuchs verwechselt werden. Trotzdem hört man immer wieder von Unfällen bei dieser Jagdart, die meistens durch Nichtbeachtung der strengen Sicherheitsvorschriften geschehen.

Hat der Jagdleiter die Formalitäten erledigt, blasen die Jagdhornbläser das Signal »Aufbruch zur Jagd«. Dann werden die Jäger »angestellt«. Das bedeutet, jedem einzelnen Jäger wird vom sogenannten »Ansteller« der Platz oder Hochsitz gezeigt, an dem er sich während des Treibens aufhalten soll. Der Ansteller instruiert den Jäger, wo sich seine Nachbarschützen befinden und ob es Bereiche gibt, wohin nicht geschossen werden darf. Das Verlassen dieses Platzes ist nur in Notfällen gestattet, weil der Jäger sonst in den Schussbereich des Nachbarschützen kommen könnte.

Wenn alle Jäger ihre Stände eingenommen haben, beginnt das Treiben. Dabei gehen die Treiber in einer Linie durch das Jagdgebiet. Je nach Anzahl der Treiber und Größe des Gebiets unterscheidet sich der Abstand der Treiber zueinander. Das kann von 20 Meter bis 50 Meter und mehr sein. Gerade in deckungsreichem Gelände ist der Einsatz von Hunden notwendig, denn besonders Wildschweine sind schwer davon zu überzeugen, ihre Verstecke zu verlassen. Bei Wildschweinen ganz besonders beliebt sind dichte Brombeer- und Schwarzdornhecken, in die ein Mensch nicht oder nur mit bleibenden Blessuren hineinkommt. Terrier und andere robuste Hunderassen kennen jedoch kein Pardon und bedrängen die Schwarzkittel so lange, bis sie ihr gemütliches und vermeintlich sicheres Lager verlassen. Zum Schutz werden den Vierbeinern oft stichfeste Westen angelegt, die die Hunde vor Angriffen der Schwarzkittel schützen sollen. Die Zähne von Keilern sind nämlich wehrhafte Waffen, die einen Hund oder einen Menschen schwer verletzen können.

Bei einer Bewegungsjagd darf jedoch nicht einfach auf alles geschossen werden, was vorbeikommt. Der Jagdleiter gibt vor Beginn der Jagd bekannt, welche Wildarten erlegt werden dürfen. Häufig erfolgt dabei eine weitere Präzisierung nach Geschlecht, Alter und Gewichtsklasse. Gerade deshalb ist eine gewisse Erfahrung des Jägers notwendig, weil oft nur wenige Sekunden Zeit bleiben, in denen er entscheiden muss, ob das anwechselnde Wild den Abschussvorgaben entspricht oder nicht. Zudem muss sicherer Kugelfang gewährleistet sein! Das heißt, es darf nur geschossen werden, wenn die Kugel nach dem Durchschlagen des Wildkörpers im Boden verschwindet.

Ein Schuss auf Kuppen, Richtung Straße, Siedlung oder Personen ist streng verboten.

Die Dauer des Treibens richtet sich meistens nach einer vom Jagdleiter vorgegebenen Uhrzeit, manchmal wird aber auch das Ende durch ein Jagdhornsignal bekannt gegeben. Nach Beendigung des Treibens wird jeder Jäger wieder vom Ansteller abgeholt und das erlegte Wild geborgen und zum Sammelplatz gebracht. Hat der Jäger auf ein Tier geschossen, das nicht sofort gefunden werden kann, wird der Anschuss gekennzeichnet und später durch einen speziell ausgebildeten Hund gesucht. Die Besitzer dieser Hunde werden als Nachsuchenführer bezeichnet.

Früher hat der Jäger nach Beendigung des Treibens das von ihm erlegte Wild direkt an Ort und Stelle aufgebrochen, also ausgeweidet. Heutzutage wird das aus wildbrethygienischen Gründen meist zentral am Sammelplatz erledigt, wo Vorrichtungen zum Aufhängen und fließendes Wasser zur Verfügung stehen.

Zum jagdlichen Brauchtum gehört das Streckelegen. Damit ist gemeint, dass das erlegte Wild in einer bestimmten Reihenfolge auf den Boden gelegt wird. Immer häufiger wird aber aus hygienischer Sicht auf das klassische Streckelegen verzichtet, weil man das aufgebrochene und saubere Wildbret nicht wieder zurück auf den Boden legen möchte, sondern lieber direkt in die Wildkammer bringt. Um das Brauchtum aber nicht ganz aus den Augen zu verlieren, wird oft ein Stück jeder Wildart symbolisch zur Strecke gelegt.

Dann erfolgt vom Jagdleiter die Bekanntgabe der Strecke, also der Anzahl des erlegten Wildes, aufgeteilt nach Wildarten und Geschlecht. Die Erleger bekommen einen Bruch überreicht, das ist ein kleiner Zweig, den sich die erfolgreichen Jäger an den Hut stecken. Danach wird die Strecke »verblasen«: Die Jagdhornbläser spielen Jagdsignale – für jede Wildart gibt es ein spezielles Signal. Am Ende folgen die Signale »Jagd vorbei – Halali« und »Zum Essen«, das oft am sehnlichsten erwartete Signal nach einem langen Jagdtag.

Am Ende der Jagd steht das gemeinsame Essen von Jägern, Treibern und Hundeführern – das sogenannte Schüsseltreiben. Unter den Jägern geht in der Regel ein Hut herum, in dem Geld gesammelt wird.

Damit wird dann das Essen und Trinken der Jagdhelfer, also der Treiber und Hundeführer, bezahlt. Denn ohne deren Mithilfe wäre am Ende des Tages der Jagderfolg nicht möglich gewesen.

Weil es dort eine Gesundheitspolizei gibt

Ich wage zu behaupten, dass Ameisen die nützlichsten Waldbewohner überhaupt sind. Denn die Waldameisen fressen einerseits viele Forstschädlinge, die bekanntermaßen zur Massenvermehrung neigen, und sind andererseits auch wieder Nahrungsgrundlage für andere Waldbewohner, wie den Grünspecht. Außerdem spielen sie eine Rolle bei der Belüftung des Bodens und der Verbreitung von Samen. Einige Pflanzen wie Waldveilchen, Lerchensporn oder das bekannte Schneeglöckchen nutzen nämlich Ameisen als Transportmittel zur Ausbreitung. Als »Schmiergeld« packen sie ein duftendes, nahrhaftes Anhängsel, das sogenannte Elaiosom, an den Samen. Die Ameisen tragen diesen Doppelpack dann in ihr Nest, dort fressen sie das ölige Anhängsel und tragen den eigentlichen Samen wieder aus dem Nest heraus. Wo sie ihn fallen lassen, kann der Keimling seine Wurzeln schlagen. Ein Staat Roter Waldameisen kann auf diese Weise jährlich über 36.000 Samen verbreiten.[46]

Ameisen gelten im Wald als Gesundheitspolizei, womit ihnen eine besonders wichtige Aufgabe zukommt: Sie sammeln Aas auf und verfüttern es an ihre Brut. Der Slogan »Gemeinsam sind wir stark« könnte von den Ameisen stammen: Obwohl sie selbst nur ein sieben- bis zehntausendstel Gramm wiegen, schaffen sie es, gemeinsam eine tote Maus in ihr Nest zu ziehen. Mit dieser Mannschaftsleistung halten sie den Wald sauber. Kennen Sie die Armee von Ameisen-Oberst Paul Emsig aus der Zeichentrickserie *Biene Maja*? Dann wissen Sie ja, wie das abläuft.

Die Waldameisen sind eine Gattung der Ameisen, von der in Deutschland 23 Arten vorkommen. Die bekannteste ist die Rote

Waldameise (Formica rufa), die schon allein durch ihre Größe und ihre kräftigen Mundwerkzeuge beeindruckt. Wir alle kennen die großen Ameisenhaufen aus Tannen- und Fichtennadeln, die die Ameisen gerne um einen morschen Baumstumpf herum auftürmen. Je sonniger und wärmer die Lage ist, umso flacher ist der Haufen, damit sich das Nest nicht zu sehr aufwärmt.

Wie bei einem Eisberg ist der oberirdische, sichtbare Bereich nur der kleinere Teil des Konstrukts. Das Ameisennest reicht mit seinen Gängen und Kammern etwa gleich weit in den Boden hinein und dehnt sich dort oft auch seitwärts noch weiter aus. Was wie ein einfacher Haufen Nadelstreu aussieht, ist eine Deckschicht mit Aus- und Eingängen, die bei heißem Wetter vergrößert werden, um das Nest zu durchlüften – wird es dagegen kalt oder fängt es an zu regnen, werden die Öffnungen verschlossen. Im geschützten Innenbereich befinden sich zahlreiche Kammern, in denen die Brut aufgezogen wird. Um Schimmel zu vermeiden, tragen die Arbeiterinnen die Brut in dem weiträumigen, stockwerkartigen Gang- und Kammersystem des Hügels je nach Wärme- und Feuchtigkeitsbedürfnis herum. Zusätzlich nutzen Ameisen Harz als Antibiotikum gegen Bakterien und Pilze. Sie verteilen dazu Harzkugeln im gesamten Nest – bis zu 20 Kilogramm dieser »Harz-Globuli« haben Forscher in einzelnen Ameisennestern gefunden. Der Pilzbefall in diesen Nestern war deutlich geringer.

Früher wurde Ameisenhaufen in der Nähe von Wanderwegen gerne ein pyramidenförmiges Drahtgeflecht übergestülpt, um es vor Beschädigungen durch Neugierige zu schützen. Leider erreichte man damit oft nur das Gegenteil und machte Spaziergänger erst recht auf die geschützten Tiere aufmerksam. Kinder und Erwachsene betrieben dann häufig autodidaktische Waldpädagogik und stocherten neugierig mit Stöcken in dem Haufen herum, um die aufgeregt umherwuselnden Ameisen zu beobachten. An dieses Bild muss ich immer denken, wenn im Fernsehen Dokumentarfilme gezeigt werden, wo Affen dasselbe an einem Termitenhaufen machen. Allerdings essen die Affen die sich am Stock verbissenen Termiten dann noch. Heute sieht man diese Drahtgeflechte kaum noch, offensichtlich hat sich die natürliche Tarnung der Ameisenhaufen als Schutzmaßnahme besser bewährt.

Im Ameisenstaat führen die Frauen das Regiment. Im Frühjahr legen die Königinnen im Nest befruchtete und unbefruchtete Eier ab. Aus den unbefruchteten Eiern werden Männchen, aus den befruchteten werden Weibchen. Werden die Weibchen von den Arbeiterinnen mit einem speziellen Sekret ernährt, entstehen daraus Königinnen mit Flügel – bekommen sie normale Hausmannskost, werden es Arbeiterinnen ohne Flügel.

Kurz nach dem Schlüpfen beginnt der Hochzeitsflug der Königinnen und der Männchen. Nach der Begattung sterben die Männchen. Den Samen des verstorbenen Spenders bewahren die Königinnen in einer Samentasche auf – das dort eingelagerte Genmaterial reicht übrigens für ihr ganzes Leben, das immerhin bis zu 25 Jahre dauern kann. Die jungen Königinnen brechen jetzt ihre Flügel ab und gründen ein neues Nest oder schlüpfen in einem bereits bestehenden Nest unter. Sie können nun entscheiden, ob sie die Samenbank nutzen, um ihre Eier zu befruchten oder nicht – und demnach steuern, ob Männchen oder Weibchen schlüpfen.

Die Rote Waldameise überwintert wie alle Waldameisen ohne ihre Entwicklungsstadien, das heißt, während der Winterstarre befinden sich nur Königinnen und Arbeiterinnen im Nest, die Männchen sind ja wie gesagt bereits nach Erfüllung ihrer ehelichen Pflichten verschieden.

Was die Ernährung betrifft, mag es die Rote Waldameise gerne deftig in Form von eiweißreichen Insekten, ganz besonders liebt sie aber Süßspeisen. Sie ist ein großer Anhänger des klebrigen Honigtaus, der Ausscheidung von Blatt-, Schild- und Rindenläusen. Bei dessen Gewinnung setzt sie auf Nachhaltigkeit. Sie könnte ja die Laus einfach mit einem Happs vernaschen wie eine kleine Honigkugel. Nein, sie denkt langfristig und hält sich eine ganze Kolonie an Blattläusen als Haustiere. Diese »melkt« sie regelmäßig und beschützt sie vor Feinden, indem sie diese zur Abwehr mit Ameisensäure besprizt. Werden die Blattläuse einmal von einem starken Regenguss vom Baum gespült, kann es sogar vorkommen, dass die Ameisen ihre Honigtaulieferanten wieder hochtragen.

Das viele Herumlaufen und Nachhausetragen zehrt an den Kräften. Mit dem ganzen Zucker können die Ameisen ihren aufwendigen Energiehaushalt aufrechterhalten, wohingegen die proteinhaltige Kost für den Nachwuchs benötigt wird. Ihr Streifgebiet beläuft sich auf etwa 50 Meter rund um das Nest, die Bäume werden dabei auch abgesucht. Ein großes Volk kann im Laufe eines Jahres 28 Kilogramm Insekten und 200 Liter Honigtau aufnehmen.[47]

Aufgrund ihrer enormen Wichtigkeit für das Ökosystem Wald gehören hügelbauende Waldameisen in Deutschland nach der Neufassung der Bundesartenschutzverordnung vom 16. Februar 2005 wieder zu den besonders geschützten Tierarten. Demnach dürfen sie nach § 42 des Bundesnaturschutzgesetzes nicht der Natur entnommen oder gar getötet werden. Auch der Eingriff in die Neststruktur ist strengstens untersagt. Es ist sogar verboten, sie zu besitzen oder mit ihnen Handel zu treiben.

37. GRUND

Weil dort der Zaunkönig sein Reich hat

In Sekundenbruchteilen flitzt ein brauner Schatten über den Waldboden. War das eine Maus oder vielleicht doch ein Zaunkönig? Denn Seine Hoheit liebt es bodennah und fühlt sich im Gestrüpp-Wirrwarr am wohlsten. Schnell wie ein Pfeil fliegt er von Unterholz zu Unterholz, stets auf der Suche nach Spinnen, Faltern, Fliegen und Milben.

Nach dem Winter- und Sommergoldhähnchen ist der Zaunkönig mit einem Gewicht von nur 10 g der drittkleinste Vogel Europas, deshalb muss man schon genau hinschauen, wer da entlangflitzt. Bleibt er endlich einmal kurz sitzen, ist der Zaunkönig leicht an seiner kugeligen Form mit dem steil aufgestellten Schwanz zu erkennen.

Unglaublich ist, was aus diesem Winzling für eine gewaltige Stimme hervorkommt. Setzt Seine Majestät zum Gesang an, hört man die schmetternden Strophen 500 Meter weit. Mit bis zu 90 Dezibel presst das Männchen sein Lied heraus, um die zukünftige Königin anzulocken und zugleich sein Revier abzustecken. Wie bei der Nachtigall steigt die Virtuosität des Gesangs mit zunehmendem Alter.

Bevor der König seine Gattin empfängt, war er aber schon fleißig als Baumeister unterwegs. Man könnte ihn fast schon als bauwütig bezeichnen. Bis zu zwölf Kugelnester hat er im Rohbau erstellt, die er seiner Auserwählten als mögliches Domizil vorstellt. Wie ein Makler preist er Bauwerk für Bauwerk an, indem er singend hineinschlüpft. Das Weibchen begutachtet das Nest zunächst von außen. Ist die Fassade ansprechend, schlüpft es hinein, um Tektur und Statik zu prüfen. Entspricht eine der Rohbau-Kugeln ihren Ansprüchen, gibt sich die Königin der Paarung hin. Nach Vollzug der Ehe fliegt das Männchen euphorisch zu seiner Singwarte, um aller Welt mitzuteilen, dass im Hofstaat bald mit Nachwuchs zu rechnen ist.

Die Innenausstattung mit Moos, Wolle und Federn übernimmt nun die Königin, das kann man als Mann ja eh nie richtig machen. Während sich die Dame um die Deko kümmert, ist das Männchen schon wieder auf Brautschau. Es baut weitere Nester und versucht mit der Immobilienmasche Weibchen Nummer 2 herumzubekommen. Und so weiter und so weiter: Paarungen mit fünf Weibchen wurden während einer Balzzeit schon beobachtet. So verteilt das Männchen seine Maitressen im ganzen Königreich, über das er streng mit lauter Stimme wacht. Nebenbuhler werden lautstark schimpfend vertrieben. Die polygamen Neigungen diese Vogelart wurden sogar von Shakespeare in seinem Drama *König Lear* aufgegriffen.

Der Zaunkönig singt auch im Winter sehr lebhaft. Deshalb nannte man ihn lange Zeit auch »Schneekönig«. Davon leitet sich auch die Redensart »sich freuen wie ein Schneekönig« ab. So schreibt der französische Naturforscher Graf Buffon im 18. Jahrhundert: »Dieses ist die einzige sanfte und anmuthige Stimme, die sich in dieser Jahreszeit hören lässt, wo das Stillschweigen der Luftbewohner nur durch das unangenehme Gekrächze der Raben unterbrochen wird.«

Wo aber kommt der Name »Zaunkönig« eigentlich her? Der Namensteil »König« hat seinen Ursprung in einer Fabel des Äsop (um 600 v. Chr.). Darin beschlossen einst die Vögel, denjenigen von ihnen zum König zu machen, der am höchsten flöge. Dies gelang dem Adler.

In seinem Gefieder hatte sich jedoch der kleine Zaunkönig versteckt, und als der Adler den höchsten Punkt seines Fluges erreicht hatte, schlüpfte der blinde Passagier aus seinem Versteck und flog noch höher und rief:»König bin ich!« Daraufhin wurde die Wahl annulliert und der Zaunkönig zur Strafe in ein Mauseloch gesperrt, aus dem er aber schließlich wieder entkam.

Der Namensteil »Zaun« lässt sich erst viel später aus deutschen Märchen ableiten. So wandelten die Gebrüder Grimm Äsops Fabel in dem Märchen *Der Zaunkönig* dahin gehend ab, dass der Zaunkönig vom Rücken des Adlers aus so viel weiter nach oben stieg, dass er Gott auf dem Stuhl sitzen sehen konnte. Diese List wurde von den anderen Vögeln nicht anerkannt und als neue Bedingung ausgerufen, dass derjenige König wird, der »am tiefsten in die Erde« fallen könne. Daraufhin schlüpfte der damals noch namenlose Zaunkönig in ein Mauseloch und beanspruchte die Königswürde, indem er mit dünner Stimme herausrief:»König bün ick! König bün ick!« Weil der kleine Zaunkönig schon wieder eine List anwandte, waren die anderen Vögel zornig und wollten den Scharlatan in seinem Loch gefangen halten und aushungern. Eine Eule sollte den Ausgang bewachen, schlief aber ein und der Zaunkönig konnte fliehen.

Seit dieser Zeit darf sich die Eule nicht mehr am Tage blicken lassen, sonst verfolgen sie die anderen Vögel und zerzausen ihr das Gefieder. Die Eule verlässt ihr Versteck deshalb nur noch in der Nacht. Sie hasst und verfolgt die Mäuse, weil sie mit ihren blöden Löchern schuld an der ganzen Misere sind. Auch der kleine Zaunkönig lässt sich nicht gerne sehen, weil er fürchtet, die anderen Vögel gingen ihm an den Kragen. Er schlüpft in den Zäunen herum, kann die Provokation aber immer noch nicht lassen und ruft, wenn er sich sicher fühlt: »König bün ick!« Deshalb nennen ihn die andern Vögel voller Spott »Zaunkönig«.

Weil es dort schallt: »Salamander lebe hoch!«

Seit 1937 gibt es den »Lurchi« als Werbefigur des deutschen Schuh-
herstellers Salamander. Bis heute sind 144 Hefte mit seinen Abenteuern erschienen und das stets erfolgreiche Ende jeden Heftes ist dem
kreativen Einsatz der Salamanderschuhe zu verdanken. Fast in jeder
Ausgabe lautet der Schlussreim: »Lange schallt's im Walde noch: Salamander lebe hoch!«

Jedes Kind kennt seitdem den Feuersalamander mit seiner auffälligen schwarz-gelben Zeichnung. Je nach Ausprägung der gelben
Zeichnung unterscheidet man in Mitteleuropa zwei Unterarten: die
gebänderte Unterart (Salamandra salamandra terrestris) mit dem
Hauptverbreitungsgebiet West- und Mitteleuropa sowie die gefleck-
te Unterart (Salamandra salamandra salamandra) mit dem Verbrei-
tungsgebiet Mittel-/Osteuropa. In Deutschland gibt es Regionen, wie
zum Beispiel das Rhein-Main-Gebiet, in denen sich die Vorkommen
beider Unterarten überschneiden. Es gibt aber auch Gebiete, die weitgehend salamanderfrei sind, wie die sogenannte »Allgäu-Lücke« südlich der Donau. Im nordostdeutschen Tiefland kommen überhaupt
keine Feuersalamander vor, die Elbe wird östlich nicht überschritten.[48]

Feuersalamander können ziemlich alt werden: Mit »Lurchi« kann
er natürlich nicht mithalten, aber in freier Wildbahn beträgt die Le-
benserwartung über 20 und in Gefangenschaft sind über 50 Jahre
möglich! Durch seine knallige Warnfarbe und die Giftdrüsen auf der
Haut kann er sich hungrige Zeitgenossen ganz gut vom Leib halten. Er
ist im Ernstfall sogar in der Lage, seine Ohrdrüsensekrete dem Feind
bis zu einem Meter entgegenzuschleudern. Meistens handelt es sich
bei Angreifern um noch unerfahrene Tiere, die sich erst die Hörner
abstoßen müssen, denn erwachsene Feuersalamander haben keine
natürlichen Feinde – zumindest nicht tierischer Natur.

Die größte Gefahr für den Feuersalamander ist ein vermutlich über
Terrarientiere eingeschleppter Hautpilz mit dem Namen Batrachochy-
trium salamandrivorans oder kurz »Bsal«. Der Pilz führt zu tiefen,

offenen Geschwüren und oft schon nach sieben Tagen zum Tod – er wird deshalb auch als »Salamanderfresser« bezeichnet. Der aus Ostasien stammende Pilz war erstmals 2010 in den Niederlanden aufgetreten. Innerhalb weniger Jahre hat er die Feuersalamanderbestände dort nahezu ausgerottet. Zwischenzeitlich wurde der Pilz auch in Belgien und im Oktober 2015 erstmals in Deutschland nachgewiesen. Neben Feuersalamandern wurden auch infizierte Berg- und Teichmolche gefunden. Laborversuche hatten bereits im Vorfeld ergeben, dass grundsätzlich alle europäischen Schwanzlurche infiziert werden können und dann innerhalb weniger Wochen sterben.[49]

Der Feuersalamander lebt in größeren Laub- und Mischwaldgebieten mit naturnahen Bachläufen und frischen Quellen. Er ist unter den einheimischen Amphibien die Art mit der engsten Bindung an den Lebensraum Wald. Trotz seiner auffälligen Erscheinung bekommt man ihn dort nur selten zu Gesicht. Das liegt daran, dass er vor allem bei Regenwetter und nachts unterwegs ist. Feuersalamander sind sehr ortstreu und bewegen sich oft nur im Umkreis von 20 Metern um ihr Tagesversteck; manchmal können es aber auch bis zu 350 Meter sein. In jedem Fall kehren sie immer wieder zu ihrem Unterschlupf zurück. Die Orientierung bereitet dem Feuersalamander dabei keine Schwierigkeiten, denn er sieht auch im Dunkeln ganz gut. So ein Tagesversteck kann eine Erdhöhle, eine Felsspalte oder der unterirdische Gang eines Kleinsäugers sein. Auch die Brunnenstuben gefasster Waldquellen sind aufgrund ihrer hohen Luftfeuchtigkeit beliebte Verstecke. Als Überwinterungsort werden häufig feuchte Stollen aufgesucht. Viele Vorkommen des Feuersalamanders wurden aufgrund seiner heimlichen Lebensweise vermutlich noch gar nicht entdeckt.

Auf Oberflächengewässer ist er als erwachsener Lurch nicht mehr angewiesen. Selbst die Paarung findet an Land statt, was unter den in Mitteleuropa heimischen Amphibien einmalig ist. Trotzdem spielt die Nähe zu einem »Laichgewässer« für das Vorkommen von Feuersalamandern eine entscheidende Rolle. Denn dort muss das Weibchen hin, um ihren Nachwuchs zu gebären. Das sind aber keine Eier, wie bei den meisten anderen Amphibien, sondern 30 bis 70 weit entwickelte, Kiemen tragende Larven. Der Feuersalamander laicht also nicht, sondern ist lebend gebärend. An jedem Beinansatz der Larven lässt sich ein gelblicher Fleck erkennen, woran man sie gut von Molchlarven unterscheiden kann.

Die Salamanderlarven ernähren sich in ihrem Waldbach oder -tümpel hauptsächlich von Wasserinsekten in larvalen Stadien, wie beispielsweise Steinfliegen, Eintagsfliegen, köcherlosen Köcherfliegen, Kriebelmücken, Zuckmücken und Bachflohkrebsen. Adulte Salamander verzehren diverse wirbellose Tiere, die sie in der Laubschicht des Waldes aufstöbern. Dazu gehören Asseln, Schnecken, weiche Käfer, Tausendfüßler, Ohrwürmer, Regenwürmer und Spinnen. Dabei schreckt er auch vor Molchen oder Fröschen nicht zurück: Man kann sagen, der Feuersalamander frisst alles, was er von der Körpergröße noch überwältigen und verschlingen kann. Das Gleiche gilt auch für die Larve: Sie hat keine Hemmungen, selbst Kaulquappen zu attackieren.

Der Feuersalamander liebt es ruhig, kühl und feucht. Das führte dazu, dass er ein ganz spezielles Habitat für sich entdeckt hat: den Friedhof. Gerade die älteren, schattigen Anlagen in Waldnähe bieten dem Lurch optimale Lebensbedingungen: Eine vielfältige Struktur mit alten Bäumen, Grabsteinen, Rabatten, Hecken und viel Efeu bieten ihm Versteck und Nahrung. Dazu gibt es zahlreiche Wasserzapfstellen, mitunter auch gefasste Quellbecken. Die Gräber werden gerade an heißen Sommertagen regelmäßig gegossen. Und wenn dann nachts der Salamander aus seinem Versteck klettert, ist der Gottesacker »menschenleer« – dafür ist alles schön feucht und in der humosen Graberde gibt es Regenwürmer in Hülle und Fülle.

39. GRUND

Weil sich dort der Stachelritter einigelt

Als ich wieder einmal einen Abend auf meinem Hochsitz am Waldrand verbrachte, spielte mir der Igel einen gehörigen Streich. Die Vögel hatten sich bereits ins Schlafgemach zurückgezogen und die nächtliche Stille legte sich über den Wald. Da hörte ich es im Laub hinter mir rascheln, begleitet von einem Schnaufen, Schmatzen und gelegentlichen Niesen. Ich griff schon nach dem Gewehr, weil ich glaubte, dass sich da ein Wildschwein den Weg durchs Unterholz bahnte. Als das Geräusch dann genau unter meinem Hochsitz war, mein Herz bis zum Hals klopfte und immer noch nichts zu sehen war, zweifelte ich schon an meinem Verstand.

Dann, bei genauem Hinsehen, erkannte ich die Umrisse des lebenden Nadelkissens auf dem Waldboden. Er kaute gerade genüsslich einen Regenwurm durch. Seinem Schmatzen nach hatte er ordentlich Kohldampf und das war sicher nicht sein letzter Wurm in dieser Nacht. Wer den ganzen Tag in seinem Nest verpennt, dem hängt der Magen am Abend natürlich in den Kniekehlen. Aber nicht nur Regenwürmer werden nachts aufgespürt, auch Käfer, Ohrwürmer, Larven von Nachtfaltern, Tausendfüßler, Spinnen, Nacktschnecken, Frösche und Mäusenachwuchs stehen auf dem Speiseplan des Igels.

Der Name »Igel« bedeutet übrigens so viel wie »Schlangenfresser«, weil diese Kriechtiere ebenfalls zu seinem Nahrungsspektrum gehören. Wenn auch nur ausnahmsweise, denn eine kleine Kreuzotter dürfte schon die Obergrenze sein, was er so um die Ecke bringen kann. Irgendetwas muss aber an der Herkunft seines Namens schon dran sein, denn Igel vertragen eine im Verhältnis zu ihrer Körpergröße hohe Dosis an Schlangengift.[50]

Früchte interessieren ihn dagegen nur, wenn sich darin fleischliche Kost versteckt, wie Maden oder Ähnliches. Denn der Braunbrustigel – so heißt der bei uns heimische Igel korrekt – gehört wie Maulwürfe und Spitzmäuse zu den Insektenfressern. Mit seiner empfindlichen Nase und dem recht guten Gehör stöbert er die eiweißreiche Kost auf. Sein Gesichtssinn spielt dagegen nur eine untergeordnete Rolle. Manchmal entdeckt man einen Igel mit einem aufgespießten Apfel oder einer Birne im Stachelkleid. Dabei handelt es sich nicht um ein Vitamin-Fresspaket für unterwegs, sondern das Fallobst ist zufällig auf die bis zu 8.000 Stacheln gelangt. Das scheint den Igel aber nicht weiter zu stören, denn er legt keinen großen Eifer an den Tag, den blinden Passagier wieder loszuwerden. Irgendwann fällt die Schimmelfrucht ja von alleine wieder ab.

Igel-Begegnungen im Wald sind leider ziemlich selten. Das liegt nicht nur an der Dämmerungs- und Nachtaktivität der Tiere, sondern auch daran, dass sich ihr Lebensmittelpunkt zwischenzeitlich in die Gärten der Dörfer und Städte verschoben hat. Das belegt eine Studie, die feststellte, dass die meisten verkehrstoten Igel in Siedlungsnähe zu beklagen sind. LBV-Igel-Expertin Martina Gehret folgert daraus, »dass sich der Igel als Kulturfolger tatsächlich weitgehend aus den Waldrändern und der Feldflur zurückgezogen hat und nun hauptsächlich in unseren Gärten wohnt«[51].

Aus eigener Erfahrung kann ich das bestätigen. Mein Weimaraner Ferdinand hat die Angewohnheit, nachts bei mir am Bett vorstellig zu werden, um zum Pieseln in den Garten entlassen zu werden. Dabei bellt er nicht oder stupst mich an – nein, er steht einfach nur vor mir und starrt mich an. Eines kann ich Ihnen versichern: Irgendwann wacht man davon auf – meistens vom bohrenden Blick, manchmal auch vom Hundeatem. Wenn ich dann also die Haustüre öffne und Ferdinand in die klare Nachtluft entfleucht, dauert es oft nicht lange, bis er stolz wie Harry mit einem Igel im Maul zurückkommt, den er vom Rasen aufgeklaubt hat. Ich kann im Kegel der Taschenlampe förmlich zusehen, wie die Flöhe vom harten Stachel aufs weiche Hundehaar rübermachen. Igel sind wahre Ungeziefer-Hotspots.

Besonders im Herbst sind die Stacheltiere die ganze Nacht unterwegs, um sich für ihren bevorstehenden Winterschlaf einen ordentlichen Fettvorrat anzufuttern. Komischerweise verletzt sich Ferdinand beim Tragen der Igel nicht am Maul, im Gegenzug passiert den zusammengerollten Igeln aber auch nichts. Ohne Handschuhe anfassen geht nicht, deshalb lege ich die piksende Kugel mit einer Kehrschaufel ins Laub zurück. Natürlich jenseits des Gartenzauns, sonst würde Ferdi ihn ja gleich wieder anschleppen. Beim ersten Igel, den ich auf die Schippe nahm, bin ich ordentlich erschrocken, weil er so laut fauchte. Man glaubt gar nicht, dass Igel solche Geräusche machen können. Fauchen hin oder her – das Wiederfreilassen stößt bei einem Jagdhund natürlich auf völliges Unverständnis und an Pinkeln ist überhaupt nicht mehr zu denken. Mitte November ist der Spuk vorbei. Dann haben die Igel und ich Ferdinands Vorliebe für orale Akupunktur überstanden. Alle pummeligen Stachelritter sind endlich in ihrem Versteck, um einen ausgiebigen Winterschlaf zu halten.

Aber was ist der Grund, dass sich der Igel heute im Garten wohler fühlt als in Wald und Flur? Dazu muss man sich einmal seinen englischen Namen vor Augen führen: »Hedgehog« – was so viel bedeutet wie »Heckenschwein«. Hecken sind der ideale Lebensraum – sie bieten Nahrung, Nist- und Versteckmöglichkeiten. Doch davon gibt es immer weniger. Denn in der Landwirtschaft geht der Trend zu immer größeren Maschinen, denen Hecken und sonstige Feldgehölze im Weg sind. Kurzerhand werden diese Strukturen entfernt und damit dem Igel und vielen anderen Tierarten ihr Lebensraum genommen. Mehrstufige Waldränder besitzen ebenfalls einen heckenähnlichen Aufbau. Leider gibt es auch davon immer weniger.

Die meisten Häuslebauer pflanzen sich eine Hecke als Sichtschutz zum Nachbarn und eine unaufgeräumte »Kompostecke« gibt es auch in fast jedem Garten. Dadurch findet der Igel in unseren Hausgärten die abwechslungsreichen Kleinstrukturen, die ihm in Wald und Flur genommen wurden. Außerdem ist er dort vor seinen zwei Erzfeinden sicher: dem Uhu und dem Dachs, die menschliche Nähe nicht so gut abkönnen. Aus dieser Sicht stellen naturbelassene Gärten das Mekka für Mecki dar.

Igel leiden jedoch nicht nur unter dem Verlust des Lebensraums, auch der immer intensivere Straßenverkehr führt zu hohen Verlusten. Jährlich finden etwa eine halbe Million Igel auf der Straße den Tod.[52] Ihre Feindvermeidungsstrategie – das Zusammenrollen und Abwarten – nützt auf der Straße wenig. Im Gegenteil, es erhöht das Risiko, überfahren zu werden, um ein Vielfaches, weil sich die Verweildauer auf der Straße erhöht.

Und dann gibt es noch die falsch verstandene Tierliebe: Weil sie doch so süß aussehen und so unbeholfen daherkommen, werden Igel besonders in der Herbstzeit massenhaft eingesammelt und ihr Zustand oft nur verschlimmbessert. Viele Menschen glauben immer noch, dass man Igel mit einem Schälchen Milch etwas Gutes tut. Dabei kann das zu einem tödlichen Durchfall führen, denn Igel haben eine Laktoseintoleranz und können Milchzucker nicht abbauen. Und als wäre das nicht genug, werden sie in einem mit Stroh gefüllten Karton in Kerkerhaft genommen und müssen im Keller überwintern. Wer einen wirklich hilfsbedürftigen Igel findet, sollte sich unbedingt an eine Igelstation oder einen Tierarzt wenden, um den Patienten fachgerecht zu unterstützen.

40. GRUND

Weil dort Meister Grimbart seine Burgen baut

Manchmal entdeckt man beim Pilzesammeln große Löcher im Boden, die am Eingang wie blank gefegt sind. Das sind die Ein- und Ausgänge eines Dachsbaus. Sind die Röhren etwas kleiner, können sie auch vom Fuchs stammen. Findet man jedoch in der Nähe kleine, gegrabene Mulden mit einem Kothaufen drin, ist es eindeutig: Hier wohnen Dachse. Für den sogenannten Abort bzw. Abtritt benötigen sie keinen Klappspaten – ihre Pfoten sind wie Grabschaufeln mit langen, starken Krallen. Ein- bis zweimal gescharrt und das stille Örtchen ist bereitet. In der Abenddämmerung, nachdem sie den Tag im Souterrain verschlafen haben, verlassen sie ihren Bau und dann drückt der Darm. Gleichzeitig ist die strenge Duftnote wie das Namensschild an der Haustüre. Manchmal drückt der Dachs auch seine Analdrüse, die »Schmalzröhre«, auf den Boden und dreht dabei eine Pirouette, man sagt, er »stempelt«.

In der Dunkelheit tingeln die Dachse dann los und futtern alles Mögliche in sich rein: Maden, Käfer, Insekten, Beeren, Wühlmäuse, Eier von Bodenbrütern und im Sommer – zum Leidwesen der Landwirte – gerne auch Feldfrüchte wie Mais und Getreide. Außerdem ist der Dachs in der Lage, zusammengerollte Igel auseinanderzuklappen. Dazu steckt er seine Schnauze in die kleine ungeschützte Lücke an der Bauchseite. Dachse zählen in unseren Breiten neben dem Uhu zu den größten Fressfeinden des Igels.

Weil der Dachs immer nachts auf Achse ist, bekommt man ihn fast nie leibhaftig zu Gesicht – zu erkennen wäre er an seiner schwarz-weißen Gesichtsmaske sicher leicht. Die Längszeichnung gleicht einem Zügel und heißt deshalb auch so. Zurück lässt er eindeutige Trittspuren im Matsch oder Schnee: Die langen Krallen zeichnen sich deutlich ab, man sagt, er »nagelt«.

Manchmal sieht man morgens einen toten Dachs am Straßenrand liegen, der zu unbedarft an der Fahrbahn unterwegs war. Dachse bewegen sich generell recht gemächlich, deshalb heißt es auch, »sie gehen zur Weide«. Man darf sich dadurch aber nicht täuschen lassen: Meister Grimbart ist sehr wehrhaft. Er besitzt einen extrem starken Kiefer, dessen Muskeln an einem ausgeprägten Scheitelkamm auf dem Schädel aufgehängt sind. Jagdhunde, die in einem vermeintlichen Fuchsbau auf einen Dachs stoßen, haben das schon oft mit schweren Verletzungen oder gar dem Tod bezahlt.

Kurz bevor es morgens wieder hell wird, macht sich der Dachs dann auf den Heimweg. Hat er seinen Bau erreicht, geht er noch mal kurz aufs Klo, dann fährt er ein – wie es in der Jägersprache heißt. Die Einfahrten sind der Zugang in eine weit verzweigte Unterwelt, vergleichbar mit den Stufen, die zum Londoner U-Bahn-Netz hinabführen. Dachsbaue können viele Jahrzehnte bis Jahrhunderte alt sein. Jede Dachsgeneration baut an ihm weiter und gräbt zusätzliche Gänge, die sich über mehrere Ebenen verteilen – deshalb werden diese unterirdischen Mehrfamilienhäuser auch als Dachsburgen bezeichnet. In dem Labyrinth an Gängen und Wohnkesseln leben oft mehrere Dachsclans und auch Füchse werden als Untermieter geduldet. Um in England zu bleiben: Ein dort untersuchter Dachsbau umfasste 50 Kammern und 178 Eingänge, die durch insgesamt 879 Meter Tunnel miteinander verbunden waren.[53]

Bei Bekämpfung der Tollwut Ende der 1960er-Jahre wurden dem Dachs seine großzügigen Wohngemeinschaften mit dem Fuchs allerdings zum Verhängnis. Zu dieser Zeit grassierte die tödliche Seuche, mit der sich auch Katzen und Hunde infizierten. Dadurch gefährdete die Tollwut nun auch Menschenleben. Aus diesem Grund schoben die Behörden alle ethischen Bedenken beiseite und ordneten neben dem Ausbringen von Impfködern die Begasung der Fuchsbauten an. Dadurch kamen jedoch auch viele Dachse ums Leben. Nach dem Verbot der Begasung haben sich die Dachs- (und Fuchs-)Populationen wieder gut erholt und der Dachs ist besonders in Süddeutschland weit verbreitet.

Obwohl man es ihm nicht gleich ansieht, gehört der Dachs zu den Mardern. Er ist sogar mit einem Gewicht von bis zu 17 kg das größte einheimische Mitglied dieser Familie. Mit einer Keimruhe ist sichergestellt, dass alle Dachskinder zum Winterende geboren werden, egal, wann sich die Dachse gepaart haben. Damit bleibt genug Zeit, um sich für den nächsten Winter ausreichend Feist anzufuttern.

Apropos Feist: Früher wurde das Dachsfett ausgelassen und gehörte als Dachsschmalz zum Apotheken-Grundsortiment gegen Rheuma. Aus diesem Grund wird der Dachs in der Jagdliteratur auch »Schmalzmann« genannt. Wer nach dem Einreiben der Gelenke noch Zeit für eine Nassrasur hat, greift zum Dachszupf: einem hochwertigen Rasierpinsel aus Dachshaaren.

Weil dort die Haselmaus allerlei ausfrisst

Große runde Kulleraugen, rosa Füßchen und ein buschiger Schwanz – fehlt nur noch der Knopf im Ohr und die daumengroße Haselmaus könnte als Steifftier durchgehen. Mit ihrem gelb-orangenen Fell ist sie zudem eine »goldige« Erscheinung. Besonders ältere Haselmäuse – sie werden in freier Wildbahn bis zu vier Jahre alt – leuchten regelrecht goldfarben.

Ihr Name täuscht über die Tatsache hinweg, dass sie eigentlich gar keine Maus ist, sondern ein Bilch. Und zwar der kleinste dieser Tierfamilie in Europa. Die Haselmaus ist damit mit dem Siebenschläfer verwandt und teilt mit diesem die Vorliebe für ein ausgedehntes Schläfchen im Winter. Für ganze sieben Monate, von Oktober bis April, vergraben sie sich in einer lockeren Laubkugel oft zu mehreren in der Waldstreu. Manchmal werden sie dort von der feinen Wildschweinnase aufgestöbert und die leckere Haselmausschnitte im Blätterteigmantel wird als besonderes Schmankerl verzehrt. Wer es sich dagegen in einem Vogelnistkasten gemütlich gemacht hat, braucht diese Sorge nicht zu teilen.

Obwohl sich ihre Körpertemperatur auf knapp über 0 °C senkt, das Herz ein Zehntel langsamer schlägt und sie nur etwa alle fünf Minuten Luft holt, verliert die Haselmaus die Hälfte ihres eh schon geringen Gewichts. Deshalb muss sie sich im Herbst ordentlich was auf die Rippen futtern und das funktioniert am besten mit ihrer Leibspeise – den Haselnüssen. Auf der Suche nach den energiereichen Nüssen und anderen Sämereien kraxelt sie in der Dämmerung und nachts in den Hecken und Sträuchern herum. Dort, im dichten Gestrüpp, ist das 25 Gramm leichte Fellknäuel am besten vor seinen Feinden geschützt. Denn am Boden streunen Füchse und Wiesel herum und der Luftraum wird von Greifvögeln und Eulen überwacht.

Hat sie eine Nuss gefunden, knabbert das Nagetier ein unverkennbares, kreisrundes Loch in die Schale, um an den Kern zu gelangen. Es gibt keine Nuss, an die sie nicht herankommt, denn die Haselmaus ist ein gewandter Klettermaxe. Dabei hilft ihr eine Fähigkeit, die nur wenigen Tieren und dem Menschen vorbehalten ist: Sie kann durch das Gegenüberstellen einzelner Finger und die Möglichkeit, diese zu krümmen, fest zugreifen. Zusätzlich sind die Vorderpfoten um 30° nach außen gerichtet, was die Greif- und Kletterfähigkeit weiter verbessert. Gelegentlich nutzt die Haselmaus die Hangeltechnik der Affen, um sich fortzubewegen. Ihr langer, behaarter Schwanz hilft ihr dabei, die Balance zu halten.

Diese Art der Fortbewegung stößt natürlich an ihre Grenzen, wenn die Hecke plötzlich aufhört. Schon Unterbrechungen von wenigen Metern werden von der Haselmaus nicht überwunden.[54] Die Haselmaus benötigt also eine lückenlose Vernetzung ihrer Lebensräume. Leider gibt es immer weniger lange, zusammenhängende Heckenstreifen und strauchartige Waldränder. Zudem dürfen diese nicht nur aus Haselsträuchern bestehen, sondern sollten sich aus den verschiedensten Strauch- und Gehölzarten zusammensetzen. Denn die fetthaltigen Nüsse sind nur die Herbstnahrung zur kalorienseitigen Vorbereitung auf den Winter. Das restliche Jahr über setzt der Kobold bei seinen nächtlichen Touren auf abwechslungsreiche Kost: Knospen, Samen, Beeren, Früchte, Insekten, Vogeleier und vieles mehr. Der ideale Lebensraum der Haselmaus ist demzufolge durch eine hohe Artenvielfalt fruchttragender Sträucher gekennzeichnet.

Erschöpft von der Nachtschicht, fällt die Haselmaus bei Sonnenaufgang müde ins Nest. Dabei handelt es sich um eine faustgroße, kunstvoll aus Gras und Blättern geflochtene Kugel. Sie wird geschickt zwischen dünne Zweige, Brombeerranken oder in Baumhöhlen gebaut. Leicht kann man diesen Kobel mit dem Nest eines Zaunkönigs verwechseln. Manchmal nutzt die Haselmaus zum Verschlafen des Tages auch einen Vogelnistkasten, sofern dieser nicht belegt ist.

Bei der Ausführung »Kinderstube«, also der Nestvariante zur Jungenaufzucht, legt die Haselmaus noch eine Schippe drauf: Sie verpasst der Kugel eine zusätzliche Isolierschicht, damit es die zunächst nackten, nur fingernagelgroßen Mäusekinder schön warm haben. Die Zukunft sieht für die Winzlinge aber nicht so rosig aus wie ihre kleinen Füßchen. Durch ihre enge Bindung an Sträucher und Gehölze ist die Haselmaus auf eine ununterbrochene Biotop-Vernetzung angewiesen. Aber genau das Gegenteil ist der Fall: Ihre Lebensräume werden immer weiter zerstückelt, wodurch die Haselmaus im nördlichen Europa seltener geworden ist.

Durch die verborgene nächtliche Lebensweise der Haselmaus fällt ihr Rückgang auf den ersten Blick gar nicht auf. Da muss man schon um die Ecke denken und nicht die Tiere zählen, sondern ihre Spuren. So fand in England 1993 die erste »Nussjagd« statt. Mehrere Tausend Kinder und Jugendliche folgten dem Aufruf, angefressene Haselnüsse zu suchen. Sie schleppten Berge an Nüssen an, die auf typische Haselmaus-Fraßspuren untersucht wurden. Auf diese Weise konnten bekannte Verbreitungsgebiete bestätigt und neue Vorkommen gefunden werden.[55] Weitere Untersuchungen ergaben, dass die Zahl an Haselmäusen in England und Wales im Zeitraum 2000 bis 2016 um ein Drittel zurückging.[56]

In Deutschland sieht es vermutlich nicht besser aus. Deshalb wählte die Schutzgemeinschaft Deutsches Wild und die Deutsche Wildtier Stiftung die Haselmaus zum Tier des Jahres 2017 – als Hilferuf gegen die schleichende Lebensraumzerstörung unseres kleinsten Bilches.

Weil dort Farne ihre Wedel ausbreiten

Stelle ich mir einen Wald mit Moosen und Farnen vor, verbinde ich dieses Bild sofort mit einem bestimmten Geruch. Feucht und erdig, so wie es unter einem Stück morscher Rinde riecht. Denn beide Pflanzengruppen lieben den schattigen, humosen, gut wasser- und nährstoffversorgten Wald. Von den Blüten- und Samenpflanzen unterscheiden sie sich durch das Fehlen einer Blüte. Das deutet auf eine niedrigere Entwicklungsstufe hin und damit auf ein höheres naturgeschichtliches Alter. Die Farne haben vor Millionen von Jahren eine wichtige Rolle gespielt. Im Karbon bildeten baumgroße Farne zusammen mit Schachtelhalmen und Bärlapppflanzen ausgedehnte Wälder. Jeder kennt die Zeichnungen von Dinosauriern, die zwischen den riesigen Wedeln hindurchspazieren. Diese Wälder sind uns heute in Form von Steinkohle erhalten.

Baumfarne findet man heute noch im tropischen Regenwald. Die bei uns vorkommenden Farne sind viel kleiner und werden wie der Adlerfarn höchstens zwei Meter groß. Ihre Vermehrung läuft ganz anders ab als bei den Blütenpflanzen – also nichts mit Bienen und Blumen. Die Fortpflanzung erfolgt über Sporen, im Gegensatz zu den Blütenpflanzen, die sich über Samen vermehren. Die Sporen befinden sich in der Regel auf der Unterseite der Farnwedel. Sie reifen meist zwischen Juli und November und werden vom Wind verbreitet.

Gelangt die Spore auf den Boden, entwickelt sich daraus ein kleines, etwa 1 cm großes Scheibchen, der Vorkeim bzw. das Prothallium. Der Vorkeim enthält männliche und weibliche Zellen, sittsam getrennt in kleinen Kammern. Kommt Wasser ins Spiel, öffnen sich die Kammern und die beiden Zellarten verschmelzen. Das ist auch der Grund, warum Farne ein feuchtes Milieu bevorzugen. Aus dem Vorkeim wächst nun die neue Farnpflanze, die wiederum an der Unterseite ihrer Wedel Tausende neuer Sporen bildet.

Neben dem bereits erwähnten Adlerfarn sind die in unseren Wäldern am häufigsten vorkommenden Farnarten der Wald-Frauenfarn und der Wurmfarn. Im Mittelalter wurde der zierlichere Frauenfarn als »Filix femina« – also als Farnfräulein – bezeichnet, der deutlich kräftiger gefiederte Wurmfarn dagegen als »Filix mas« – das Farnmännlein.

Die Farnwedel entspringen bei beiden Arten kreisförmig aus dem Erd- oder Wurzelspross und bilden einen gleichmäßig ausgeformten Trichter. Je nachdem, wie häufig sich die Farnwedel verzweigen, spricht man von Fiedern erster bis vierter Ordnung. Und hier zeigt sich der deutlichste Unterschied zwischen »Farnfräulein« und »Farnmännlein«: Die Fiederchen zweiter Ordnung sind beim Frauenfarn gestielt und an den Rändern tief eingeschnitten. Genaugenommen kann man also schon von Fiederchen dritter Ordnung sprechen. Beim Wurmfarn dagegen sind die Fiederchen zweiter Ordnung kaum gezähnt und sitzen in voller Breite am Stiel.

Während Filix femina und Filix mas etwa kniehoch werden und somit schön von oben zu überblicken sind, spielt der Adlerfarn in einer anderen Liga. Er wird mannshoch und bildet auf Freiflächen in sauren, rohhumusreichen Nadelwäldern fast undurchdringliche Horste. Das gelingt ihm durch lange unterirdische Kriechsprosse, sogenannte Rhizome, die sehr alt werden können. Es wurden in Finnland Rhizome bis zu 60 m Länge gefunden, entsprechend einem geschätzten Alter von 1.500 Jahren.[57]

Seine drei-, manchmal vierfach gefiederten Wedel wachsen einzeln aus dem Waldboden und sind oft stark nach hinten geneigt – dadurch legen sie sich wie ein mehrstöckiges Haus über den Waldboden. Junge Bäumchen bekommen dann kaum noch Licht und müssen zum Überleben hin und wieder freigeschnitten werden. Steht der Adlerfarn dagegen nicht zu dicht, kann er die Pflänzchen auch vor Frost, Hitze und Wind schützen.

Wer sich ein bisschen Wald nach Hause holen möchte, kann Farne auch im eigenen Garten anpflanzen. Fast in jedem Garten entstehen

OBEN: Zwischen den Buschwindröschen wächst im Frühjahr der Bärlauch. Es braucht keine empfindliche Hundenase, um den intensiven Knoblauchgeruch wahrzunehmen. Damit unterscheidet sich der Bärlauch von seinem Doppelgänger, dem giftigen Maiglöckchen (109. Grund). **UNTEN:** Aus Bärlauch lässt sich leckeres und zugleich gesundes Pesto herstellen (89. Grund).

OBEN LINKS: Diese Hummel freut sich über die erste Nektarmahlzeit des Jahres. Der betörende Duft des Seidelbastes hat sie angelockt (71. Grund). **OBEN RECHTS:** Der Gelbe Frauenschuh ist eine atemberaubende Schönheit. Diese wilde Orchidee ist in unseren Wäldern leider selten geworden (72. Grund). **UNTEN:** Nicht nur im Garten, auch im Wald läuten Schneeglöckchen das Frühjahr ein (5. Grund).

OBEN: Das Motiv des röhrenden Rothirschs erlebt heute eine Renaissance und die einst totgesagten Öl-gemälde sind in der modernen Inneneinrichtung gefragter denn je (19. Grund). **UNTEN:** Rehwild ist ein »Randlinienschlüpfer«. Es bevorzugt den kleinflächigen Wechsel zwischen Wäldern, Hecken und Wiesen mit entsprechend hohem Randzonenanteil (19. Grund).

OBEN: Keiler – männliche Wildschweine – können bis zu 200 kg schwer werden und sind äußerst wehrhafte Tiere (20. Grund). **UNTEN:** Als Nahrungsgeneralist und Kulturfolger hat der Rotfuchs gelernt, dem Menschen mit Vorsicht und Raffinesse aus dem Weg zu gehen und doch ganz in seiner Nähe zu leben (33. Grund).

Wer öfters die Waldeinsamkeit sucht, kann zumindest mit einem besonderen T-Shirt zeigen,
dass die häusliche Abwesenheit nicht persönlich
gemeint ist. Weimaraner Ferdinand zumindest
findet es toll, wenn es raus in den Wald geht.

OBEN: Der »Ansteller« bringt jeden Schützen persönlich zu seinem Drückjagdstand und weist ihn ein. Er zeigt dem Jäger, wo sein Nachbarschütze steht und in welche Richtung er aus Sicherheitsgründen nicht schießen darf (35. Grund). **UNTEN:** Die erlegten Rehe werden hygienisch im Hängen aufgebrochen.

OBEN: Ein Warnschild weist Waldbesucher auf eine gerade stattfindende Bewegungsjagd hin. **UNTEN:** Wenn ein beschossenes Wildtier nicht in Sichtweite verendet, markiert der Schütze den Anschuss – zum Beispiel mit einem Taschentuch. Von hier aus verfolgt der Nachsuchenführer mit seinem ausgebildeten Hund die Spur des Wildtiers.

Stehendes Totholz ist ökologisch besonders wertvoll. Es bietet die Lebensgrundlage Tausender Arten von Tieren, Pflanzen und Pilzen. Viele davon sind vom Aussterben bedroht. An Wegrändern muss Totholz aus Gründen der Verkehrssicherung leider oft entfernt werden (18. Grund).

Unter der Rinde toter oder absterbender Bäume finden Spechte die heiß begehrte Insektennahrung. Außerdem zimmern sich viele Spechtarten ihre Bruthöhle ins morsche Holz. Der Schwarzspecht lässt dagegen auch an gesunden Stämmen die Späne fliegen. Er meißelt sich seine Brut- und Schlafhöhlen am liebsten in alte Buchen. Als Nachmieter stehen Hohltauben, Raufußkäuze, Bilche, Fledermäuse und viele andere Höhlenbrüter in der Warteschlange (7. Grund).

OBEN LINKS: Jeder kennt seinen Ruf, aber kaum jemand weiß, wie er aussieht: der Kuckuck (51. Grund). OBEN RECHTS: Was der Eichelhäher für die Eiche, ist der Tannenhäher für die Zirbelkiefer. Er trägt maßgeblich zur Verbreitung der Zirbelnüsse bei (78. Grund). UNTEN: Mit ihrer erdbraun-gebänderten Tarnfärbung ist die Waldschnepfe auf dem Waldboden so gut wie nicht zu erkennen. Dort stochert sie mit Vorliebe nach Regenwürmern (54. Grund).

OBEN: Der Schwarzstorch in ein seltener und scheuer Waldbewohner. Durch eine spezielle Flugtechnik kann der große Vogel zwischen den Ästen gut manövrieren (15. Grund). **UNTEN LINKS:** Das Wintergold- hähnchen ist der kleinste Singvogel Europas. Sein Gesang ist so fein und hoch, dass ihn manche Menschen nicht hören können (49. Grund). **UNTEN RECHTS:** Das Buchfink-Männchen schmettert ab Ende Februar seinen berühmten »Finkenschlag« in die kühle Frühlingsluft, um die aus dem Süden heimkehrenden Weib- chen in Empfang zu nehmen (45. Grund).

Im Wald hat jede Jahreszeit ihren Reiz:
das erwachende Leben im Frühjahr,
die erfrischende Kühle im Sommer,
die tanzenden Blätter im Herbst und die
klirrend kalte Luft im Winter (1. Grund).

Durch die Überkreuzstellung des Ober- und Unterschnabels kann der Fichtenkreuzschnabel Samen aus Tannen-, Fichten- oder Kiefernzapfen herausarbeiten. Beim Klettern in den Baumkronen nutzt er seinen Schnabel als drittes Greiforgan, was an die Artistik eines Papageis erinnert. Um den Ursprung der eigenartigen Schnabelform und des blutroten Gefieders rankt eine Legende (80. Grund).

im Laufe der Zeit schattige Plätze. Bäume, die man selbst einmal gepflanzt hat, werden groß und die früher unter ihnen gewachsenen Blumen gedeihen kaum noch. Das kann ein geeigneter Standort für die Sporenpflanzen werden. Da Farne es gerne humos und feucht haben, muss der Boden so tief wie möglich gelockert und am besten mit Kompost durchmischt werden.

Große Bäume bieten zwar Schatten, halten aber auch – wie ein Regenschirm – die dringend benötigte Feuchtigkeit ab. Am besten legen Sie einen Sickerschlauch ins Beet, um den Farnpflanzen eine gleichmäßige Wasserversorgung zu bieten. Die Farne fürs Waldbeet kaufen wir natürlich in der Gärtnerei, denn eine ganze Reihe der 50 in Deutschland vorkommenden Farnarten[58] stehen unter Naturschutz und dürfen dem Wald nicht entnommen werden.

43. GRUND

Weil dort ohne Moos nichts los ist

Besonders im Nadelwald stechen die schönen grünen Moospolster sofort ins Auge. Sie lieben das saure Bodenmilieu der Nadelstreu und überziehen oft den gesamten Waldboden. Mit ihrem Vorhandensein entscheiden sie darüber, ob ein Fichtenwald aussieht wie eine Holzplantage oder wie ein nordischer Märchenwald, in dem gleich Ronja Räubertochter hinterm flechtenbewachsenen Felsen hervorspringt.

In Laubwäldern sieht man meist nur vereinzelte Moospolster, weil sie durch das ganze abgefallene Laub in ihrem Wuchs gehemmt werden. Emporstehende morsche Wurzelstöcke sind den kleinen Moospflänzchen deshalb sehr willkommen und sie überziehen den Holzstumpf wie einen hellgrünen Fingerhut. Dieser weich gepolsterte Stuhl lädt förmlich dazu ein, sich daraufzusetzen. Wer das allerdings nach einem Regenschauer macht, bekommt nicht nur eine nasse Hose, sondern direkt einen feuchten Hintern – wie von einem ausgedrückten Schwamm. Und genauso funktioniert ein Moospolster: Weil sie keine richtigen Wurzeln besitzen, nehmen die vielen Einzelpflänzchen über ihre Stiele und kleinen Blättchen das überlebenswichtige Wasser auf. Sie saugen sich buchstäblich voll wie ein Schwamm. Und weil man ja nie weiß, wann es das nächste Mal regnet, versuchen sie, möglichst viel davon zu speichern. Für beide Seiten also blöd, wenn sich jemand mit seiner trockenen Hose draufsetzt.

Moose können zwar viel Wasser speichern, aber nicht allzu lange. Denn Moose haben im Gegensatz zu vielen anderen Pflanzen keine Wachsschicht auf ihren Blättchen, die vor Verdunstung schützt. Moose können ihren Wasserhaushalt also kaum regeln: Ist die Luft trocken, werden nach und nach große Mengen an Wasserdampf an die Umgebung abgegeben. Auf diese Weise leisten die unscheinbaren Pflänzchen einen wichtigen Beitrag für das angenehm kühle und feuchte Waldklima. Auf trockenem Moos liegt man dagegen herrlich weich. Besonders das einfache Volk hatte in früheren Zeiten sein Haupt auf Moos gebettet, denn es stopfte das getrocknete Grünzeug in sein Kopfkissen. Es ist sozusagen die Daune des armen Mannes. Nicht, weil er sich davon besonders angenehme Träume erhoffte, sondern weil er sich die Federfüllung der adeligen Bettwäsche schlichtweg nicht leisten konnte. Der Plebs griff kurzerhand zu dem am häufigsten vorkommenden Waldmoos, das dadurch seinen Namen bekam: das Zypressen-Schlafmoos. Leider sind die meisten anderen heimischen Moosarten nicht so griffig in der Bezeichnung. Eine Ausnahme ist noch das Wellenblättrige Katharinenmoos, das vom deutschen Apotheker und Botaniker Jakob Friedrich Ehrhart 1780 nach der russischen Zarin Katharina der Großen benannt wurde. Die gewellten Moosblättchen sollen ihn an die Haarpracht der Zarin erinnert haben.

Weltweit gibt es rund 16.000 Moosarten. Sie haben sich vermutlich aus Grünalgen der Gezeitenzone entwickelt und gelten als die ältesten Landpflanzen. Belegt ist das jedoch nicht, denn es fehlt an Fossilien, die den Übergang von Wasser- zu Landpflanzen belegen.

So alt wie sie sind, so einfach sind Moose auch aufgebaut. Ihnen fehlen zum Beispiel echte Wurzeln. Die Rhizome dienen nicht zur Wasseraufnahme, sondern lediglich zum Festhalten, damit der Wind das Moospflänzchen nicht fortträgt. Sie bilden auch keine Samen und Früchte, wie Blütenpflanzen das tun, sondern vermehren sich über

Sporen – so wie die Farne. Man verbindet Moos eigentlich immer mit Wasser und Feuchtigkeit. Das täuscht aber, denn Moose wachsen auch an den unwirtlichsten und trockensten Orten wie Berggipfeln und sogar Wüsten. Sie können Trockenperioden von mehreren Monaten überstehen, indem sie ihren Stoffwechsel herunterfahren. Höher entwickelte und komplizierter aufgebaute Pflanzen würden unter diesen Bedingungen schon lange absterben. Sobald es regnet, erwacht das Moos wieder zu neuem Leben. Es ist wie bei den Autos: wenig Technik, wenig Probleme.

Neben der oben erwähnten Kopfkissenfüllung gab und gibt es aber noch viele weitere Einsatzzwecke von Moos: So verwendeten Eskimos und Japaner Moose als Sargfüllung. Bei Blockhäusern wurden vielfach die Ritzen mit Moosen abgedichtet, wie auch bei mittelalterlichen Booten. Trockenes Moos wurde als Verpackungsmaterial beim Versand zerbrechlicher Gegenstände verwendet, feuchtes Moos beim Versand von Gartenpflanzen. Als Dekoration sind Moose beliebt in der Floristik und im Modellbau, aber auch in Weihnachtskrippen und Osternestern dürfen sie nicht fehlen.

Neben der hohen Wasseraufnahmefähigkeit besitzen Moose eine antimikrobielle Wirkung: Aufgrund dieser beiden Eigenschaften dienten Torfmoose bis in den Ersten Weltkrieg als Wundkompressen. Naturvölker stellten aus Moosen Babywindeln her und in Mitteleuropa wurden Moose im Mittelalter als Toilettenpapier verwendet.

Manche Indianer Nordamerikas bereiteten aus Moosen Wundsalben zu. In der traditionellen chinesischen Medizin werden rund 40 Moosarten verwendet, etwa gegen Ekzeme, Angina, Bronchitis und Verbrennungen. Das Brunnenlebermoos haben unsere Vorfahren dazu genutzt, um Lebererkrankungen zu heilen. Weil die Form der Pflanze einer Tierleber ähnelt, glaubten sie an einen Zusammenhang. Heute weiß man, dass Lebermoose Pilze abtöten, also stark fungizid wirken. Mediziner setzen sie daher zur Behandlung von Haut- und Nagelpilzen ein. Die Präparate sollen sogar wirksamer sein als kommerzielle Fungizide.

Auf der Erde gibt es zwei Lebensräume, in denen Moose dominieren: die arktische und antarktische Tundra sowie die nährstoffarmen Moore. Das Besondere daran ist, dass sich die Torfmoose ihren Standort selbst aufbauen. Während sie an der Spitze immer weiterwachsen, werden die tiefer liegenden, abgestorbenen Teile verdichtet und bilden so unter Luftabschluss den Torf. Was wir als Torf kennen, besteht also größtenteils aus abgestorbenen Moospflanzen. Und weil sie gerne unter ihresgleichen sind, machen die lebenden Torfmoose mittels Ionenaustausch den Standort derart sauer, dass fast alle Konkurrenten freiwillig fernbleiben. Durch die Bindung von Kohlenstoff kommt Hochmooren als Kohlenstoffsenke zudem eine wichtige Rolle im Klimaschutz zu.

Man sagt, wo Flechten wachsen, ist die Luft sauber. Wie die Flechten sind auch Moose gute Bioindikatoren, denn sie reagieren sehr empfindlich auf Umweltveränderungen. Weil Moose Wasser und Nährstoffe nicht über Wurzeln, sondern direkt über ihre Oberfläche aufnehmen, sind sie der direkten Wirkung von Schadstoffen ausgesetzt. Ihr kurzer Lebenszyklus führt zu raschen Reaktionen, die mit bloßem Auge erkennbar sind. Trotzdem werden Moose bis jetzt nur in Europa, Kanada, Japan und Neuseeland als Bioindikatoren verwendet.

Obwohl die Moosschicht unserer Wälder nur wenige Zentimeter hoch ist, spielt sie eine entscheidende Rolle im Ökosystem Wald. Neben ihrer Funktion für den Wasserhaushalt bieten Moose den Lebensraum für unzählige Kleinstlebewesen. Dazu gehören viele verschiedene Insekten, Spinnen und Reptilien. Auch Asseln, Schnecken und Regenwürmer sind hier zu Hause. Sie schätzen die dort herrschende Luftfeuchtigkeit, die sie vor dem Austrocknen schützt. Und auch unter Hunger muss hier keiner leiden: Es gibt ständig Nachschub an organischem Abfall und jeden Herbst von oben eine ordentliche Ladung Blätter, zumindest im Laubwald.

Die hungrige Destruenten-Armee schreddert das alles einmal durch und speist am Ende wieder wertvollen Humus für das Pflanzenwachstum in den Kreislauf ein. Ohne diese Boden-Lebewesen wüsste der Wald schon bald nicht mehr, wohin mit seinem »Biomüll«. Aber nicht nur für die ganz Kleinen hat das Moos eine große Bedeutung. Auch Mäuse und Igel fühlen sich hier pudelwohl. Dieser Miniaturwald bietet ihnen Nahrung und Unterschlupf.

5. KAPITEL

LEBEN IN LUFTIGER HÖHE

Weil dort die Maikäfer fliegen

Früher war der Maikäfer jedem Kind bekannt und stand als Sinnbild für den Frühling. Durch seine regelmäßig auftretenden Massenvermehrungen war er aber auch eine regelrechte Landplage, vergleichbar mit den Wanderheuschrecken in Afrika. Die Menschen hatten deshalb ein eher zwiespältiges Verhältnis zum Maikäfer. Er fand durch seine Popularität trotzdem Einzug in Literatur und Musik. So erzählt das Märchen *Peterchens Mondfahrt* von einem Maikäfer, der mit zwei Menschenkindern eine Abenteuerreise besteht. Auch in Wilhelm Buschs *Max und Moritz* tauchen Maikäfer auf. Und Reinhard Mey besingt in seinem Lied *Es gibt keine Maikäfer mehr* im Jahr 1974 die Folgen der starken Bekämpfung mit dem Insektizid DDT in den vorausgehenden zwei Jahrzehnten.

Als Hintergrund muss man wissen, dass der Maikäfer einem großen Zyklus folgt, der ca. 30–40 Jahre dauert – dann kann es zu Massenvermehrungen »biblischen Ausmaßes« kommen. Der letzte große Maikäferzyklus fand nach dem Krieg statt und war der Auslöser dafür, dass in den 1950er- und 1960er-Jahren mit dem Einsatz der chemischen Keule nicht gegeizt wurde. Unglücklicherweise erreichte man damit aber auch, den Maikäfer in Mitteleuropa zu einer solch seltenen Art zu machen, dass ab den 1970er-Jahren kaum mehr jemand einen Maikäfer zu Gesicht bekam.

Der Gifteinsatz wurde 1974 beendet, vielleicht weil Reinhard Mey in diesem Jahr sein Lied veröffentlichte. Seit Anfang des 21. Jahrhunderts haben sich die Bestände aber zumindest lokal wieder erholt und der 40-jährige Zyklus scheint wieder angelaufen zu sein. Begonnen hat die aktuelle Massenvermehrung in der Oberrheinebene von Karlsruhe bis nach Darmstadt vor rund 15 Jahren. Hier sind bereits Bekämpfungsaktionen notwendig geworden, um Verjüngungen beim Waldumbau vor dem Engerlingsfraß zu sichern. Damit kamen per Ausnahmegenehmigung auch wieder Pestizide zum Einsatz. Daneben gibt es aber auch biologische Bekämpfungsmöglichkeiten wie das

Ausbringen des Beauveria-Pilzes, der Massenvermehrungen verhindern kann.

In Vorkriegszeiten versuchte man, dem Kahlfraß an den Bäumen mit dem eigenen Verspeisen der Maikäfer zuvorzukommen. Natürliche Feinde wie Maulwurf, Dachs, Schwarzwild oder Krähen konnten des Ansturms einfach nicht Herr werden. Die Käfer wurden von unseren Vorfahren besonders morgens, wenn sie sich aufgrund der niedrigen Temperaturen noch nicht richtig bewegen konnten, von den Ästen abgeschüttelt und eingesammelt. Beliebt war die Maikäfersuppe, deren Geschmack an Krebssuppe erinnern soll. Wer es lieber süß mochte, konnte den Maikäfer Mitte des 19. Jahrhunderts auch kandiert in der Konditorei erwerben. Größere Mengen der aufgesammelten Maikäfer wurden gerne an die eigenen Hühner verfüttert.

Ob das nun ein Feldmaikäfer (Melolontha melolontha) oder ein Waldmaikäfer (Melolontha hippocastani) war, dürfte geschmacksseitig egal gewesen sein. Beide Arten gehören zu den Blatthornkäfern. Das ist eine der größten Insektenfamilien überhaupt: Zu ihnen gehören etwa 20.000 verschiedene Käferarten, darunter die größten der Welt wie die Goliath- und Herkuleskäfer. Der Name Blatthornkäfer rührt von den fächerartigen Fühlern her, die äußerst empfindliche Geruchsnerven tragen. Bei den Männchen sind die Fühler viel stärker ausgeprägt, weil sie damit die Weibchen zur Fortpflanzung lokalisieren müssen.

Das ist alle vier Jahre im Mai der Fall, denn so lange dauert der Zyklus zum fertigen Käfer. Dieser Zyklus ist regional synchronisiert, deshalb gibt es auch nur alle vier Jahre ein sogenanntes Maikäferjahr. Innerhalb der ersten drei Jahre ernährt sich der im Boden lebende Engerling, die Larve des Maikäfers, von Wurzeln und kann dadurch erhebliche Schäden verursachen, die viel schlimmer sind als die des fertigen Käfers. Kein Wunder: Der männliche Käfer stirbt nach der Begattung und das Weibchen nach der Eiablage. Sie leben also gerade einmal vier bis sieben Wochen. Mit Vorliebe fressen die Maikäfer in diesen Wochen an den Blättern von Eiche und Buche. Zum Glück können diese Baumarten mit einem zweiten Blattaustrieb, dem sogenannten Johannistrieb, den entstandenen Fraßschaden kompensieren.

Besonders in den warmen, trockenen Gebieten Deutschlands scheint sich der Maikäfer von unseren Giftsünden schneller zu erholen. Wäre es nicht schön, wenn wir auch in den übrigen Landesteilen bei einem Waldspaziergang wieder öfter das tiefe Brummen eines vorbeifliegenden Maikäfers hören könnten?

45. GRUND

Weil der Buchfink den ganzen Winter im Zölibat lebt

Der häufigste Vogel unserer Wälder ist sicher der Buchfink. Seine Ansprüche sind nicht groß, deshalb findet er sich überall gut zurecht. Auch seine Tischmanieren sind einfacher Natur – er isst am liebsten direkt vom Boden. Dabei kann man ihn gut beobachten, wie er rasch umhertrippelt und mit nickenden Kopfbewegungen Sämereien und Insekten aufpickt. Im Winter sind Bucheckern seine Leibspeise, woher letztlich auch sein Name kommt. Auch am Futterhäuschen im Garten ist er ein regelmäßiger Gast. Meistens fliegt er aber nicht direkt zum Häuschen, sondern hält es wie im Wald und sammelt die von anderen Vögeln unachtsam heruntergescharrten Sämereien vom Rasen auf.

Beim Buchfink fällt es leicht, Männchen und Weibchen zu unterscheiden. Das Männchen wirft sich ziemlich in Schale mit seinem prachtvollen, blaugrauen Kopf und der weinroten Brust. Das Weibchen trägt dagegen eine schlichte Kittelschürze in beige-grünlichem Farbton. Jetzt ist es beim Buchfink so wie bei den Menschen, dass die Weibchen gerne etwas verfroren sind. Deshalb fliegen die Buchfinkweibchen im Winter Richtung Süden, um keine kalten Füße zu bekommen. Die unerfahrenen Knaben hängen an deren Rockzipfel, reisen aber nicht ganz so weit. So bevölkern viele der skandinavischen Jünglinge unsere deutschen Futterhäuschen, was die Männerquote weiter nach oben treibt. Die älteren Männchen pfeifen hingegen auf das bisschen Schnee in Deutschland und überwintern im Vaterland. Diese zeitliche Trennung der Geschlechter hat dem Buchfink den lateinischen Namen »coelebs« eingebracht, was so viel heißt wie »Jung-geselle« oder »im Zölibat lebend«.

Natürlich freuen sich die Strohwitwer schon unheimlich, bis die ganzen Weibchen im Frühjahr wieder nach Hause kommen. Damit sie rechtzeitig die Ausfahrt nehmen, schmettert das Männchen ab Ende Februar seinen berühmten »Finkenschlag« in die kühle Frühlings-luft. Von erhöhter Warte aus erklingt die Gesangsstrophe manchmal mehrere Hundert Mal pro Stunde. Der Gesang ist nicht angeboren, deshalb gibt es durchaus regional unterschiedliche »Dialekte«.

Die melodische Lernfähigkeit macht man sich in einem jahr-hundertealten Brauchtum zu eigen. Seit dem 15. Jahrhundert tre-ten männliche Buchfinken beim »Finkenmanöver im Harz« zum Gesangscontest an. Gewinner ist der Vogel mit dem schönsten und längsten Gesang.

Das Finkenmanöver setzt sich aus zwei Disziplinen zusammen: Beim »Schönheitssingen« werden einem jungen Finken immer wie-der verschiedene Melodien vorgetragen, von denen der Jüngling meist zwei bis drei lernen kann. Dieses Repertoire behält der Buchfink dann sein ganzes Leben lang bei.

Die zweite Disziplin heißt »Kampfklasse«. Um es mit heute geläu-figen Begriffen aus *The Voice of Germany* zu beschreiben: Es ist eine Mischung aus »Blind Audition« und »Battle«. Die Vogelkäfige werden, mit einem Tuch abgedeckt, in unmittelbarer Nähe zueinander aufge-stellt, sodass sich die Kandidaten gesanglich »battlen«.

Heute findet das Finkenmanöver noch in acht Orten des Harzes statt. Es wurde 2014 von der UNESCO in die »Repräsentative Liste des immateriellen Kulturerbes der Menschheit« aufgenommen. Von Tier-schützern wird dieses Brauchtum kritisch gesehen. Sie werfen den Fink-nern vor, mit illegalen Wildfängen zu arbeiten, da sich nach Aussage der Vogelschützer Buchfinken in Gefangenschaft nicht züchten lassen.[59]

Brauchtum hin oder her – ich finde es abstoßend, Wildtiere zur eigenen Belustigung in kleinen Käfigen gefangen zu halten. Der Fin-kenschlag gehört in den Wald und nicht auf eine Showbühne! Wer genau hinhört, bekommt vom Buchfink beim Waldspaziergang sogar den Hinweis auf bald einsetzenden Regen. Während andere Vogelgesänge vor aufkommendem Regen verstummen, wird dem Buchfink nachgesagt, Schlechtwetter mit einem rollenden »trüb« bzw. »trief« einzuläuten – dieser Ruf wird deshalb auch als »Regenruf« bezeichnet.

46. GRUND

Weil dort Fledermäuse durch den Nachthimmel fliegen

Sie sind klein, schnell und lautlos. Jeder, der schon einmal in der Dämmerung im Wald unterwegs war, hat einen dieser wendigen Jäger vor der Kulisse des dunklen Nachthimmels gesehen. Zunächst glaubt man vielleicht, dass dort ein Vogel flattert, tatsächlich ist es aber eine Fledermaus.

Fledermäuse sind ganz spezielle Tiere, die schon seit 50 Millionen Jahren auf der Erde leben. Sie fliegen zwar durch die Luft, sind aber keine Vögel, sondern Säugetiere – und zwar die Einzigen, die aktiv fliegen können. Sie leben in der Dunkelheit, wo sie sich mit ihrem Echoortungssystem zurechtfinden. Dabei stoßen sie Ultraschallwellen aus, die von Objekten als Reflexion zurückgeworfen werden.

Durch die Zeitunterschiede der zurückkehrenden Schallwellen kann sich die Fledermaus ein Bild von der Umgebung machen und orten, wie weit verschiedene Gegenstände entfernt sind. Fliegt sie zum Beispiel auf einen Baum zu, kann man sich das wie die Einparkhilfe beim Auto vorstellen. Auch Richtung und Fluggeschwindigkeit von sich bewegenden Objekten können exakt bestimmt werden. Auf diese Weise kann sich die Fledermaus jedes Insekt vom Himmel pflücken. Natürlich kann sie mittels der Schallwellen auch die Größe des Flugkörpers bestimmen, nicht dass sie plötzlich am Hals einer ausgewachsenen Eule hängt.

Unsere einheimischen Fledermausarten sind ja schließlich keine blutsaugenden Vampire. Trotzdem ist Dracula keine reine Legende: Es gibt sie wirklich, die sogenannten Vampirfledermäuse. Sie stillen ihren Hunger mit frischem Blut von Säugetieren, zum Beispiel von

Rindern oder Vögeln. Damit der unfreiwillige Blutspender nicht aufwacht, landen sie dicht neben dem schlafenden Tier. Sie ritzen mit ihren winzigen, messerscharfen Zähnen einen feinen Schlitz in dessen Haut. Dann lecken sie so viel Blut auf, bis sie satt sind. Wer im Sommer gerne einmal im Freien übernachtet, muss sich aber keine Sorgen machen: Vampirfledermäuse gibt es nur in Südamerika.

Weltweit gibt es über 1.200 Fledermausarten, die sich überwiegend in den tropischen Klimazonen tummeln, denn Fledermäuse lieben warme Nächte. Nach den Nagetieren sind Fledermäuse damit die artenreichste Gruppe unter den Säugetieren. Auch was die Ernährung anbetrifft, haben sie sich ziemlich breit aufgestellt: Es gibt Fleischfresser und Vegetarier – Insektenjäger, Mäusegreifer, Fischfänger, Froschfresser, Nektartrinker, Fruchtnascher, Blütenpollenschnabulierer und natürlich die legendären Blutsauger.

Durch den deutschen Nachthimmel fliegen immerhin 25 verschiedene Fledermausarten, die sich jedoch alle von Insekten ernähren. Ihre spitzen Zähne benötigen sie also nicht, um in die Halsschlagader ahnungsloser Waldspaziergänger zu beißen, sondern um den harten Chitinpanzer nachtaktiver Käfer zu knacken. Kein anderes Tier hat sich auf Nachtinsekten als Nahrung spezialisiert – deshalb spielen Fledermäuse eine wichtige Rolle im ökologischen Gleichgewicht. Alle in Deutschland vorkommenden Arten sind streng geschützt.

Bis zu den 1950er-Jahren kamen Fledermäuse in Deutschland recht häufig vor. Der massenhafte Einsatz des Pflanzenschutzmittels DDT in der Landwirtschaft zerstörte die Lebensgrundlage der Fledermäuse, nämlich das ausreichende Vorkommen von Insekten. Nicht nur auf die Nahrung, auch auf die Wohnverhältnisse wurde keinerlei Rücksicht genommen. Durch das oft unwissentliche Zerstören von Quartieren bei Renovierungsarbeiten, den Abriss von Altbauten oder das Fällen von alten Bäumen und Totholz fanden die Fledermäuse kaum noch Verstecke zur Überwinterung oder zur Aufzucht ihres Nachwuchses. In Summe schrumpfte der Fledermausbestand auf weniger als ein Zehntel der ursprünglichen Population.

Seit etwa 35 Jahren erholen sich bei einigen Arten dank vermehrter Schutzmaßnahmen die Populationen glücklicherweise wieder.

Das ist aber gar nicht so einfach: Da jede Fledermausart ihre eigenen Lebensräume, Fress- und Lebensgewohnheiten hat, muss jede Art auch anders geschützt werden. »Einen Storch kann man auch nicht so schützen wie eine Meise«, verdeutlicht Matthias Hammer von der Koordinationsstelle für den Fledermausschutz in Nordbayern.[60]

Etwa zwei Drittel der in Deutschland lebenden Fledermäuse sind auf den Wald angewiesen, wenn auch in unterschiedlicher Hinsicht. Manche jagen nur im Wald, andere ziehen dort ihre Jungen auf oder überwintern in Baumhöhlen. Grundsätzlich bevorzugt werden ältere Laub- und Mischwälder – sie bieten vermehrt Spechthöhlen oder durch Fäulnis entstandene Löcher und Spalten. Damit sind beide wichtigen Ressourcen gewährleistet: Quartier und Jagdgebiet.

Die Jagdstrategie hingegen kann unterschiedlich sein: So liest die Bechsteinfledermaus im Flug Insekten von den Blattoberflächen der Bäume ab. Das Große Mausohr, die größte in Deutschland vorkommende Fledermausart, braucht eine Waldstruktur mit freiem Boden, denn sie jagt nicht nur fliegende Insekten, sondern fängt auch Spinnen und Laufkäfer vom Boden weg. Der Kleine Abendsegler dagegen jagt über den Bäumen im freien Luftraum. Grundsätzlich stellt ein reich strukturierter Waldbestand mit verschiedenen Entwicklungsphasen alle notwendigen Jagdhabitate für unsere heimischen Fledermäuse bereit.

Unter Quartieren versteht man Baumhöhlen, abstehende Rinde, Baumrisse oder Zwieselbildungen des Stammes. Diese Orte dienen als Tagesversteck zum Schutz vor Witterungseinflüssen und Fressfeinden. Sie werden im Frühjahr von den Weibchen aber auch zur Jungenaufzucht benötigt, als sogenannte Wochenstuben, in denen die Jungtiere geboren und gemeinsam aufgezogen werden. Etwa im Juli verlassen die Weibchen ihre Wochenstuben und treffen sich mit den Männchen, die bis dahin als einzelgängerische Junggesellen leben, in den Paarungsquartieren.

Nach der Paarung begeben sich die Fledermäuse dann in ihre frostfreien Winterquartiere. Das können Höhlen, Stollen, Kellergewölbe oder Mauerspalten sein. Manche Arten überwintern auch in Baumhöhlen. Im Winterquartier senken sie ihre Körpertemperatur, bis sie durch und durch kalt sind. Sie verlangsamen ihren Stoffwechsel, um Energie zu sparen, und halten Winterschlaf. Störungen während des Winterschlafs sind besonders kritisch, weil das gesamte Kraftwerk zur Flucht wieder hochgefahren werden muss. Das kostet sehr viel Energie, sodass die Reserven oft nicht mehr bis zum Ende des Winters ausreichen. Also bloß nicht aufwecken, wenn Sie in der kalten Jahreszeit eine Fledermaus entdecken.

»Man liebt nur, was man kennt, und man schützt nur, was man liebt.« Dieses Zitat von Verhaltensforscher Konrad Lorenz beschreibt das Leitbild der Umweltpädagogik. Gerade bei den nachtaktiven Fledermäusen müssen die Menschen an die Hand genommen werden, um das Verständnis und Wissen zu erweitern und Vorurteile abzubauen. Deshalb bieten besonders Naturschutzverbände sogenannte Fledermauswanderungen an. Weil der Begriff etwas altmodisch klingt, werden diese »Events« gerne auch als Batnights bezeichnet.

Auch auf internationaler Ebene hat sich bereits einiges getan: Mit dem Abkommen zur Erhaltung der europäischen Fledermauspopulationen (Agreement on the Conservation of Populations of European Bats, EUROBATS) haben sich mittlerweile 36 Vertragsstaaten verpflichtet, den Schutz aller 53 europäischen Fledermausarten durch geeignete Maßnahmen sicherzustellen.

47. GRUND

Weil der Eichelhäher sein Wächter ist

Die Forstleute schätzen den bunten Rabenvogel mit seinem schwarzen Bart und den hübschen, blau schillernden Federn an den Flügeln. Aber nicht wegen seines schönen Aussehens, sondern weil er ihnen durch seine Leidenschaft, Eicheln zu verstecken, bei der Arbeit hilft. Zwischen 3000 und 5000 Eicheln versenkt ein einziger Eichelhäher jeden Herbst im Waldboden![61] Eigentlich soll das ja der Essensvorrat für den Winter sein, einen Großteil davon nutzt er aber nicht. Das liegt nicht daran, dass er das Versteck nicht mehr findet. Eichelhäher orientieren sich an der Umgebung, sie messen die Koordinaten sozusagen ein. Selbst bei Schneelage sind sie dadurch in der Lage, die Eichel, die Buchecker oder die Haselnuss zielgenau zu orten. Aber die Sammelwut übersteigt den tatsächlichen Nahrungsbedarf und die eine oder andere Eichel wird nun eben doch nicht wiedergefunden. So entstehen durch Eichelhäher begründete bzw. angereicherte Baumbestände, die sogenannten »Hähersaaten«, wie sie die Förster bezeichnen.

Gerne fördern manche Förster diese kostenlose Hilfe: Sie legen sogenannte »Hähertische« an. Das sind etwa mannshoch aufgestellte Plattformen, auf denen Eicheln dargereicht werden. Auf diese Weise muss der Eichelhäher die Früchte nicht erst mühsam suchen, sondern kann sich direkt bedienen. Glücklicherweise muss er nicht jede Eichel einzeln forttragen: Bis zu zehn davon kann er im Kehlsack verstauen und eine passt noch zusätzlich in den Schnabel. Und es ist nicht wie bei Aschenputtel, dass die schlechten ins Kröpfchen kommen. Der Eichelhäher sortiert faule, leere oder beschädigte Eicheln aus und lässt diese liegen.

Der Vorteil von Hähersaaten im Vergleich zu herkömmlich gepflanzten Eichensetzlingen ist die Garantie, autochtones Genmaterial zu bekommen – also aus der Region stammend. Trotzdem führt die kleinräumige »Verschleppung« der Eicheln zu der für die Anpassung an den Lebensraum notwendigen Durchmischung des Genpools. Und das alles zum Nulltarif.

Der Jagdschriftsteller Hermann Löns bezeichnete in seinen Novellen den Eichelhäher als Markwart, also quasi als Blockwart des Waldes. Er warnt mit rätschenden Rufen das Wild vor dem Jäger, meldet dafür dem Waidmann aber auch das Herannahen von Fuchs und Rehbock. Ich habe das selbst schon erlebt. Als ich eines Tages auf der Pirsch war, hatte ich unfreiwillig einen Eichelhäher als Flugbegleiter. Er flog über mir von Ast zu Ast und verfolgte mich auf Schritt und Tritt. Während ich versuchte, möglichst lautlos voranzukommen, zeterte und schimpfte der Krächzer über mir wie ein Rohrspatz. Mir verging alsbald die Lust und ich kehrte entnervt zum Auto zurück. Als ich meinen Jagdkrempel wieder im Auto verräumt hatte, war auch

der Häher zufrieden und flog davon. Für den »Wächter des Waldes«
war sein Auftrag erfüllt.

An einem anderen Tage beobachtete ich einmal eine Geiß mit ihren
zwei Kitzen beim Äsen. Als ein Eichelhäher plötzlich mit rauer Stimme anfing zu rufen, unterbrach die Rehmutter die Nahrungsaufnahme
abrupt und sicherte in die Richtung, aus der das Gezeter kam. Ich war
auch neugierig, warum sich Herr Markwart so echauffierte, und es
dauerte nicht lange, bis eine Rotte Wildschweine aus dem Unterholz
kam.

Die Rehe waren gewarnt und machten sich sofort davon, denn sie
vertragen sich nicht so gut mit den Schwarzkitteln. Kein Wunder,
denn so ein Wildschwein macht sich auch mal über ein frisch gesetz-
tes Rehkitz her, wenn es die Situation ermöglicht.

Es ist schon erstaunlich, wie die Tiere des Waldes gelernt haben,
dass sie von der Achtsamkeit des Hähers profitieren können. Doch
manche Tiere müssen sich auch vor ihm in Acht nehmen, denn er
frisst nicht nur Eicheln und Nüsse. Auch tierische Kost steht auf seinem Speiseplan, wie Mäuse, Insekten und deren Larven. Er plündert
zudem die Nester anderer Vögel und frisst sowohl Eier als auch flug-
unfähige Jungvögel. Dabei unterscheidet er nicht nach jagdbaren und
nicht jagdbaren Vögeln, weshalb er beizeiten ins Visier der Jäger geriet, die in ihm einen Konkurrenten sahen. Um die Gelege von Fa-
sanen und Rebhühnern zu schützen, wurde er im 19. Jahrhundert
so intensiv bejagt, dass es sogar zur regionalen Ausrottung kam. Zu
Beginn des 20. Jahrhunderts ließ der Verfolgungsdruck dann aber
wieder stark nach.

In den 1950er- bis 1970er-Jahren eroberte der Eichelhäher dann sogar die Städte als neuen Lebensraum. Zwischenzeitlich hat er sich aber
wieder auf das Landleben zurückbesonnen und brütet am liebsten in
unterholzreichen Laub- und Mischwäldern. Zur Brutzeit verhält er
sich recht unauffällig, nur sein Blockwart-Verhalten kann er nicht ab-
legen. Neben seinen krächzenden Warnrufen besitzt der Eichelhäher
noch ein weiteres Talent, mit dem er seiner Zugehörigkeit zur Unter-
ordnung der Singvögel schon eher gerecht wird: Er ist in der Lage,
die Stimmen anderer Vögel und sogar Geräusche nachzuahmen – es

steckt also auch ein bisschen Papagei in diesem bunten Vogel. Man spricht ihm sogar bauchrednerische Fähigkeiten zu.

Außerhalb der Brutzeit streift der Eichelhäher auf der Suche nach Essbarem gerne in kleinen Trupps durch den Wald, wobei weitere Vögel eines Trupps meist mit deutlichem Abstand folgen. Mit den unregelmäßigen Flügelschlägen wirkt sein Flug etwas unbeholfen – umso mehr überrascht die Wendigkeit in engem Gestrüpp, wenn der immerhin 180 g schwere Vogel dort Raupen fängt. Oft sind die Häher auch zu Fuß unterwegs: Dann durchwühlen sie die Laubschicht auf dem Waldboden nach Eicheln, Engerlingen oder Käfern. So weit unten ist es aber gefährlich – deshalb passt der Trupp gegenseitig aufeinander auf. Denn wenn sich ein Habicht nähert, muss es schnell gehen mit der Warnung. Meistens passiert aber nichts und so hacken sie mit ihrem kräftigen Schnabel gerne auch mal ein Stück Rinde von einem morschen Baumstumpf ab, um an eine besonders schmackhafte Larve zu kommen.

Weil dort Hornissen auf die Jagd gehen

Über Hornissen gibt es das Sprichwort: »Drei Stiche töten einen Menschen und sieben ein Pferd.« Das ist aber völliger Unsinn, da müsste man schon Allergiker sein und dann hinge das Sprichwort nicht mehr direkt mit der Hornisse zusammen. Denn das Gift der Hornisse ist nicht toxischer als das anderer Wespenarten. Bienengift ist sogar bis zu 15-mal stärker als das der Hornisse. Dazu kommt noch, dass der Stachel der Biene meistens stecken bleibt und dann noch weiter Gift absondert.

Um einen gesunden, 70 kg schweren Menschen in Lebensgefahr zu bringen, wäre das Gift von mehreren Hundert bis Tausend Hornissen erforderlich. Da aber selbst die stärksten Hornissenstaaten nicht über genügend stechende Individuen verfügen, kann dieser Fall praktisch nicht eintreten.[62] Der Stich einer Hornisse wird allerdings als etwas schmerzhafter empfunden als der einer Biene oder Wespe – das liegt zum einen am längeren und dickeren Stachel der Hornisse, zum anderen an der Giftkomponente Acetylcholin, die im Bienen- und Wespengift fehlt.

Hornissen stechen nur, wenn man ihrem Nest zu nahe kommt. Zu nahe bedeutet etwa zwei bis sechs Meter. Auch bei Erschütterungen im Umkreis des Nestes blasen Hornissen zum Angriff. Sie verfolgen den Störenfried aber nicht weiter als 15 bis 20 Meter. Der Sprung in den nächsten Waldsee ist also nicht notwendig. Auch beim Picknick muss man sich keine Sorgen machen, denn Hornissen gehen nicht an menschliche Süßspeisen und Getränke, sie schnabulieren lieber zuckerhaltige Baumsäfte, um ihren Hunger zu stillen. Die meiste Zeit sind sie aber auf Insektenjagd, um ihre Brut zu versorgen.

Hornissen sind flinke Jäger, die sich auf lebende Beute spezialisiert haben. Ein großes Volk vertilgt pro Tag ein halbes Kilogramm Insekten, das entspricht einem Tagespensum von fünf bis sechs Meisenfamilien.[63] Dementsprechend sieht es auch unter dem nach unten offenen Hornissennest aus: Alles liegt voll mit Flügeln, Beinen und anderen chitinösen Überbleibseln, vermischt mit jeder Menge Hornissenkot. Gegenüber den Meisen, aber auch gegenüber allen anderen Wespenarten haben sie einen entscheidenden Vorteil: Sie jagen 24/7, also auch nachts – dann müssen sie sich nur vor den Fledermäusen in Acht nehmen. Hornissen tragen mit ihrer Lebensweise ganz wesentlich zur natürlichen Insektenbekämpfung und zum Gleichgewicht in der Natur bei.

Der natürliche Ort für Hornissennester sind größere Baumhöhlen. Leider sind die wenigen, die es gibt, hart umkämpft. Waldkauz, Hohltaube, Baummarder – alle wollen die dunkle Stube beziehen. Deshalb zieht die Hornissenkönigin bei der Wohnraumsuche öfters mal den Kürzeren, denn sie ist zunächst alleine und muss ihre wehrhaften Soldaten erst noch zur Welt bringen. Hauptsache, es ist trocken und windgeschützt; sehr beliebt sind geschlossene Jagdkanzeln. So geschlossen können diese gar nicht sein, dass Hornissen oder andere Vertreter der Wespenfamilie keinen Zugang finden, und wenn es durchs Schlüsselloch ist. Besonders bei Hochsitzen, die bis zum

Sommer im Dornröschenschlaf standen, habe ich schon böse Überraschungen erlebt. So wie bei der Kanzel am Teufelsgrund, einer massiven Kanzel mit aufklappbaren Fenstern und geschlossener Türe.

Es war Anfang September und die Jagdzeit auf weibliches Rehwild hatte gerade begonnen, als ich hier zum ersten Mal in diesem Jahr ansitzen wollte. Es war früh am Morgen und noch dunkel, als ich die Tür langsam öffnete, meinen Rucksack vor mir auf den Boden stellte, leise die Fensterluken öffnete und die Tür hinter mir zeitlupenartig ins Schloss zog. Dann ließ ich mich auf dem Sitzbrett nieder, um auf den Sonnenaufgang zu warten.

Bis zu diesem Zeitpunkt hatte ich von dem drohenden Unheil noch nichts geahnt, als mich plötzlich ein tiefes Summen aufschreckte. Ich wurde schon etwas unruhig, hoffte aber noch auf ein »Einzelinsekt«, das hier vielleicht einen Nachtfalter fangen wollte. Als ich dann aber ein zweites Summen über mir vernahm, schwante mir schon Böses. Ich machte meine Taschenlampe an und leuchtete an die Kanzeldecke – und dort hing das mächtige Papierkonstrukt wie eine Riesentraube im Eck. Durch mein Anstrahlen stiftete ich Unruhe und die wabenartige Oberfläche kam in Bewegung. Immer mehr Hornissen krabbelten hervor und wuselten mit brummenden Flügeln auf dem Nest umher.

Oh Gott, dachte ich mir, der Gedanke an die Erlegung eines Rehs wich der Sorge, wie ich hier nur heil wieder rauskomme. Ich malte mir schon aus, wie ich rückwärts die Leiter herunterstürze und der ganze Hornissenschwarm sich über mich wehrlosen Waidmann hermacht. Um es kurz zu machen, ich behielt die Nerven und schaffte den Rückzug. Allerdings blieben Fenster und Türe offen … und die Rehe im Teufelsgrund hatten den restlichen Sommer ihre Ruhe.

Weil dort das Wintergoldhähnchen
in den höchsten Tönen singt

Um jede Verwirrung vorwegzunehmen: Das Wintergoldhähnchen gehört nicht zu den Hühnervögeln. Dafür wäre es auch viel zu klein. Denn es ist der kleinste Singvogel Europas und nur neun Zentimeter groß. Bei einem Gewicht von etwa fünf Gramm könnte man meinen, dass sich gar kein Körper im Federknäuel befindet. Das Edelmetall im Namen findet sich auf seinem Scheitel wieder. Dort erstrahlt ein schmaler Irokesenstreifen, der sich farblich zwischen 585er-Gelbgold und 333er-Rotgold bewegt.

Neben dem Wintergoldhähnchen gibt es auch ein Sommergoldhähnchen. Das Sommergoldhähnchen heißt so, weil es als Zugvogel nur im Sommer bei uns lebt. Das Wintergoldhähnchen dagegen ist ein Teilzieher – das heißt, es wandert in strengen Wintern so weit Richtung Süden, bis es erträglich wird. Das betrifft in erster Linie die Brutpopulationen des hohen Nordens. So verlassen die Wintergoldhähnchen Finnlands, wenn's kalt wird, ihr Brutgebiet und fliegen ins vergleichsweise milde Deutschland bzw. nach Holland, Belgien, Großbritannien oder Nordfrankreich. Besonders im Ost- und Nordseeraum kommt es gelegentlich zu regelrechten Invasionen.[64]

Die geselligen Vögel suchen dann in kleinen Trupps die dünnsten Zweige nach Insekten, Spinnen und anderem Kleinstgetier ab. Erst gestern – es ist Anfang Dezember – konnte ich einige von ihnen ganz aus der Nähe bei der unermüdlichen Nahrungssuche beobachten. Die Arbeitskolonne arbeitete sich systematisch am Trauf einer Waldschneise entlang. Besonders die Unterseiten der Fichtenzweige waren von Interesse, offensichtlich verstecken sich dort die meisten Gliederfüßler. Bei den akrobatischen Übungen am Nadelbaumtrapez hilft dem Goldhähnchen seine lange, stark gebogene Rückwärtskralle. Dadurch kann es die kleine Füße zangenartig schließen und sich kopfüber an die dünnsten Ästchen hängen. Das Goldhähnchen beherrscht aber noch ein weiteres Kunststück: Es kann auf der Stelle fliegen wie ein Kolibri. Auf diese Weise ist es in der Lage, zum Beispiel Insekten aus einem Spinnennetz herauszupicken.

Bei genauem Hinhören vernahm ich das unermüdliche, extrem hoch vorgetragene »sisisis«. Es war wie ein Hörtest, denn der Gesang und die Rufe des Wintergoldhähnchens sind so fein und hoch, dass ihn manche Menschen gar nicht hören können. Ich war erleichtert, dass zumindest dieser Sinn noch ganz gut funktioniert – hatte ich doch erst kürzlich beim Lesen bemerkt, dass ich das Buch weiter von den Augen weghalten musste als früher.

Der Winter ist zugleich die kritischste Zeit für das Wintergoldhähnchen, in der viele von ihnen sterben. Denn der kleine Organismus muss ständig mit Nahrung versorgt werden, weshalb dieser Singvogel auch nie still sitzt. Wenn die Äste jedoch mit einer Eisschicht überzogen sind, kommen die Goldhähnchen an ihre Leibspeise – rindenbewohnende Springschwänze – nicht heran. Schnee macht ihnen dagegen weniger aus. Sie tauchen dann einfach in die weiße Pracht ein und suchen entlang der eingeschneiten Fichtenzweige nach Nahrung.

Doch bei der emsigen Nahrungssuche ist Vorsicht geboten: Mit ihrer kleinen kugeligen Statur – ein Hals scheint optisch zu fehlen – und ihrer goldenen Verzierung dürften sie vielen hungrigen Zeitgenossen wie ein leckeres Ferrero Rocher® erscheinen. Deshalb vermeidet das Wintergoldhähnchen möglichst das Überfliegen weiter, deckungsfreier Strecken. Sie flattern lieber von Ast zu Ast. Trotzdem wird kaum ein Wintergoldhähnchen älter als vier Jahre.

Fichten sind die mit Abstand beliebteste Baumart dieser Sperlingsvögel und dort baut das Wintergoldhähnchen auch sein Nest. Nicht wie die meisten anderen Vogelarten auf dem Ast, sondern in Hängebauweise unterhalb. Und wer hat mit solchen Architekturen die meiste Erfahrung? Das sind Spinnen und Raupen. Deshalb nutzt der schlaue Vogel als Verbundstoff die Spinnfäden aus den Eierkokons der Spinnen und den Gespinsten mancher Raupenarten. Diese werden zur Stabilisierung zwischen Flechten, Moos und Blätter eingearbeitet. Zur Befestigung am Ast werden einige heruntergebogene Fichtenzweiglein mit eingeflochten. Für höchsten Komfort polstert das Goldhähnchen sein Nest innen noch mit Federn und Tierhaaren aus.

Das ganze Konstrukt ist dermaßen gut isoliert, dass das Weibchen bei jeder Witterung bis zu 25 Minuten das Gelege verlassen kann, ohne dass dieses auskühlt.[65]

Mit bis zu elf Eiern ist das Gelege des Wintergoldhähnchens sehr groß. Weil immer nur wenige Eier in Kontakt mit dem Brutfleck des Weibchens kommen, schichtet es das Gelege mit strampelnden Beinbewegungen regelmäßig um. So gelangen alle Eier in den Genuss der mütterlichen Wärme. Sobald die Nestlinge geschlüpft sind, wird es jedoch richtig eng und das Kugelnest mutiert zur Etagenwohnung. Denn schon ab dem dritten Lebenstag liegen die Jungvögel übereinander. Jetzt könnte man vermuten, dass nur die Bewohner der Dachterrasse an Futter kommen. Nein, auch dafür hat die Natur eine Lösung parat: Sobald die oben liegenden Jungvögel gefüttert wurden, krabbeln sie instinktiv in die Nestmitte und tauchen dort unter ihre Geschwister ab. Das Ganze funktioniert also wie ein Minikarussell. Durch diesen »Naturkreislauf« werden alle Jungvögel von den Eltern gefüttert.

Als Erstlingsnahrung füttern die Eltern Springschwänze, die später durch Spinnen und kleine Raupen ergänzt werden. Interessanterweise verköstigen die Elternvögel ihren Nachwuchs auch mit Beutetieren, die sie selber entweder gar nicht oder nur bei großer Futterknappheit fressen würden. Wozu auch die Mühe, schließlich wissen die Kleinen ja noch gar nicht, was gut ist. Zwischen dem fünften und zwölften Lebenstag wird's dann knackig: Winzige Gehäuseschnecken stehen jetzt auf dem Speiseplan, deren Inhaltsstoffe Voraussetzung für die Knochenbildung sind.[66]

Sind die sensiblen Ernährungsphasen vorüber, überlässt das weibliche Goldhähnchen ihrem Gatten das plumpe Heranschaffen von Essbarem. Sie wendet sich der zweiten Brut zu, noch bevor die Jungvögel des ersten Geleges flügge sind – es handelt sich also um eine sogenannte Schachtelbrut. Durch die Überschneidung der beiden Bruten wird die insektenreiche Jahreszeit optimal ausgenutzt, was die Überlebenschancen der Nachkommenschaft deutlich erhöht. So schließt sich der Kreis und neue Trupps an Wintergoldhähnchen turnen im Fichtenwald umher – und pfeifen denjenigen ein Lied, die sie hören können.

Weil dort Eichhörnchen von Ast zu Ast springen

Das Eichhörnchen rangiert in der Beliebtheitsskala von Groß und Klein ganz oben. Vermutlich wegen seines koboldartigen Aussehens mit den langen Pinselohren, dem buschigen Schwanz und der fuchsroten Farbe. Auch sein Verhalten hat etwas Drolliges: Es macht Männchen und hält die Nuss so geschickt mit seinen fingerartigen Vorderpfoten fest. Wenn das Eichkätzchen dann anfängt, daran zu knabbern, muss man es einfach lieben. Kurz darauf zeigt es seine tollkühnen Kletterkünste. Es flitzt in einer Spirale am Baum hoch und runter und spitzt mal rechts, mal links zu uns herüber. Im nächsten Augenblick springt es von Wipfel zu Wipfel und schwuppdiwupp ist es aus dem Blickfeld verschwunden.

Eichhörnchen sind in fast ganz Europa verbreitet. Sie sind aber auch in weiten Teilen Asiens anzutreffen, wo sie überwiegend in borealen Nadelwäldern leben. In Europa dagegen haben sie in Laub- und Mischwäldern ihr Zuhause. Zu Gesicht bekommt man sie aber häufiger in Gärten und Parks. Dort sind sie meist recht zahm und lassen sich sogar füttern. Mich hat allerdings als Kind mal eines beim Füttern in den Finger gebissen. Ich weiß nicht, ob es ein Versehen war oder ob sich das kleine Fellknäuel eine kleine Fleischzulage mitnehmen wollte. Denn was viele vielleicht nicht wissen: Eichhörnchen sind Allesfresser. Sie knabbern nicht nur an Nüssen und Zapfen, sondern fressen auch Vogeleier und Jungvögel. Beeren, Pilze, Würmer und Insekten ergänzen den Speiseplan. Aber keine Sorge: Menschliche Finger gehören definitiv nicht dazu.

Da fällt mir ein Sprichwort ein: »Der Teufel ist ein Eichhörnchen«, sagt der Volksmund und meint damit, dass man nie gegen unangenehme Überraschungen gefeit ist. Damit wäre die Finger-Geschichte vielleicht auch zu erklären.

Im Herbst versteckt das Eichhörnchen Vorräte für den Winter. Es gräbt Eicheln oder Kastanien in den Boden ein oder klemmt ein paar Bucheckern hinter die Rinde eines Baumes. Viele davon findet es nicht wieder und die im Boden versteckten Samen können dann im Frühjahr auskeimen. Damit spielt das Eichhörnchen wie auch der Eichelhäher eine wichtige Rolle bei der Waldverjüngung. Interessant ist, dass die Eichhörnchen der borealen Nadelwälder dieses Verhalten nicht zeigen. Sie verstecken also keine Wintervorräte, vermutlich weil die Zapfen der Nadelbäume ganzjährig zur Verfügung stehen. »Mühsam ernährt sich das Eichhörnchen«, scheint demnach wohl kein nordisches Sprichwort zu sein.

Eichhörnchen selbst stehen auf dem Speiseplan von Baummarder, Wildkatze, Habicht und Uhu. Besonders der Baummarder stellt dem Eichhörnchen intensiv nach und überrascht es häufig im Schlaf, wenn es sich in seinen Kobel zurückgezogen hat. Der Kobel ist ein kugelförmiges Nest, das innen weich mit Moos und Blättern ausgepolstert ist. Der Kobel besitzt meist zwei Eingänge, wobei sich einer immer an der Unterseite befindet, weil Eichhörnchen stets von unten ins Schlafgemach klettern. Während der Baummarder nachts auf die Jagd geht, ist das Eichhörnchen tagsüber auf den Beinen. Es scheint zwar immer recht hektisch unterwegs zu sein, aber das täuscht: Es hält zur Mittagszeit gerne eine Siesta – zumindest im Sommer. Im Herbst arbeitet es durch, um möglichst viele Vorräte für den Winter zu sammeln.

In kalten Wintern ist das Eichhörnchen nur wenige Stunden aktiv. Während dieser Zeit versucht es sich an seine Verstecke zu erinnern. Die feine Nase spielt beim Wiederfinden der Nahrung eine wichtige Rolle. Wie empfindlich der Geruchssinn ausgebildet ist, zeigt die Tatsache, dass Eichhörnchenmännchen paarungsbereite Weibchen auf eine Distanz von 1,5 Kilometern lokalisieren können.

Welchen Einfluss neu eingeführte Tierarten auf alteingesessene ausüben können, zeigt sich in England. 1889 wurden auf der Insel 350 nordamerikanische Grauhörnchen ausgesetzt. Seitdem verdrängen die größeren und kräftigeren Nager das rote Europäische Eichhörnchen aus dem Flachland und überlassen ihm nur noch die Nadelwälder in den kühleren Bergregionen. Auch in Italien und der Schweiz hat der Verdrängungswettbewerb bereits begonnen.

Über die Bestandssituation der Eichhörnchen in Deutschland weiß man relativ wenig. Fest steht zumindest, dass es bis in die 1960er-Jahre deutlich mehr Eichhörnchen in unseren Wäldern gab. Auch ist bekannt, dass die Population abhängig vom Nahrungsangebot starken Schwankungen unterliegt. Eichhörnchen erreichen normalerweise ein Alter von drei, in seltenen Fällen von bis zu sieben Jahren. Neben dem Nahrungsangebot hängt die Lebensdauer des Eichhörnchens aber auch von der Menge der Fressfeinde ab. So werden positive Bestandstrends in Süddeutschland auf hohe Fuchszahlen zurückgeführt, weil diese die Marder zum Vorteil der Eichhörnchen reduzieren.[67]

Weil es aus ihm »Kuckuck« ruft

Ich glaube, bei keinem einheimischen Vogel geht die Schere zwischen »Kennen« und »Schon-mal-in-echt-gesehen« so weit auseinander. Der Kuckuck ist ein sehr scheuer Vogel, der gerne Abstand zum Menschen hält. Oft wird er auch gar nicht als solcher erkannt. Mit seiner gesperberten Brust ähnelt er dem gleichnamigen Vogel nicht nur in Zeichnung und Größe, auch der lange Schwanz und der flache Flügelschlag ähneln dem Raubvogel. Deshalb glaubten die Menschen früher auch, dass sich der Kuckuck im Spätsommer in einen Sperber verwandelt – nur so konnte man sich zu damaliger Zeit erklären, warum der Zugvogel plötzlich verschwunden war. Heute wissen wir, dass der Langstreckenzieher den Winter im warmen Afrika verbringt, wo er auch zur hiesigen Winterszeit ausreichend Insektennahrung findet.

Die Bekanntheit des Kuckucks liegt in seinem Gesang begründet. *Kuckuck, Kuckuck ruft's aus dem Wald* heißt das bekannte Kinderlied. Wer da im Frühling seinen Namen aus dem Wald ruft, sind die Kuckucksmännchen. Nach ihrer Rückkehr aus dem Süden suchen sie sich ein Revier, das sie stimmlich markieren. Dabei können die Singwarten bisweilen mehrere Kilometer auseinanderliegen. Wer die kleine Terz des Kuckucksrufes das ganze Jahr über stündlich hören möchte, kann sich auch den süddeutschen Exportschlager in die

Wohnstube hängen – die Schwarzwälder Kuckucksuhr, stilecht mit Tannenzapfen als Gewichten.

Ansonsten ist der Ruf des Kuckucks nicht so gut, denn er ist ein Brutschmarotzer und legt seine Eier in fremde Nester. Dabei geht das Weibchen besonders raffiniert vor: Es späht die Wirtsvögel aus und beobachtet ganz genau, wohin diese fliegen, um so das Nest zu lokalisieren. Sind ihr die Koordinaten bekannt, sitzt das Kuckucksweibchen zwischen 30 und 150 Minuten regungslos auf einem Ast, um den geeigneten Augenblick der Eiablage abzuwarten. Dann fliegt es zum Nest und platziert in Sekundenschnelle ein Ei hinein. Dieser Vorgang wiederholt sich pro Saison bei neun bis zwölf, manchmal auch bei bis zu 25 Nestern.

Dabei ist der richtige Zeitpunkt entscheidend: Das Kuckucksei darf nicht das erste Ei im Nest sein, sonst erkennt der Wirtsvogel den Betrug, weil er selbst ja noch gar nicht mit der Eiablage begonnen hatte. Das letzte Ei ist aber auch nicht ideal, denn der junge Kuckuck sollte möglichst vor den Stiefgeschwistern schlüpfen. Denn bekanntermaßen wirft der rabiate Schreihals alle anderen Nestbewohner aus der Etagenwohnung – dabei tut er sich mit Eiern sehr viel leichter als mit widerwilligen Nesthockern. Dazu hat der Kuckuck extra eine Mulde auf dem Rücken, in die er die unliebsame Fracht auflädt, um sie dann am Nestrand wie ein Muldenkipper in den Abgrund zu befördern. Das funktioniert natürlich nur in Offen- oder Halbhöhlennestern, deshalb gehören Höhlenbrüter nicht zu den Wirtsvögeln. In Europa sind über 100 Vogelarten als Wirte bekannt, wovon etwa 30 als Hauptwirte bevorzugt werden, wie zum Beispiel Bachstelzen, Grasmücken, Teichrohrsänger, Rotkehlchen sowie Garten- und Hausrotschwänze.

Erstaunlicherweise bleibt ein Kuckucksweibchen immer bei der gleichen Wirtsart, auf die es schon im frühen Nestlingsalter geprägt wird. Es passt seine Eier in Größe, Färbung und Musterung optimal an diese an. Denn würde das Ei abweichen, könnte die List auffallen und das Fremdei würde möglicherweise von den Stiefeltern in spe wieder aus dem Nest geworfen.

Ist der junge Kuckuck geschlüpft, sperrt er seinen großen, orangefarbenen Schnabel weit auf, ständig um Nahrung bettelnd. Der unfreiwillige Vormund muss bis zur Leistungsgrenze gehen, um den Vielfraß satt zu bekommen. Seltsamerweise kommt den Stiefeltern nie ein Verdacht, selbst wenn ihr properer Kleiner plötzlich doppelt so groß ist wie sie selbst – ist halt ein Einzelkind …

So ein eigennütziger Lebenswandel bleibt nicht ohne Folgen im alltäglichen Sprachgebrauch. Wenn man »jemandem ein Kuckucksei ins Nest legt«, hat man ihm ein zweifelhaftes Geschenk gemacht. Ein »Kuckucksei« nennt man auch das Kind eines anderen Vaters, das mit großgezogen werden muss. Und wenn etwas gepfändet wird, wird der Kuckuck draufgeklebt. Damit war übrigens verächtlich der Hoheitsadler auf der Siegelmarke des Gerichtsvollziehers gemeint.

Weil der Kuckuck ein Brutparasit ist, seine Eier in fremde Nester legt und sein Nachwuchs von fremden Eltern großziehen lässt, galt er als teuflisch, herzlos und böse. Deshalb verwendet man seit dem 16. Jahrhundert den Kuckuck als Ersatzwort für den Teufel, aus Furcht, diesen bei namentlicher Nennung ungewollt herbeizurufen. Hier einige Beispiele: »Scher dich zum Kuckuck!«, »Zum Kuckuck noch mal!«, »Weiß der Kuckuck«, »Der Kuckuck ist los!«, »Hol's der Kuckuck!«

Wenn wir schon beim Teufel sind, ist weiteres Unheil nicht weit: Wenn es heißt »Der oder die hört den Kuckuck nicht mehr rufen«, bedeutet das, dass die betreffende Person das nächste Frühjahr nicht mehr erleben wird. Außerdem wurden dem Kuckuck wahrsagerische Kräfte nachgesagt: So soll er auf die Frage »Kuckuck, Kuckuck, sag mir doch, wie viel' Jahre leb' ich noch?« mit der entsprechenden Anzahl an Kuckucksrufen antworten. Sogar ein altes deutsches Kinderlied nimmt hierzu Bezug: »Lieber Kuckuck, sag mir an, wie viel Jahr' ich werden kann.«

Aber der Kuckuck hat auch seine guten Seiten: Bis heute hat sich der Glaube erhalten, dass es Geldsegen bringt, wenn man während des Kuckucksrufs auf sein Portemonnaie klopft. Der Kuckuck galt für viele Menschen auch als Zeichen des Glücks. Man sagte: Der Kuckuck ist Überbringer und Fortbringer des Glücks. Am Morgen Sorgenkuckuck, am Mittag Trauerkuckuck, am Abend Glückskuckuck.[68]

Seine Lebensweise als Brutparasit macht den Vogel des Jahres 2008 stark abhängig von seinen Wirtsvögeln. Wird diesen der Lebensraum entzogen, zum Beispiel durch die Ausräumung der Agrarlandschaft, betrifft das auch indirekt den Kuckucksbestand. Direkt macht dem Kuckuck der Rückgang seiner Nahrungsgrundlage durch den Einsatz von Pestiziden zu schaffen. Als reiner Insektenfresser braucht er Großinsekten wie Schmetterlinge und Maikäfer. Besonders nützlich ist der Kuckuck, weil er selbst stark behaarte Raupen verspeist, die von den meisten anderen Vogelarten verschmäht werden. So kann der Kuckuck sogar die mit Brennhaaren bewehrten Raupen des Eichenprozessionsspinners vertilgen, die aufgrund der Klimaerwärmung seit den letzten Jahren zur Geißel für Wald und Mensch wurden. Der Kuckuck löst das haarige Problem auf seine Weise: Er stellt die Mülltüte einfach vor die Tür, indem er die Magenschleimhaut mit den darin festsitzenden Haaren herauswürgt.

Der Klimawandel ist ein weiterer Gefährdungsfaktor für den Kuckuck, denn er benötigt ein genaues »Timing« mit den Wirtsvögeln. Wenn der Kuckuck im Brutrevier eintrifft, dürfen die potenziellen Stiefeltern in ihrem Brutgeschäft erst so weit fortgeschritten sein, dass der Eiertrick noch funktioniert. Die Klimaerwärmung führt nun jedoch dazu, dass Insektennahrung früher zur Verfügung steht und Standvögel und Kurzstreckenzieher infolgedessen zeitiger mit der Brut beginnen. Der Kuckuck behält aber seine Zugzeiten bei, da er sich als Langstreckenzieher vor allem an der Tageslänge orientiert. Damit schlägt die gewohnte Synchronisation fehl und er findet nur schwer Nester, die am Anfang der Brut stehen. Das ist für die Aufzucht der Kuckuckskinder aber notwendig. Der junge Kuckuck muss möglichst als Erster schlüpfen, um die Eier seiner Gastfamilie aus dem Nest werfen zu können.

Kommt der Kuckuck zu spät aus Afrika, hat er aber noch einen Notfallplan parat: Er wirft einfach alle Eier bzw. schon geschlüpften Vögelchen aus dem Nest des Wirtes und hofft auf ein Nachgelege.

Weil dort der Habicht durch die Bäume fegt

Wie aus dem Nichts fegt knapp über meinem Kopf ein Schatten durch die eng stehenden Bäume und ich ducke mich reflexartig. Es war ein Habicht auf seinem Jagdflug, und gehörte ich zu seinem Beutespektrum, hätte er mich völlig überrumpelt. So eine Begegnung ist selten, denn Habichte sind versteckt lebende Waldvögel. Das Habichtweib ist so groß wie ein Mäusebussard, das Männchen – der Terzel – deutlich kleiner. Bezüglich der Jagdstrategie hat der Habicht mit dem Bussard jedoch wenig gemeinsam. Während der Mäusebussard mit seinen großen Flügeln und dem breit gefächerten Schwanz gerne stundenlang über dem offenen Feld seine Kreise zieht, ist der Habicht ein wendiger Kurzstreckenjäger. Die Kombination aus kurzen, breiten Flügeln und dem langen Stoß verleiht ihm eine enorme Wendigkeit, die er für seinen schnellen Flug durch die Bäume auch benötigt.

Bei der Jagd geht der Habicht sehr raffiniert vor: Zunächst sitzt er auf einem Ast und wartet, bis er mit seinem scharfen Blick ein Opfer erspäht. Jetzt fliegt er aber nicht einfach kerzengerade auf das Ziel zu – zu einfach könnte er als herannahende Gefahr erkannt werden. Der Habicht schwingt sich stattdessen herab bis knapp über den Waldboden. Dort beschleunigt er mit kräftigen Flügelschlägen im Wechsel mit längeren Gleitflugphasen. Dabei nutzt er jede natürliche Deckung, durch die er sich unbemerkt dem Opfer nähern kann. Das kann dann aussehen wie ein fliegender Hürdenläufer, der sich nach jedem Busch sofort wieder auf Tiefflug herabfallen lässt. Wie aus dem Nichts überrascht er schließlich seine Beute. Das kann zum Beispiel eine Drossel oder eine Taube sein. Das kräftige Weib kann selbst bis zu zwei Kilogramm schwer werden und damit auch locker ein Kaninchen oder einen halbwüchsigen Hasen schlagen. Manchmal fliegt der Habicht aber auch nur im »Suchflugmodus« durch den Wald, um blitzartig zu reagieren, wenn sich eine Chance bietet.

Mit seinem Appetit auf größeres Getier machte sich der Habicht recht schnell unbeliebt, besonders bei der Landbevölkerung: Denn am Ortsrand stahl er sich – wie der Fuchs – gerne die freilaufenden Hühner. Er bekam deshalb auch den Beinamen »Hühnerhabicht« und wurde gnadenlos verfolgt. Um den Habicht von Haus und Hof fernzuhalten, kamen auch abergläubische Praktiken zum Einsatz, die regional unterschiedlich waren. Wer in einer oberpfälzischen Gemeinde wohnte, schützte sein Geflügel vor Angriffen, indem er drei herausgerissene Habichtsfedern in eine andere Gemeinde brachte. Wenn die Einwohner der Nachbargemeinde es nun genauso machten, was dann? Die Westfalen dagegen hielten den Habicht fern, indem sie einen blanken Kessel neben das junge Federvieh stellten.

Für die Osterfeiertage gab es ganz spezielle Rituale. Fast schon artistisch mutet ein Brauch für Karfreitag an: Um die Hühner vor dem Habicht zu schützen, mussten sie durch einen hölzernen Reifen steigen. Am Osterfest selbst wurde es schon aufwendiger: Von allen aufgetischten Speisen musste etwas rund um den Hof gestreut werden und dazu war folgender Spruch aufzusagen:

Habicht, Habicht,
hier gebe ich dir ein Osterlamm,
friss mir keine Hühner auf.

Hoffentlich kannten die Nachbarn den Brauch auch, sonst kam es an der Grundstücksgrenze möglicherweise zu Missverständnissen. Und natürlich der Klassiker zum Schutz vor Hexen: einen erjagten Habicht an der Stalltür aufhängen. Der schützte dann neben bösem Zauber auch gleich vor anderen Greifvögeln.[69]

Die Waidmänner sind ebenfalls keine Freunde des Habichts. Denn er macht auch vor dem Niederwild nicht halt, jagt also neben Amseln und Drosseln auch Fasane, Rebhühner und Hasen. Früher stand das Konkurrenzdenken im Vordergrund, heute eher die Sorge um die stark abgesunkenen Niederwildbesätze. Vielerorts denken die Jäger gar nicht mehr an die Bejagung dieser Feldbewohner, sondern setzen sich für Maßnahmen zur Lebensraumverbesserung ein.

Andererseits nutzen Falkner die Fähigkeiten des Habichts und verwenden die wendigen Greifvögel für die Beizjagd, unter anderem auf

Krähen und Kaninchen. Die strenge Bejagung des Habichts führte zu einem starken Rückgang der Populationen, in Großbritannien war der Habicht zwischen 1951 und 1965 sogar ausgerottet. Erst nach Unterschutzstellung dieser Vogelart ab Anfang der 1970er-Jahre stiegen in Deutschland und in vielen Teilen Europas die Bestände wieder an.

Der Habicht gehört zu den Grifftötern. Er greift die Beute mit seinen Füßen, den sogenannten Fängen, und drückt die sehr kräftigen Zehen zusammen. Er bohrt dabei seine Krallen in die Beute, bis sie sich nicht mehr bewegt. Davon unterscheiden sich die Bisstöter, zu denen die Falken gehören, die ihre Beute zwar auch mit den Füßen festhalten, dann aber mit einem Genickbiss töten.

Ihr hungriger Nachwuchs wartet in einem großen Horst, den das monogam lebende Habichtspaar auf einem Baum errichtet, der mindestens 60 Jahre alt ist. Dieser Horst wird dann oft über Jahre benutzt – manchmal auch im Wechsel mit anderen Nestern im Brutrevier. Die meist zwei bis vier Eier werden 37–39 Tage bebrütet, nach weiteren 40–45 Tagen sind die Jungvögel flügge. Und bereits drei bis sechs Wochen nach dem Ausfliegen verlassen die »Rothabichte« das elterliche Revier. Sie werden als Rothabichte bezeichnet, weil sie auf der Unterseite noch nicht die typisch quergebänderte, »gesperberte« Zeichnung ihrer Eltern besitzen. Bis zur ersten Mauser sind sie an einer Längszeichnung zu erkennen, die aussieht wie rotbraune Tropfen.

Die Rothabichte suchen sich ein eigenes Revier in der Regel nicht weiter entfernt als 30 Kilometer vom Elternhaus – ich meine Elternhorst. Das neue Zuhause muss nicht unbedingt ein großes Waldgebiet sein. Pflicht ist nur der mindestens 60 Jahre alte Baum für den Horstbau. Darauf haben sich die Habichte eingeschworen, jüngere Bäume sind ein No-Go. Das zukünftige Revier könnte also auch ein älteres Feldgehölz sein. Dummerweise sind diese Feldgehölze aber gleichzeitig wichtige Rückzugsgebiete für das gebeutelte Niederwild – wenn im Herbst alle Ackerflächen blank sind, müssen die Feldbewohner ja irgendwohin. Ein Aufeinandertreffen der Parteien auf diesem engen Raum ist also nicht von Vorteil. Vielleicht findet der junge Rothabicht doch ein schönes Waldrevier.

Weil ich Tauben dort lieber sehe
als in der Stadt

Für altgediente Hippies sind Tauben ein Friedenssymbol, für Großstädter die »Ratten der Lüfte«. In den Metropolen dieser Welt sind
auf den meisten Gebäuden und Denkmälern Drahtstifte angebracht,
um die Bausubstanz vor dem aggressiven Kot der weltweit geschätzt
500 Millionen Stadttauben zu schützen.[70] Scharen dieser Vögel hum-
peln über den Bahnhofsplatz und picken dort Fast-Food-Abfälle und
sonstige Nahrungsreste zusammen. Ich frage mich, warum so viele
dieser Tauben verstümmelte Füße haben? Fügen sie sich diese Verletzungen gegenseitig zu? Denn von Friedenstaube kann keine Rede
sein: Tauben sind untereinander höchst aggressiv und angriffslustig.

Vielleicht ist aber auch das Stadtleben per se gefährlich – die Nachfahren der Felsentaube haben jedoch keine andere Wahl: Die Straßen-
schluchten und Betonklötze ersetzen ihre ursprünglichen Brutplätze
in den Felsen des Mittelmeerraums. Ein Ausweichen in den grünen
Speckgürtel der Stadt kommt für die Stadttaube zum Nestbau also
nicht infrage. Dort fand stattdessen nach dem Krieg die Türkentaube
ihr Zuhause. Vor über 100 Jahren breitete sich diese Art von der Tür-
kei ausgehend Richtung Nordwesteuropa aus. Die Nähe zum Menschen stört sie nicht und deshalb begegnen wir ihr relativ häufig.

In Wald und Flur vollführt der Ringeltauber im Frühjahr seine akrobatischen Balzflüge. Mit klatschenden Flügelschlägen steigt er 20 bis
30 Meter steil nach oben auf, um anschließend wie ein Segelflieger
wieder abwärts zu gleiten. Beim Nestbau geben sich die Tauben dagegen wieder weniger Mühe. Die dünne Plattform mit einer einfachen
Mulde in der Mitte wird bisweilen in nur zwei Tagen zusammenge-
zimmert, sodass sogar die beiden Eier nach unten durchscheinen.
Wenn die Eier schon so auf dem Präsentierteller liegen, muss zumindest das Umfeld vor gierigen Blicken schützen: Deshalb suchen sich
die Tauben für ihr Nest gerne einen Nadelbaum aus, der bereits im
zeitigen Frühjahr guten Sichtschutz bietet.

Während die Ringeltaube auch in Parks, Friedhöfen und großen Gärten lebt, ist die Hohltaube ein klassischer Waldvogel. Sie baut ihr Nest nicht auf einem Ast, sondern brütet in alten Höhlen des Schwarzspechts und ist deshalb eng an dessen Vorkommen gebunden. Was die Balz betrifft, liebt es die Hohltaube etwas bodenständiger. Das Männchen verbeugt sich mehrmals vor der Auserwählten, schnäbelt dann mit ihr und krault ihr das Gefieder. Das Hohltauben-Männchen zieht also ein gediegenes Tischfeuerwerk dem Raketenstart des Ringeltaubers vor.

In einem warmen, lichten Waldbestand hat man vielleicht das Glück, ein Pärchen Turteltauben zu entdecken. Weil sich die sonst geselligen Vögel zur Paarungszeit in trauter Zweisamkeit zurückziehen, gelten sie als Liebes- und Glückssymbol. Umgangssprachlich nennt man zwei frisch verliebte Menschen deshalb auch »Turteltäubchen«. In Deutschland ist der Bestand an Turteltauben in den letzten zwölf Jahren um über 40 % zurückgegangen.[71] Ob deshalb auch die Kinderzahl in Deutschland rückläufig ist, sei dahingestellt. Die Südländer nehmen auf unsere Geburtenentwicklung jedenfalls keine Rücksicht: Als Zugvogel fällt die Turteltaube in großen Mengen der Vogeljagd in Italien, Spanien und Malta zum Opfer. Seit 2015 steht sie auf der Roten Liste vom Aussterben bedrohter Vogelarten.

Bedauerlicherweise schenken wir unseren heimischen Tauben im Allgemeinen recht wenig Beachtung. Zu sehr haben wir uns an ihre Gegenwart gewöhnt. Dabei besitzen sie einige Besonderheiten: Über den bei norddeutschen Schluckspechten geläufigen Trinkspruch »Nicht lang schnacken, Kopp in Nacken« können Tauben nur müde gurren. Sie sind in der Lage, Wasser anzusaugen, und müssen den Kopf nicht wie andere Vögel in den Nacken legen, damit das Lebenselixier der Schwerkraft folgend in den Magen läuft.

Eine weitere Besonderheit ist die Kropfmilch. Das ist ein eiweiß- und fettreiches Sekret, mit dem die Küken in den ersten Lebenstagen gefüttert werden. Diese frischkäseartige Masse wird im Kropf der Altvögel gebildet und zur Fütterung hochgewürgt, sobald die Jungtiere ihren Schnabel in den Rachen der Eltern stecken. Andere – auch sonst vegetarisch lebende – Vogelarten müssen den Eiweißbedarf ihrer Jungen mit Insektennahrung stillen. Deshalb sind sie jahreszeitlich an das Vorkommen von Larven, Käfern und Spinnen gebunden. Wenn sie überhaupt noch eine ausreichende Menge finden, denn eine aktuelle Studie zeigt eine erschreckende Tendenz auf: In den letzten 27 Jahren ging die Anzahl an Insekten um 75 % zurück.[72] Erinnern Sie sich damals an Autofahrten im Sommer, als die Windschutzscheibe übersät war von zerdrückten Käfern und Fliegen? Heute bleibt die Scheibe fast sauber. Das ist zwar praktisch, aber ein deutliches Indiz für das dramatische Insektensterben.

Mit ihrer Kropfmilch haben Tauben einen Wettbewerbsvorteil: Sie benötigen nur Samen, Früchte und Beeren – und sind damit unabhängig von Insekten. Allerdings nur indirekt: Denn damit eine Pflanze Samen produzieren kann, muss sie vorher bestäubt werden – und das geschieht bei vielen Pflanzen wiederum über Insekten.

Den Stadttauben ist das egal. Sie finden in Getreidelagern, Häfen und anderen Umschlagplätzen genug zu futtern. Das Insektenleben spielt in den Betonwüsten sowieso eine untergeordnete Rolle – glaubt man Loriot, ist zwischen Stein und Ziegel allenfalls die possierliche Steinlaus zu finden.

54. GRUND

Weil dort der Schnepfenstrich ist

Der Schnepfenstrich hat nichts mit leichten Mädchen und gekaufter Liebe zu tun. Dieser Begriff aus der Jägersprache bezeichnet den Balzflug der männlichen Waldschnepfe. In den Monaten März/April und vor der zweiten Brut im Juni/Juli fliegen die Hähne in den Morgen- und Abendstunden auf traditionellen Routen durch ihr Brutrevier. Sie suchen dort keine Bordsteinschwalben, sondern ihre weiblichen Artgenossen zwecks Fortpflanzung. Diese sitzen am Boden, locken mit Rufen und flattern hastig auf, wenn die pfeilschnellen Männchen vorbeiflitzen. Mit der erdbraun gebänderten Tarnfärbung ihres Gefieders ist das auch notwendig, denn die Waldschnepfe ist so gut wie nicht zu erkennen, wenn sie auf dem Waldboden sitzt. Ihre Konturen gehen nahtlos in das sie umgebende Falllaub über. Nur die schwarz glänzenden Knopfaugen verraten bei genauem Hinschauen ihre Anwesenheit.

Die Männchen rufen während des Balzfluges ein tiefes »quorr«, das an das Quaken eine Frosches erinnert, meist dreimal hintereinander – dann wird die Strophe mit einem hohen »puitz« beendet. Dadurch verraten sie ihr Herannahen schon auf weite Entfernung. Das haben sich die Jäger früher zunutze gemacht: Bis 1977 wurde die Waldschnepfe auf dem Schnepfenstrich bejagt, dann wurde die Frühjahrsjagd verboten und die Jagdzeit beschränkt sich seitdem auf den Herbst. Dabei hatte die Jagd auf dem Schnepfenstrich eine lange Tradition. Ein über 170 Jahre altes volkstümliches Gedicht überliefert den zeitlichen Ablauf der Bejagung anhand der Fastensonntage. Der Merkvers beginnt mit der Vorbereitung der Jagdausrüstung über das erste Eintreffen dieser Zugvögel aus ihren Überwinterungsgebieten bis hin zum Beginn der Brutzeit und dem damit verbundenen Ende der Jagd (Hahn in Ruh):

- *Invocavit – nimm den Hund mit,*
- *Reminiscere – putzt die Gewehre,*
- *Oculi – da kommen sie,*
- *Laetare – das ist das Wahre,*
- *Judica – sie sind auch noch da,*
- *Palmarum – tralarum,*
- *Osterzeit – wenige Beut,*
- *Quasimodogeniti – Hahn in Ruh, nun brüten sie.*

Carl Emil Diezel war ein deutscher Forstmann, Jäger, Philosoph, Musiker und Schriftsteller. Sein Wirken und vor allem sein 1849 erschienenes Standardwerk *Erfahrungen auf dem Gebiete der Niederjagd* prägen das deutsche Waidwerk bis heute. In der mir vorliegenden 8. Auflage aus dem Jahre 1898 beschreibt Diezel die Jagd auf dem Schnepfenstrich folgendermaßen: »... der Abend-Anstand ist die beliebteste Art, weil sie wenig Zeit kostet, denn man geht erst abends spät nach Beendigung aller andern Geschäfte hinaus, weil man ferner dabei alle Reize des wiederkehrenden Frühlings, besonders den Gesang der neubelebten Vögel, genießt, und endlich wohl auch, weil auf dem Striche die Schnepfen am leichtesten zu treffen sind, besonders an warmen, regnerischen Abenden, wo sie gewöhnlich – selbst paarweise kommende thun es nicht selten – auffallend langsam und laut quarrend hin und her ziehen.«[73]

Als jagdliche Trophäe sind besonders die Malerfeder und der Schnepfenbart beliebt. Die Malerfeder ist die erste, nur 3 cm lange Feder an der Handschwinge der Schnepfe. Diese sehr harte und spitze Feder hat schon Albrecht Dürer benutzt, um sehr feine Pinselstriche auf seinen Bildern anzubringen. Der Schnepfenbart ist ein ca. 1,5 cm großes Federbüschel, das sich auf der Bürzeldrüse befindet. Getrocknet sieht der Schnepfenbart aus wie ein kleiner gefasster Gamsbart.

Dann gibt es noch eine »kulinarische« Spezialität, den sogenannten Schnepfendreck. Dabei handelt es sich um ein heute weitgehend vergessenes Gericht aus den Eingeweiden einer Schnepfe mitsamt Inhalt – daher auch der Name.

Daneben besitzt dieser Watvogel noch weitere Besonderheiten. Sein langer Schnabel ist sehr empfindlich und er kann damit Beutetiere ertasten. Besonders hilfreich ist die Möglichkeit, den ansonsten geschlossenen Schnabel nur im unteren Bereich wie eine Pinzette zu öffnen. Die Waldschnepfe rammt also den Stecher – wie der Schnabel auch genannt wird – bis zu 7 cm tief in den Boden und greift mit der »Pinzette« Beute wie Maden, Insekten und Larven. Mithilfe der Zunge schluckt sie kleinere Tierchen direkt herunter, ohne den Schnabel aus dem Boden ziehen zu müssen. Das spart Zeit. Die Leibspeise der Waldschnepfe sind jedoch Regenwürmer – diese zieht sie vorsichtig aus dem Boden, sehr darauf bedacht, dass die elastische Leckerei nicht abreißt.

Um beim eifrigen Herumstochern nicht die Gesamtsituation aus dem Blick zu verlieren, sind die Augen weiter hinten und höher am Kopf positioniert. Diese spezielle Lage ermöglicht einen guten Blick nach oben und einen horizontalen Panoramablick von nahezu 360°. Weil die Schnepfe ihren Schnabel im Flug nach unten hält, wird sie übrigens auch als »der Vogel mit dem langen Gesicht« bezeichnet.

Bei der optimalen Waldboden-Tarnung liegt es nahe, dass auch dort das Nest gebaut wird. In eine mit Laub und Moos ausgelegte Bodenkuhle legt die Waldschnepfe meist vier Eier und bebrütet diese etwa 20 Tage. Die Kleinen sind Nestflüchter und müssen sich ihre Würmer und Asseln von Anfang an selbst suchen. Das Männchen hält sich völlig raus und kümmert sich weder um Gelege noch um Aufzucht. Völlig auf sich allein gestellt, hat die Schnepfenmutter aber eine raffinierte Strategie entwickelt: Sie klemmt sich bei Gefahr die Jungen zwischen Bauch und Beine und fliegt mit ihnen einfach davon – da staunt manch hungriger Rotrock und gefräßiger Schwarzkittel nicht schlecht. Von dummer Schnepfe kann also keine Rede sein.

6. KAPITEL

ATEMPAUSE FÜR KÖRPER UND SEELE

Weil er ein Stimmungsmacher ist

Ein Stimmungsmacher, was soll denn das bedeuten? Da denkt man ja erst mal ans Oktoberfest oder an den Animateur auf Mallorca. Ist Ihnen schon einmal aufgefallen, dass Ihre Stimmung bei einem Waldspaziergang ganz unterschiedlich ausfallen kann? Führt Sie Ihr Spaziergang in einen alten Buchenwald, dessen Kronen sich wie ein schützendes grünes Dach über Ihnen ausbreiten, verspüren Sie ein Gefühl der Geborgenheit. Die Buchen lassen kaum Licht auf den Boden, was dazu führt, dass sich der Nachwuchs zunächst in Geduld üben muss. Das Ergebnis ist ein Wald, in den man Hunderte von Metern hineinsehen kann. Ein Ort voller Freiheit, ein Ort zum Durchatmen. Eine Kathedrale mitten in der Natur. Für die meisten Menschen dürften diese Buchen-Hallenwälder das ästhetische Ideal eines Waldes darstellen.

Gelangen wir aber in einen dunklen, nebelverhangenen Fichten- oder Tannenwald, schleicht ein Gefühl der Beklommenheit in uns auf. Unwillkürlich müssen wir an Märchen wie Hänsel und Gretel und den bösen Wolf denken. Der böse Wolf – ja da war doch was in den Nachrichten. Soll der nicht zurückkommen oder ist er vielleicht schon da? Nach Auskunft des Naturschutzbundes Deutschland (NABU) lebten im Jahr 2016 schon wieder rund 250 Wölfe in Deutschland. Was bedeutet es für uns, wenn Wölfe wieder heimisch werden, nachdem sie vor über 150 Jahren bei uns ausgerottet wurden? Es gibt schon Fälle, in denen Wölfe sich Spaziergängern ohne Scheu genähert haben oder diesen sogar gefolgt sind. Durch die totale Unterschutzstellung des Wolfes erkennt dieser den Menschen nicht mehr als Gefahr. Das führt zur Unterschreitung von Toleranzgrenzen und es gab auch schon Angriffe auf Hunde von Erholungssuchenden.

Aber ist es nicht komisch, wenn wir dieses Gefühl der Beklommenheit mit einem bestimmten Waldbild verbinden, wo doch Wölfe schon vor vielen Generationen ausgerottet wurden? Ist da vielleicht irgendetwas in unseren Genen verankert? Der dunkle Tann und der böse Wolf? So weit würde ich nicht gehen, aber auch Wildtiere bevorzugen Stellen, an denen sie weit sehen und ihre Feinde frühzeitig erkennen können. Also scheinen offene Wälder unserem Gemüt wohl eher zu liegen.

Diese unterschiedliche Ausprägung von Wäldern wird als Waldbild bezeichnet. Ob wir wollen oder nicht, irgendeine Stimmung haben wir immer: Stress im Büro, private Probleme oder glückliche Momente und den Eindruck, dass gerade alles super läuft. Haben Sie gewusst, dass wir uns unbewusst das passende Waldbild zu unserer Stimmung heraussuchen? Sind wir fröhlich, bevorzugen wir eine helle, offene Umgebung, die das widerspiegelt. Sind wir schwermütig, zieht es uns in eine dunkle, bedrückende Gegend. Es hilft bei der Bewältigung von Problemen, sich intensiv damit auseinanderzusetzen. Von einem Wolf verfolgt zu werden ist der Bewältigung aber sicher nicht sonderlich förderlich.

Aber der Wald macht nicht nur über das Auge Stimmung. Auch andere Sinne tragen ihren Teil dazu bei. Denken Sie an den Geruch. Dieser herrliche Duft nach einigen Tagen Regen! Dieser olfaktorische Cocktail aus Moos, Humus und Harz. Ich möchte wetten, Sie sind auch schon einmal einige Schritte auf dem Waldweg zurückgegangen, um noch einmal ins Epizentrum der ätherischen Duftwolke einzutauchen und tief Luft zu holen. Wer seiner Nase folgt, findet sich dann häufig in einer Senke wieder, wo sich die kalte, mit kleinsten Nebeltropfen verwobene Luft in konzentrierter Form sammelt. Wie kann Luft nur so herrlich duften und gleichzeitig so rein sein?

Ein Stimmungsmacher par excellence ist das Gehör. Ich glaube, es gibt keinen anderen Ort auf der Welt, wo dem Gesang eines kleinen Zaunkönigs eine derart große Bühne geboten wird. So gewaltig und doch voller Stille. Wo gibt es denn sonst noch Orte ohne störende Zivilisationsgeräusche: ohne Autolärm, ohne Handyklingeln, ohne Menschenstimmen? Die Tageszeiten verändern dabei ganz maßgeblich die Kulisse der Waldbühne.

Als Jäger weiß ich, wie es sich morgens, abends und besonders nachts im Wald anfühlt. Die wenigsten kennen den Wald bei Nacht. Zu keiner Tageszeit spürt man mehr, dass man im Wald nur als Besucher geduldet ist und die Besuchszeit mit Sonnenuntergang endet. Spätestens der Ruf des Waldkauzes macht jedem klar: Okay, eigentlich sollte ich jetzt nicht mehr hier sein. Wenn ein Geräusch eine morbide Stimmung hervorrufen kann, dann der Ruf des Waldkauzes in einem totenstillen Wald. Vermutlich dicht gefolgt vom Heulen eines Wolfes.

In völlig stiller Nacht geht das lang gezogene, heulende »Huhhuhuhu-huuuh« des Eulen-Männchens durch Mark und Bein, es klingt wie aus Gruselfilmen im Fernsehen. Jedoch in Dolby-Surround und getreu dem Werbespruch »Mittendrin, statt nur dabei«. Das Weibchen antwortet übrigens mit »Kuwitt«, was früher als »komm mit« gedeutet wurde und angeblich den baldigen Tod eines nahestehenden Menschen prophezeite.

Man sieht also, was Stimmung angeht, ist der Wald nun wirklich nicht zu schlagen.

56. GRUND

Weil er den Sauerstoff zum Atmen produziert

Dass Pflanzen Sauerstoff produzieren, ist jedem spätestens seit der Schulzeit bekannt. Ich weiß nicht mehr genau, in welcher Klasse die Fotosynthese auf dem Lehrplan stand – es muss die 7. oder 8. Klasse gewesen sein –, aber es war definitiv im Biologieunterricht. Biologie war mein Lieblingsfach. Kein Wunder, ich wollte ja schon im Kindergarten Förster werden.

Obwohl das nun schon rund 30 Jahre zurückliegt, kann ich mich noch genau an ein Referat erinnern, das ich über den Kreislauf der Pflanzen hielt – die Assimilation und die Dissimilation, in anderen Worten die Fotosynthese und die Atmung. Ich weiß nicht, ob es Ihnen auch so geht, aber ich kann mich so weit in der Vergangenheit meist nur an ganz schlimme und an ganz tolle Ereignisse erinnern. Das Referat zählte zu den Glücksmomenten, weil ich zum ersten (und letzten) Mal in der Schulzeit eine 1+ erhielt. Ich muss meinem Lehrer dankbar sein: Möglicherweise hat er mit dieser Benotung meinen

Wunsch besiegelt, Forstwissenschaft zu studieren. Damals hätte ich allerdings noch nicht gedacht, dass die Vorgänge in Pflanzen weit komplexer sind, als es pubertierenden Jugendlichen zwischen Hausaufgaben abschreiben und Pausenklingeln vermittelt werden kann.

An der forstlichen Fakultät der Albert-Ludwigs-Universität in Freiburg ging es richtig in die Tiefe. Und damit meine ich richtig tief. Es wurden baumphysiologische Versuchsreihen im Wald erstellt und Pflanzenzellen mit dem Mikroskop untersucht. Was im Referat zu einer 1+ ausreichte, hätte in seiner Einfachheit hier vermutlich schon niemand mehr verstanden. Bei unserem Professor Rennenberg jagte eine chemische Formel die nächste – dieser Mann war eine Koryphäe, fast schon eine Konifere.

Aber man muss das alles nicht wissen oder gelernt haben, um zu spüren, dass Waldluft etwas Besonderes ist. Man kann die gute Luft förmlich riechen. Aber was ist gute Luft? Ich verstehe darunter nicht den Wunderbaum am Rückspiegel – nein, um eine gute Luft zu sein, reicht es nicht, nur gut zu riechen. Um Klementines Werbeslogan für ein bekanntes Waschpulver zu zitieren: Gute Luft ist nicht nur »sauber, sondern rein«.

Sauerstoff ist geruchlos. Trotzdem verbindet man mit ihm etwas Positives. Wir wissen, Sauerstoff ist lebensnotwendig, also müsste er doch eigentlich auch gut riechen. Der Geruch des Lebens. Tauchen wir nun ein in den Wald, atmen wir eine feuchte, von Staub gefilterte, mit Sauerstoff angereicherte und mit ätherischen Düften aus Humus, Moos und Harz geschwängerte Luft. Würde uns eine Sauerstoffmaske übergezogen und es strömte dieser Geruch heraus – würden wir dann nicht denken: Ja, endlich tief durchatmen, gib mir mehr!

Genaugenommen stimmt das mit dem Wald als Sauerstoff-Lieferant aber nicht ganz. Denn unterm Strich verbraucht ein Baum genauso viel Sauerstoff, wie er produziert! Die einzigen Ökosysteme, die mehr Sauerstoff abgeben als aufnehmen, sind die Meere.

Wie ist das nun bei den Bäumen? Das gesamte Gerüst an Biomasse, also alle Blätter und Nadeln, wird von den Blättern in einem chemischen Prozess erzeugt, der seinesgleichen sucht. Man bezeichnet ihn als Assimilation oder wegen der wichtigen Rolle des Lichts als

Fotosynthese. An der Unterseite der Blätter und Nadeln befinden sich winzige Öffnungen, über die der Baum Kohlendioxid (CO_2) aus der Luft aufnimmt. Gleichzeitig werden die Blätter von den Wurzeln mit Wasser versorgt.

Das Zaubermittel ist nun das Blattgrün, das sogenannte Chlorophyll. Ohne diesen Energieumwandler wäre das Blatt wie ein Kernkraftwerk ohne Brennstab. Das Chlorophyll baut mithilfe des Sonnenlichts Kohlendioxid und Wasser in Kohlenhydrate und Sauerstoff um. Während der Sauerstoff an die Luft abgegeben wird, werden die Kohlenhydrate in Form von Traubenzucker und Stärke in alle Wachstumsbereiche des Baumes abtransportiert. Dort werden diese Assimilate nach und nach durch die Atmung verbraucht. Die Atmung ist genaugenommen der Umkehrprozess der Fotosynthese und notwendig, um den aufwendigen Betriebsstoffwechsel des Baumes aufrechtzuerhalten. Dabei »verbrennt« der Baum Energie unter Zuhilfenahme von Sauerstoff und Freisetzung von Kohlendioxid und Wasser.

Damit ist der Kreislauf geschlossen: Betrachtet man die beiden beschriebenen Vorgänge, also die Assimilation und die Atmung, erkennt man, dass es sich um die gleiche chemische Formel handelt – nur einmal vorwärts und einmal rückwärts.

Was bedeutet das alles nun für uns Waldbesucher? Das bedeutet, dass der Sauerstoffgehalt am Tag höher ist als nachts, da der Prozess bei Helligkeit vorwärts abläuft, in der Dunkelheit jedoch rückwärts. Natürlich funktioniert die Sauerstoffproduktion bei Laubbäumen nur im Sommer, im Winter haben sie ja keine Blätter. Nadelwälder können dagegen das ganze Jahr über Fotosynthese betreiben.

Und keine Sorge: Wenn Sie tagsüber im Wald spazieren gehen, atmen Sie den Bäumen nicht den mühsam hergestellten Sauerstoff weg, sodass die Bäume in der kommenden Nacht »keine Luft mehr kriegen«. Der Sauerstoffgehalt in der Atmosphäre ist mit knapp 21 % ausgeglichen und unterliegt nur minimalen Schwankungen.

Weil man dort ungeniert barfuß gehen kann

Jeder von uns hat schon einmal auf einer hochsommerlichen Wanderung Rast an einem Bach gemacht, sich auf einen Stein gesetzt, die Schuhe ausgezogen und seine Füße ins kühle Wasser baumeln lassen. Nach der Erfrischung wurden die Schuhe dann wieder angezogen und mit neuem Elan ging es weiter.

Aber der Wald hat neben einem Fußbad noch viel mehr zu bieten:

- trockenes Laub, das knistert wie Kartoffelchips,
- Baumstämme, über die man balancieren kann,
- schwarze Matschlöcher, bei denen der Lehm durch die Zehen quillt,
- Tannenzapfen, die wie ein »Harzer Roller« die Fußsohlen massieren,
- Fichtennadeln und Bucheckern, die an ein Fakirbrett erinnern,
- Moospolster, die sich anfühlen wie ein weicher Schwamm.

Sie sehen also, man kann nicht nur Pilze und Beeren im Wald sammeln, sondern auch Sinneseindrücke. Diese Walderfahrungen kommen dem heutigen Zeitgeist entgegen. Die Menschen möchten die Natur wieder am eigenen Leib erfahren, am liebsten verbunden mit einer bleibenden Erinnerung. Eine angenehme Erinnerung, keine mit Narben. Dieses Bedürfnis hat die Tourismusindustrie erkannt und Barfußpfade ins Programm aufgenommen, die sich nach Länge und Vielseitigkeit unterscheiden in Fußfühlpfade, Barfußwanderwege und Barfußparks.

Fußfühlpfade bestehen aus künstlich ausgebrachten Materialien mit einer Länge von 10 bis 50 Metern. Die Ausführung mit kurzer Halbwertszeit findet man zum Beispiel auf Stadtfesten oder ähnlichen Veranstaltungen. Dort werden Rindenmulch, Grasschnitt oder Tannenzapfen auf Folien oder Vlies ausgebreitet, die nach wenigen Tagen mitsamt biologischer Auflage einfach wieder entfernt werden können. Zielsetzung ist meistens eine ganz einfache: Man möchte ein abwechslungsreiches Programm bieten und bestenfalls das Interesse an Natur und Naturmaterialien wecken.

Die beständigere Ausführung sind eigens eingefasste Wege, zum Beispiel auf Spielplätzen, oder als Ergänzung zu Naturerlebnispfaden. Hier wird der Belag immer wieder neu aufgefüllt und dadurch schön frisch gehalten.

Als Tourismusattraktion gelten Barfußwanderwege, die sich bis zu einer Länge von fünf Kilometern erstrecken können. Dabei muss sich kein zarter Stadtfuß Sorgen machen, dass es zu sehr pikst und sticht. Es liegt in der Natur der Sache, dass ein Hauptaugenmerk auf der Wegbeschaffenheit liegt. Bei Errichtung der Wege wird zudem versucht, möglichst viele verschiedene Untergründe miteinander zu verzahnen unter Einbeziehung von natürlichen Gegebenheiten wie schlammige Senken, mit Flechten überzogene Steinplatten oder die Furt in einem Bachlauf.

Ist das Ganze noch eine Nummer größer angelegt, spricht man von einem Barfußpark. In solchen Arealen sind dann weitere Stationen integriert wie Kneippbecken zum Wassertreten oder diverse Spiel- und Balancierelemente. Einer der größten Barfußparks Deutschlands liegt in Dornstetten im Schwarzwald. Dort können die jährlich rund 170.000 Besucher nicht nur auf Untergründen wie Holz, Kies und Lehm gehen – sondern auch auf Glasscherben. Aber keine Sorge: Die Kanten der Scherben sind abgeschliffen.[74]

Neben der touristischen Nutzung des Barfußgehens gibt es noch einen anderen Aspekt: die Förderung der Gesundheit und der Bewegungskompetenz, also der Grob- und Feinmotorik von Kindern und Erwachsenen. Wie wenig ausgeprägt diese koordinativen Fähigkeiten sind, zeigt sich darin, dass viele Erwachsene nicht einmal in der Lage sind, über einen Balken zu balancieren oder längere Zeit auf einem Bein zu stehen.

Meine Frau ist seit vielen Jahren Erzieherin im Kindergarten und schon dort zeigen sich große Unterschiede. Kinder, die im Spiel ihren Gleichgewichtssinn sowie ihre Reaktionsfähigkeit, Geschicklichkeit, Wendigkeit und Beweglichkeit trainieren, lassen eine deutlich bessere Gesamtmotorik erkennen.

Auch der gesundheitliche Aspekt des Barfußgehens ist allgemein bekannt. Das Gehen ohne Schuhe regt die Fußreflexzonen und damit den gesamten Organismus an. Zudem »wirkt sich die Stimulation an den Fußsohlen positiv auf die inneren Organe aus. Verantwortlich dafür sind Reflexbögen und Verschaltungen im Körper«, erklärt Patrik Reize, Ärztlicher Direktor der Klinik für Orthopädie und Unfallchirurgie im Klinikum Stuttgart.[75] Dass auch die Abwehrkräfte und das Herz-Kreislauf-System davon profitieren, wusste schon der Gesundheitspfarrer Sebastian Kneipp.

Also kommen Sie in die Puschen und kippen Sie sich aus den Latschen! Auch ohne eigens eingerichteten Pfad oder Park können Sie im Wald barfuß durchstarten. Lassen Sie Ihrer Fantasie freien Lauf! Mein Tipp: Fangen Sie beim weichen Moospolster an und hören Sie dort auch wieder auf!

58. GRUND

Weil er ein Rückzugsort zum Nachdenken ist

Es gibt im Leben jedes Menschen Momente, in denen er über bestimmte Dinge nachdenken, seine Gedanken neu sortieren muss. Das müssen nicht immer gleich Schicksalsschläge sein – es handelt sich häufig um kleinere Probleme aus dem Alltag, wie Ärger mit den Arbeitskollegen, Schwierigkeiten in der Schule oder Streit mit dem Partner, die bewältigt werden müssen. Manche Menschen suchen dazu das Gespräch, andere die Einsamkeit.

Wer zur Gruppe der Einzelspieler gehört, findet im Wald sein Stadion. Wie das Dach der Allianz Arena über den englischen Rasen spannen sich die Baumkronen über Flora und Fauna. Das gedämpfte Licht, die feuchte Luft und die bedächtige Ruhe schaffen ein kontemplatives Milieu. Deshalb erinnert mich der Wald mehr an eine Kirche als ein Stadion. Betritt man ein Gotteshaus und die große Pforte fällt hinter einem zu, ist man schlagartig der irdischen Welt entrückt. Das hallenartige Kirchenschiff, die kalte, oft etwas muffige Luft und die dicken Mauern, die Straßenlärm und Menschenstimmen abschirmen, bilden eine Art sakrales Vakuum. Ist das im Wald nicht ganz ähnlich?

Hier wie dort käme niemand auf die Idee, laut zu rufen oder gar zu schreien – das passt einfach nicht.

Der Wald nötigt uns also quasi zum Innehalten. Allerdings gibt er keine Ratschläge, er serviert keine Lösungen auf dem moosgrünen Silbertablett. Der Wald bietet unserem sonst so sprunghaften Geist lediglich das geeignete Umfeld, unsere Gedanken zu ordnen und uns über die nächsten Schritte im Leben klar zu werden. Halt, sind da nicht doch Tipps versteckt – eine Art kostenlose Lebenshilfe von Mutter Natur?

Sagen mir die Bäume nicht: Versuche immer, aufrecht durchs Leben zu gehen? Verbiege dich nicht auf dem Weg nach oben? Bewahre Rückgrat und drehe dich nicht wie ein Fähnchen im Wind?

Sagt mir das Springkraut nicht: Rühr mich nicht an, sonst flipp ich aus?

Sagen mir die Waldtiere nicht: Fressen und gefressen werden?

Sagen mir die Ameisen nicht: Nur gemeinsam sind wir stark?

Sagen mir die Vögel nicht: Lebe heute und pfeif auf morgen?

Sagt mir der Igel nicht: Schotte dich ab, wenn Ärger droht?

Sagt mir das Eichhörnchen nicht: Spring zum nächsten Baum, wenn es beim vorigen nichts mehr zu holen gibt?

Sagen mir die Turteltauben nicht: Zu zweit ist es am schönsten?

Man sieht, der Wald zeigt seinem Besucher die verschiedensten Handlungsmuster auf. Jetzt gilt es, das Richtige für seine individuelle Situation herauszufinden. Das unterscheidet uns Menschen von den Tieren: Wir können situativ reagieren – der Igel wird sich hingegen immer »einigeln«, wenn Gefahr droht.

Die Antworten, die wir im Wald finden, scheinen so schlecht nicht zu sein – sonst würden wir nicht immer wiederkehren. Kopf freibekommen und Probleme lösen liegen ganz nah beieinander und bedingen sich oft. Denn manchmal ist der Kopf so voll, dass man keinen klaren Gedanken mehr fassen kann. Dann hilft ein Spaziergang im Herbstwind – die Blätter wirbeln um uns herum und scheinen die Sorgen in den Himmel davonzutragen. Oder ein Spaziergang im strömenden Sommerregen, ohne Jacke, ohne Schirm und ohne Kapuze. Ist das dann schon eine rituelle Waschung? Egal, wenn es uns danach besser geht und wir etwas Trost finden – oder wie es Erich Kästner in seinem Gedicht *Die Wälder schweigen* (Doktor Erich Kästners Lyrische Hausapotheke, dtv, München 1988) formulierte:

Die Seele wird vom Pflastertreten krumm.
Mit Bäumen kann man wie mit Brüdern reden
und tauscht bei ihnen seine Seele um.
Die Wälder schweigen. Doch sie sind nicht stumm.
Und wer auch kommen mag, sie trösten jeden.

59. GRUND

Weil er die grüne Lunge ist

»Ich geh mal frische Luft schnappen.« So verabschieden wir uns zu Hause, wenn wir nach draußen gehen, um einen Spaziergang zu machen. Frische Luft schnappen in den Häuserschluchten von Großstädten ist schwierig. Da muss man schon in einer arg miefigen Wohnung leben, um hier ein Frischluftgefälle wahrzunehmen.

Ich bin in Stuttgart geboren, berüchtigt durch seine Kessellage. An den Hängen gedeiht der Trollinger, gedüngt mit Feinstaub aus der schwäbischen Metropole.

Um keine Zustände wie in Asien zu bekommen, wo die Bewohner in vielen Städten nur noch mit Mundschutz herumlaufen, wurde die Landeshauptstadt am 1. März 2008 zur Umweltzone ausgerufen. Das bedeutet, man darf nur mit grüner Plakette in die Innenstadt fahren. Ich hatte allerdings das Glück, nicht im Kessel zu wohnen, und war auch ohne grünes Pickerl schnell in den umliegenden grünen Wäldern.

In Stuttgart gibt es das grüne U. Das grüne U ist ein acht Kilometer langer Grünstreifen, bestehend aus verschiedenen Parkanlagen und öffentlichen Grünflächen, die miteinander verbunden sind. Der Streifen zieht sich u-förmig durchs Stadtgebiet – daher der Name. Streifen ist vielleicht das falsche Wort, denn man denkt hier womöglich an Gehwegbreite. Nein, das U ist stellenweise mehrere Kilometer breit und dient der Erholung, aber auch als grüne Lunge der Stadt. Was das grüne U im Mikrokosmos für Stuttgart erledigt, leistet der Wald für das ganze Land. Er kämmt durch Anlagerung an seine Blätter und Nadeln 90–99 % aller lungengängigen Staubteilchen aus der Luft.[76] Mit dem Regen wird der Staub abgewaschen und im Waldboden gebunden. Der Luftfilter der Baumkronen reinigt sich auf diese Weise immer wieder von selbst.

Die Filterleistung von Wäldern ist abhängig von der Blattoberfläche. Nadelbäume verfügen durch die vielen kleinen Nadeln über eine insgesamt größere Blattoberfläche als Laubbäume und können dadurch mehr Staub filtern. Weil sie ihre Nadeln im Winter behalten, steht der Filter zudem das ganze Jahr zur Verfügung. So kann ein Hektar (10.000 m^2) Fichtenwald 420 kg Schmutzpartikel ausfiltern; ein im Winter kahler Buchenwald gleicher Größe jedoch nur 240 kg. Pro Hektar filtern unsere Wälder jährlich bis zu 50 t Ruß und Staub aus der Atmosphäre.[77] Was für ein gigantischer Staubsauger!

Der Wald filtert aber nicht nur Staub aus der Luft, sondern auch Gase und radioaktive Stoffe. Gase können hauptsächlich dann aufgenommen werden, wenn die Baumkronen feucht sind und sich die Gase im Regenwasser lösen können. Diese Giftbrühe wird dann als saurer Regen bezeichnet, der speziell in den 1980er-Jahren von sich reden machte. Man zeichnete damals das Horrorszenario auf, dass der gesamte deutsche Wald durch den sauren Regen dem Tode geweiht ist.

Googeln Sie mal in der Bildersuche nach »Poster Waldsterben«, dann erinnern Sie sich vielleicht, sofern Sie das dafür nötige Alter haben. Plakate von abgestorbenen, dürren Fichtenskeletten, grafisch angereichert mit Totenköpfen und Überschriften wie: »Heute Tannen, morgen wir«, »Nach den Wäldern stirbt der Mensch«, »Nehmt ihr mir das Leben, nehme ich euch die Luft. Waldsterben = Mord«, »Kraftwerke schwefeln, Politiker schwafeln und der Wald stirbt«. Sogar *Der Spiegel* titelte in verschiedenen Ausgaben: »Saurer Regen über Deutschland, der Wald stirbt« oder »Der Schwarzwald stirbt«.

Man erkannte dann aber zum Glück rechtzeitig, dass die Hauptursache in aggressiven Schwefelemissionen lag, und man ging dazu über, bei den großen fossilen Kraftwerken die Rauchgase zu entschwefeln. Neben den Schwefeloxiden wurden die Stickoxide als zweite Ursache des schlechten Waldzustandes ausgemacht und hier wurde der Autoverkehr als Mitverursacher identifiziert. Im September 1984 beschloss deshalb die Bundesregierung die Einführung des Katalysators für alle Autos mit Benzinmotor. Steuerliche Anreize und eine fünfjährige Übergangsfrist sollten die Einführung erleichtern. Ab 1. Januar 1989 durften dann nur noch Neuwagen zugelassen werden, die den strengen US-amerikanischen Abgasnormen entsprachen.

Zu welchen Fähigkeiten der Wald imstande ist, zeigt sich bei der Filterung radioaktiver Strahlung. Ich denke an die Reaktorkatastrophe von Tschernobyl, die im Jahr 1986 die Welt in Schrecken versetzte. Ich erinnere mich noch genau, als die Information über radioaktiven Fallout in Deutschland bekannt gegeben wurde. Ich war als 14-Jähriger gerade im Pausenhof der Schule, als alle Schüler dazu aufgerufen wurden, in die Klassenräume zurückzukehren. Es regnete zwar nicht, aber trotzdem hatten meine Klassenkameraden und ich ein mulmiges Gefühl, weil keiner so recht wusste, was ein radioaktiver Niederschlag genau zu bedeuten hat. Ich glaube, es wusste damals niemand so recht – das ganze Ausmaß wurde der Bevölkerung ja erst viel später bewusst.

Der Wald ist in der Lage, die Radioaktivität der Luft im Waldesinneren im Jahresdurchschnitt um fast die Hälfte zu senken.[78] Allerdings gibt es auch einen Nachteil: Im Gegensatz zu Ackerflächen wird der Waldboden nicht gepflügt und kaum ausgewaschen. Ganz im Gegenteil: Der Wald ist ein Meister des Recyclings. Pflanzen, Tiere und Pilze geben die radioaktiven Isotope zwar nach ihrem Tod ab. Aber wenn Kadaver und Pflanzenteile verwesen, werden sie von Bodenorganismen zersetzt und von Pflanzen und vor allem Pilzen wiederum als Nährstoffe verwendet – und diese dann zum Beispiel wieder von Wildschweinen gefressen. Der Kreislauf beginnt von vorne.

Deshalb weisen viele Pilze und Wildschweine speziell aus dem Südosten Bayerns nach über 30 Jahren noch immer eine zu hohe Strahlenbelastung auf und müssen entsorgt werden. Da läuft mir ein kalter Schauer über den Rücken. Aber der Wald kann nichts dafür, er hat sein Bestes getan.

Weil der Sauerklee auch mit
drei Blättern glücklich macht

Im Wald sein Glück zu finden ist nicht schwer – mit diesem Buch haben Sie schon einmal die 111 ersten Tipps, wo Sie suchen müssen. Wenn Sie im Wald allerdings nach einem vierblättrigen Kleeblatt Ausschau halten, sind Sie auf der falschen Fährte.

Da müssen Sie schon raus aus dem Wald und auf den Wiesen suchen, wo der echte Klee wächst. Unter echtem Klee versteht man die weltweit 245 Arten umfassende Gattung Trifolium, zu der beispielsweise der Rot- und der Weißklee gehören. Obwohl »Trifolium« eigentlich »drei Blätter« heißt, gibt es in dieser Gattung immer wieder die heiß begehrten, vierblättrigen Pflänzchen. Genau genommen sind es aber keine vier Blätter, sondern nur eines, das statt drei- eben vierteilig gefingert ist.

Wer auf der Suche nach Glück nicht auf allen vieren über die Wiese krabbeln möchte, kann auch ins Blumengeschäft gehen. Dort bekommt er ein ganzes Blumentöpfchen voll Glücksklee. Doppelt genäht hält besser, deshalb stecken die Floristen meist noch einen Holzstab mit Marienkäfer oder Schornsteinfeger in die Erde. Beim Glücksklee handelt es sich aber um keinen echten Klee, sondern um einen Vertreter des Sauerklees (Oxalis). Und damit kommen wir wieder zurück zum Wald.

Dort wächst an feuchten, schattigen Stellen der Wald-Sauerklee. Am besten gefällt es ihm an Standorten, an denen das Licht weniger als 30 % der vollen Strahlungsstärke erreicht. Bei 10 % des Tageslichts kann er bereits seine volle Fotosyntheseleistung erzielen. Und selbst bei nur 1 % des Tageslichtes kann er überdauern.[79/80] Der Wald-Sauerklee ist die schattenverträglichste, heimische Blütenpflanze.[81]

Seine Samen schleudert der Sauerklee manchmal auf Baumstubben hinauf, der dann ebenfalls von den zarten Kleeblättern überzogen wird. Selbst hoch oben auf Bäumen überraschen gelegentlich die hübschen weißen Blüten mit ihren rosaroten Äderchen. Hier waren Ameisen die Gärtner, welche die Samen dorthin verschleppt haben.

Wird es dunkel, klappt der Wald-Sauerklee seine Blätter nach unten. An einem normalen Sommertag kann schon eine vorüberziehende Wolke oder ein herannahendes Gewitter eine Senkung der Blättchen hervorrufen. Aber auch zu hell mag es der Sauerklee nicht. In beiden Fällen bewegt er seine Blätter aus der Horizontalen in die sogenannte Schlafstellung. Diese dient der Transpirationsminderung, weil sich durch das Herunterklappen der Blätter deren Unterseiten mit ihren Spaltöffnungen aneinanderlegen.

Aber auch bei Erschütterungen greift dieser Mechanismus, der wie bei der Mimose über den Turgordruck und ein Gelenk an jedem Teilblättchen gesteuert wird. Das Absenken der Blätter dauert keine fünf Minuten – bis die Sonnensegel allerdings wieder oben sind, vergeht schon mal bis zu einer Stunde.[82]

Diese Vorsichtsmaßnahmen haben sich offensichtlich schon lange Zeit bewährt, denn bereits um 150 v. Chr. beschreibt der griechische Arzt und Dichter Nikandros von Colophon unter dem Namen Oxalis eine säuerlich schmeckende Pflanze.[83] Um 430 n. Chr. erklärt der britische Priester Sucat, später St. Patrick genannt, dem irischen Volk mithilfe der Blattform des Wald-Sauerklees den schwer greifbaren Begriff der Dreifaltigkeit. Seitdem ist das Kleeblatt das Nationalsymbol Irlands. Aber nicht nur dort, auch im Fürther Stadtwappen findet man das Kleeblatt – den Fußballfans unter Ihnen ist das Logo der Spielvereinigung Greuther Fürth sicher geläufiger.

Als Heilpflanze fand der Sauerklee seit dem Altertum Verwendung. Das frische, zur Blütezeit gesammelte Kraut wurde in Form einer Salbe auf Geschwüre aufgebracht. Auch von innen wurden seine blutreinigenden Eigenschaften angewendet, um Hautkrankheiten zu heilen. Er galt auch als Gegenmittel bei einer Arsen- und Quecksilbervergiftung. Volksmedizinisch wird Tee aus Wald-Sauerklee zur Linderung von krampfartigen Menstruationsbeschwerden, Blähungen, Nieren- und Leberproblemen, Gelbsucht und Fieber eingesetzt. Mehr als zwei Tassen pro Tag sollten aber aufgrund des hohen Oxalsäuregehalts nicht getrunken werden.

Für die Industrie war aber genau diese Säure von großem Interesse. Oxalsäure wurde in der Textilfärberei zur Beseitigung von Tinten-

und Rostflecken aus Leinenzeug, zum Bleichen von Stroh, Stearin und zum Putzen von Kupfer und Messing eingesetzt. Bis es gelang, Oxalsäure synthetisch herzustellen, gewann man diese unter anderem aus dem Wald-Sauerklee. Zentrum der Oxalsäuregewinnung war der Schwarzwald. Zur Herstellung von 500 g Säure musste man damals ungefähr 75 kg Laubblätter sammeln.[84] Interessanterweise nimmt der Oxalsäuregehalt des Sauerklees in der Nacht stark ab und steigt bei beginnender Morgendämmerung wieder an.[85]

Der Wald-Sauerklee wurde aber nicht nur als Heilmittel und für industrielle Zwecke gesammelt, sondern auch als Nahrungsmittel. In der mittelalterlichen Küche dienten die im Frühjahr gesammelten Blätter des Wald-Sauerklees als Beigabe zu Salat, Spinat und Kräutersuppen. Besonders die Engländer waren im 15. Jahrhundert so heiß auf den Sauerklee, dass er extra für den Verzehr angebaut wurde. Erst als die Franzosen zu Beginn des 16. Jahrhunderts den Sauerampfer mit seinen viel größeren und dickeren Blättern nach England einführten, verlor der Wald-Sauerklee sukzessive an Bedeutung als Salat oder Kochbeilage.

Ganz vergessen ist er aber nicht, zumal man ihn ja kostenlos im Wald sammeln kann. Die Blätter des Wald-Sauerklees schmecken zitronenartig sauer und können damit sogar Essig und Zitrone im Salatdressing ersetzen. Sie eignen sich außerdem als Beigabe für Suppen, Saucen, Salate und Smoothies. Mit ihrer hübschen Form geben Blätter und Blüten eine wunderbare und zugleich essbare Verzierung auf vielen Gerichten ab. Solch ein liebevoll angerichtetes Menü darf man dann durchaus einmal über den Klee loben.

61. GRUND

Weil er uns den Kreislauf des Lebens vor Augen führt

Nirgendwo ist Leben und Sterben enger miteinander verzahnt als im Wald. Damit der eine leben kann, muss ein anderer sterben. Das klingt zunächst brutal, ist aber das Gesetz der Natur und nur so funktioniert die Lebensgemeinschaft Wald. Wir versuchen das aus Gründen des mentalen Eigenschutzes oft auszublenden, in anderen Teilen ist es uns aber auch völlig egal. Mit der Fliegenklatsche erledigen wir kurzerhand uns störende Spinnen und allerlei Insekten, von der Stechmücke über die Fliege bis hin zur Wespe. Um billiges Fleisch im Supermarkt zu bekommen, verschließen wir die Augen vor Viehtransporten bei sengender Hitze zu Schlachthöfen, bei denen die Tiere bereits vom Geruch des Todes empfangen werden.

Auch wenn Schmusekatze Lilly wieder eifrig Mäuse und Vögel vor die Terrassentür legt, verschwinden diese ohne großes Wenn und Aber in der Biotonne. Wenn der Jäger ein Wildschwein schießt, ist das in Ordnung, wenn er aber ein Rehkitz erlegt, kommt schon Unbehagen auf.

Die Natur macht sich diese Gedanken nicht, sie sieht das große Ganze und denkt in Ökosystemen. Ein Ökosystem ist eine Lebensgemeinschaft von Tieren und Pflanzen, die sogenannte Biozönose, die in einem bestimmten Biotop zusammenlebt. Jeder Teilnehmer erfüllt einen bestimmten Zweck und gehört zu einer der folgenden Gruppen:

• Produzenten, das sind Erzeuger,
• Konsumenten, das sind Verbraucher,
• Destruenten, das sind Zersetzer.

Die Produzenten erzeugen durch die Fotosynthese Biomasse, also organische Substanz. Dazu sind nur Pflanzen, Algen und bestimmte Bakterien in der Lage. Sie sind die Grundlage von allem, ohne sie gäbe es kein Leben auf der Erde.

Denn alle Konsumenten (Tiere und Menschen) sind direkt oder indirekt auf die Produktion von Biomasse angewiesen. Die Pflanzenfresser (Herbivoren) ernähren sich direkt von der organischen Substanz und werden deshalb als Konsumenten 1. Ordnung bezeichnet. Die Fleischfresser (Carnivoren) wiederum ernähren sich von den Herbivoren und werden deshalb als Konsumenten 2. Ordnung bezeichnet. Fleischfresser, die andere Fleischfresser verspeisen, sind demzufolge Konsumenten 3. Ordnung.

Und die Letzten im Bunde sind die Destruenten, die das abgestorbene Material zunächst zerkleinern und in den Boden einarbeiten

(z. B. Regenwürmer, Asseln, Springschwänze) und danach mineralisieren (Bakterien und Pilze), also wieder in abiotische Stoffe zurückführen. Und damit ist der Kreislauf geschlossen.

Besonders während der einzelnen Jahreszeiten treten Teile dieses Kreislaufs mehr oder weniger in den Vordergrund: So steht das Frühjahr für die Geburt, der Sommer für das Leben, der Herbst für den Tod und der Winter für die Ruhe.

Doch in jeder der vier Jahreszeiten spielt sich unablässig der gesamte Kreislauf ab. Wie ein kleines Rädchen im großen, nur dass es für uns Menschen nicht so offensichtlich ist.

Ein Beispiel: Ende Mai bekommen Rehe ihren Nachwuchs. Als ich eines Abends auf meinem Hochsitz saß, sprang plötzlich eine Rehgeiß aus dem hohen Gras auf und verjagte einen Marder, der ihr wohl zu nahe gekommen war. Während sie diesem hinterherstiebte, machte sich ein zweiter Marder justament an der Stelle zu schaffen, an der sich die Rehgeiß niedergetan hatte. Was war passiert? Während der eine Marder das Reh abgelenkt hatte, tötete dessen Partner das dort abgelegte, frisch gesetzte Rehkitz. Als die Rehmutter nur wenige Minuten später zurückkam, war ihr Junges weg, nur etwas Blut zeugte von dem Geschehen. Ein Erlebnis, das mich sehr traurig stimmte, aber es war letztendlich nichts anderes als ein Beispiel für den Kreislauf des Lebens. Auch das Marderpärchen hatte höchstwahrscheinlich Nachwuchs und suchte nach Nahrung, um diesen großzuziehen. Fressen und gefressen werden.

Wer jung ist, wähnt sich im Frühling, er genießt das Leben und denkt nicht an morgen. Je älter jedoch der Mensch wird, umso empfänglicher wird er für derartige Signale. Wahrscheinlich, weil wir dann selbst merken, dass der Herbst unseres Lebens gekommen ist. Aber auch das ist keine Neuigkeit, Herbst- und Winterdepressionen wurden schon in der Antike von Hippokrates und Aretaios beschrieben.

Man kann das Älterwerden aber auch mit Humor nehmen, so wie Comedian Olaf Schubert in einem seiner Auftritte sächselt: »Ich spüre, wie er mich magisch anzieht, der Humus. Wenn ich im Wald mal spazieren gehe, hör ich schon des Humus Rufe: Olaf, Olaf, Olaf! Wie er mich schon duzt!«

Weil er das Klima schützt

Überall wird vom Klimawandel gesprochen, vom Schmelzen der Gletscher, der Vergrößerung des Ozonlochs, dem Anstieg des Meeresspiegels und zunehmenden Wetterextremen wie Orkanen und Überschwemmungen. Der Klimawandel ist eine Folge der globalen Erwärmung, die seit Beginn der Industrialisierung Mitte des 19. Jahrhunderts etwa 1,2 °C beträgt.[86] Die internationale Klimapolitik hat sich zum Ziel gesetzt, diesen Prozess der Erderwärmung auf 2 °C zu begrenzen und hierfür entsprechende Maßnahmen zu ergreifen.

Die Klimaforscher sind sich einig, dass alles über der 2-Grad-Grenze drastische Konsequenzen für Mensch und Tier haben wird. Deshalb muss alles vermieden werden, was zu einem weiteren Anstieg von Treibhausgasen führt. Dem Wald kommt dabei als nationalem und internationalem Klimaschützer eine ganz herausragende Rolle zu.

Bäume benötigen zum Wachstum Kohlendioxid (CO_2), eines der wichtigsten Treibhausgase, und binden es im Holz. Das CO_2 wird also aus der Atmosphäre entfernt und im Holz »festgehalten«. Wälder sind damit eine sogenannte Kohlenstoffsenke, sofern der Zuwachs die Nutzung übersteigt. Das ist in Deutschland der Fall: Es wird weniger Holz genutzt als nachwächst. Holznutzung und natürliches Absterben von Bäumen erreichen insgesamt 87 % des Zuwachses. Die restlichen 13 % gehen in den Vorratsaufbau. Auch was den Holzvorrat angeht, ist Deutschland in Europa ein Spitzenreiter. Mit 3,7 Mrd. m³ Gesamtvorrat steht im deutschen Wald mehr Holz als in jedem anderen Land der Europäischen Union.[87]

Zusammengefasst bedeutet das also, dass wir Deutschen in unseren Wäldern von Jahr zu Jahr mehr CO_2 speichern und damit einen großen Beitrag leisten, den CO_2-Gehalt der Atmosphäre zu vermindern. Aktuell entlastet der deutsche Wald die Atmosphäre jährlich um rund 52 Millionen Tonnen Kohlendioxid und mindert damit die Emissionen um ca. 6 %.[88]

Die globale Erwärmung begann mit der Industrialisierung um ca. 1850 und nahm ab den 1970er-Jahren noch einmal richtig Fahrt auf. Diese Zeitspanne ist für Bäume jedoch nur ein Wimpernschlag. Um sich genetisch an veränderte Lebensbedingungen anzupassen, sind Jahrhunderte notwendig. Auch das Ausweichen in klimatisch günstigere Gegenden kann in diesen kurzen Zeiträumen nur wenigen Baumarten gelingen.

Nehmen wir einmal die Eiche: Ein Eichelhäher versteckt eine Eichel vielleicht 100 m vom Mutterbaum entfernt im Boden. Setzen wir voraus, der Keimling wird vom Häher nicht mehr gefunden und nach dem Keimen von keinem Reh abgeknabbert, dann dauert es ca. 50 Jahre, bis die junge Eiche selbst fruktifiziert und eigene Eicheln ausbildet. Eine der Eicheln wird wieder 100 m weitergetragen usw.

Entfernen sich die Lebensbedingungen nun jedoch immer weiter vom Optimum der jeweiligen Baumart, wird diese geschwächt und anfällig für biotische und abiotische Folgeschäden. Mit biotisch sind tierische Schädlinge gemeint, wie Schadinsekten, mit abiotischen Schäden sind Wetterereignisse, wie z. B. Stürme oder lange Trockenperioden, gemeint.

Die Forstwirtschaft steuert schon seit Jahren gegen, indem zunehmend wärmeliebende und trockenheitsresistente Baumarten angepflanzt werden. Trotzdem kann heute noch kein Förster wissen, wo die Reise in 100 Jahren hingehen wird. Deshalb wird in groß angelegten und kostenintensiven Waldumbaumaßnahmen verstärkt auf Mischwälder aus verschiedenen Baumarten gesetzt, nach dem Prinzip der Risikostreuung. Sollte sich dann in der Zukunft herausstellen, dass einige der heute ausgewählten Baumarten nicht überlebensfähig sind, wären zumindest bereits andere vor Ort, die deren Platz einnehmen und den Fortbestand des Waldes sichern könnten. Verwüstungen und Steppenbildungen würde dadurch vorgebeugt. Oberstes Ziel aller Maßnahmen ist, die Wälder und damit ihre Kohlenstoffsenken-Funktion zu erhalten.

Weil er uns Demut lehrt

»Einfach im Wald zu sein mit diesen Baumriesen und den Stümpfen der vielen, die gefällt wurden, ließ mich demütig werden. Ich fühlte die Gegenwart von uralter Weisheit. Manchmal spürte ich eine Traurigkeit, als würden die Bäume von vergangenen Zeiten träumen.« So beschreibt die berühmte britische Verhaltensforscherin Jane Goodall in ihrem Buch *Seeds of Hope* ein Gefühl, das ich nur zu gut kenne.

Ich erinnere mich noch genau, als ich zu Beginn meines Forstpraktikums eine alte Buche fällen sollte. Die vielen dünnen Fichtenstämmchen, die ich zuvor schon im Rahmen der Bestandspflege im Akkord auf den Waldboden legte, betrachtete ich eher als sportliche Herausforderung.

Nun stand ich aber vor diesem mächtigen Baum – ich schätzte sein Alter auf 160 Jahre – und schaute nach oben in die weit ausladende Krone. Einerseits war ich stolz, dass der Revierleiter mir zutraute, diesen Kaventsmann alleine fürs Sägewerk vorzubereiten. Andererseits beschlich mich ein seltsames Gefühl, eine Art inneres Unwohlsein. Habe ich junger Kerl wirklich das Recht, das Leben eines Baumes zu beenden, der den Bombenhagel zweier Weltkriege überlebt hat? In dessen Schatten vielleicht schon mein Großvater und Urgroßvater ihr Vesper gegessen haben? Dessen Äste wütenden Orkanen und tonnenschwerem Schnee standhielten? Der Jahr für Jahr mühsam einen Jahresring an den nächsten zimmerte? Und jetzt komme ich daher und mache mit meiner Motorsäge einen Schnitt und das war's dann?

Es half alles nichts. Der Förster brächte für solch eine »Gefühlsduselei« sicher kein Verständnis auf. Und wenn ich den Baum nicht fällte, würde es mein Kollege tun. Hätte die Buche doch Spechte als Untermieter einziehen lassen, dann dürfte sie vielleicht als »Höhlenbaum« stehen bleiben. Aber nein, der Stamm war von außen makellos und es wurde allerhöchste Zeit für die »Entnahme«, bevor Pilze die Holzqualität mindern. Als angehender Förster wusste ich das natürlich alles – trotzdem zuckte ich innerlich zusammen, als der Koloss auf den Waldboden aufschlug. Das Sprichwort »Hochmut kommt vor dem Fall« kam mir in den Sinn, auch wenn es eigentlich etwas anderes bedeutet.

Auch heute noch überkommt mich dieses Gefühl, wenn ich an solchen Methusalems vorbeikomme. Besonders wenn inzwischen unförmige Herzen mit Initialen und Jahreszahl eingeritzt sind, wird mir bewusst, dass hier ein stummer Zeuge unserer eigenen Geschichte steht. Manchmal lege ich dann die Hand auf die Rinde, schließe die Augen und stelle mir vor, was genau an dieser Stelle wohl vor 100 Jahren passiert ist. Jetzt nicht wegen des Liebespaars, sondern weil just hier Menschen standen wie du und ich, die heute allesamt nicht mehr leben.

Und wenn ich mir dann ausmale, dass vielleicht nach weiteren 100 Jahren hier wieder ein Mensch steht und dasselbe tut wie ich heute, wird mir meine eigene Vergänglichkeit bewusst. Und mir wird klar, dass wir Menschen nur ein kleines Zahnrad sind, ohne das die Natur glänzend auskäme. Der alte Baum würde trotzdem hier stehen, sogar ohne Schnitzereien in der Rinde.

Trotzdem habe ich kein Problem damit, dass Holz nachhaltig genutzt wird. Ich bin auch nicht der Meinung – wie manch anderer Autor –, dass Bäume Schmerzen empfinden, wenn sie gefällt werden. Da spricht die Wissenschaft eine deutliche Sprache. Ich bin jedoch der Meinung, dass Lebewesen, die schon so lange auf der Erde leben, einen besonderen Respekt verdienen. Bei Schildkröten, Walen und Elefanten geht mir das genauso.

Und es ist nicht nur der alte Baum, der Wertschätzung verdient, sondern der Wald in seiner Gesamtheit. Alle Pflanzen und Tiere leben in einem ökologischen Gleichgewicht und bilden durch ihr Zusammenspiel diesen einzigartigen Ort. Im Wald fügt sich ein Mosaikstein zum anderen. Eine Meisterleistung der Natur, wie sie kein Topmanager zustande bringen könnte. Wie oft überrascht uns eines dieser Mosaiksteinchen, wenn es mit seiner Schönheit aufblitzt wie ein Brillant in der Sonne: Ein Schillerfalter auf dem feuchten Waldboden, ein bunter Bergmolch am Waldbach, ein zarter Buchenkeimling im dunklen Fichtenbestand, der harzige Duft nach einem Regenschauer, schmackhafte Brombeeren am Wegesrand, ein äsendes Reh auf der Lichtung und so weiter und so weiter. Allein hier käme ich schon auf 111 Gründe, den Wald zu lieben.

Weil man dort gesund wird und jung bleibt

Dass ein Waldspaziergang eine erholsame Wirkung auf uns Menschen hat, darüber dürften wir uns alle einig sein. Aber macht er auch gesund? Also kann man krank hineingehen und gesund wieder herauskommen? Lässt sich das beweisen oder ist es nur ein Placeboeffekt?

Um diese Frage zu beantworten, schaut man am besten in das Land der aufgehende Sonne. In Japan und Korea hat das Zusammenspiel von Körper und Geist eine lange Tradition. Die positiven Einflüsse des Waldes auf das körperliche und seelische Wohlergehen werden dort unter dem Begriff »Shinrin Yoku« schon seit 1982 erforscht. »Shinrin Yoku« bedeutet »Baden in der Waldluft« oder kurz »Waldbaden«. Die Untersuchungen haben gezeigt, dass Waldbadbesucher signifikant niedrigere Cortisolwerte im Speichel aufweisen, ein Zeichen für geringen Stress. Dazu kommen ein niedriger Blutzuckerspiegel, ein niedriger Blutdruck und eine geringe Pulsfrequenz.

Der Biologe Clemens G. Arvay beschreibt in seinem Buch *Der Biophilia-Effekt* die gesundheitsfördernden Wirkungen des Waldes auf Basis wissenschaftlicher Grundlagen. So ist zum Beispiel bekannt, dass sich Bäume durch gasförmige, chemische Botenstoffe gegenseitig vor Schädlingen warnen oder natürliche Gegenspieler herbeirufen können. Arvay zeigt auf, dass die in der Waldluft enthaltenen bioaktiven Substanzen auch vom menschlichen Immunsystem verstanden werden. Zu diesen bioaktiven Substanzen gehören die sogenannten Terpene, Hauptbestandteil der ätherischen Öle, die aus Blättern, Nadeln und anderen Pflanzenteilen verströmt werden.

Der Körper erhöht beim Einatmen dieser sekundären Pflanzenstoffe die Anzahl der Killerzellen im Körper, deren Aufgabe es ist,

Viren und (potenziellen) Krebszellen den Garaus zu machen. »Schon ein Spaziergang im Wald erhöht die Anzahl und die Aktivität unserer natürlichen Killerzellen um 50 %«, beziffert Arvay den gesundheitlichen Mehrwert im Video-Trailer zu seinem Buch. Und man muss dazu nicht einmal jeden Tag in den Wald gehen: Die erhöhte Aktivität der Killerzellen hält – je nach Dauer des Waldspaziergangs – sieben bis 30 Tage an. Das haben unter anderem Wissenschaftler der Nippon Medical School, einer medizinischen Universität in Tokio, nachgewiesen. Viele sehen in den Terpenen ein wichtiges Antikrebs-Arzneimittel der Zukunft, weshalb auch weltweit an diesen Zusammenhängen geforscht wird. Es ist also festzuhalten: Waldspaziergänge stärken unser Immunsystem und dienen der Krebsprävention.

Aber das ist noch nicht alles: Forscher konnten nachweisen, dass Waldluft die Nebenniere dazu anregt, mehr vom Hormon Dehydroepiandrosteron (DHEA) zu produzieren. DHEA wird eine positive Wirkung gegen das Altern nachgesagt und deshalb auch als »Jungbrunnenhormon« betitelt.

Der Wald hält nicht nur jung, sondern lässt den Menschen auch etwas lockerer werden. Ein Waldbesuch aktiviert den Parasympathikus, der auch als »Ruhenerv« bezeichnet wird, wodurch die Werte der Stresshormone Cortisol, Adrenalin und Noradrenalin zurückgehen. Der Aufenthalt im Wald trägt also zur allgemeinen Entspannung bei. Es gibt allerdings Hinweise, dass nicht beide Geschlechter gleich gut relaxen können: Frauen zeigen im Wald eine deutlichere Reduzierung des Stressniveaus als Männer, dafür in Stadtgebieten eine vergleichsweise stärkere Zunahme negativer Emotionen.

Die positiven Wirkungen des Waldes könnten bald auch Bestandteil medizinischer Therapien werden – unter anderem bei Herzkreislauf- und Suchterkrankungen, Übergewicht, Burn-out oder bei Hyperaktivitätsstörungen (ADHS) – wie das österreichische Bundesforschungszentrum für Wald (BFW) in Kooperation mit der medizinischen Universität Wien und der Universität für Bodenkultur (BOKU) in ihrer Studie »Gesundheitswirkung von Waldlandschaften« schlussfolgert.[89]

Der Umweltimmunologe Qing Li fand in zahlreichen Studien heraus, dass Spaziergänge unter Bäumen Depressionen und Ängste lindern können. Besonders lichte Waldbestände haben sich bei diesen Patienten als hilfreich erwiesen, um Nervosität und innere Unruhe in den Griff zu bekommen – deshalb bezeichnen manche Wissenschaftler die Walderfahrung auch als das »Ritalin« der Natur. Durch den Erlebnis- und Bewegungsraum, den der Wald bietet, soll auch die Gewaltbereitschaft von Kindern und Jugendlichen gesenkt werden.

Aber Bäume sind nicht nur Medizin, wenn sie im Wald stehen: So publizierte Roger S. Ullrich bereits 1984 in der weltweit bedeutenden naturwissenschaftlichen Fachzeitschrift *Science* eine Studie, die belegte, dass Patienten, die aus dem Krankenhausfenster auf eine Grünfläche mit Bäumen schauen konnten, weniger Schmerzmittel benötigten und schneller gesund wurden als eine Vergleichsgruppe, deren Ausblick sich auf eine Hauswand beschränkte.

Und es müssen nicht einmal echte Bäume sein, allein schon die Farbe Grün wirkt beruhigend. In der medizinischen Farbtherapie gilt Grün als diejenige Farbe, die den Rhythmus von Herz und Nieren ausbalanciert. Sie hilft bei Allergien und Magengeschwüren. Aber auch bei Augenermüdungen ist Grün die Farbe der Wahl: Der Blick ins Grüne ist niemals anstrengend, sondern stärkt das Auge für alle anderen Eindrücke.

Die Nähe zum Naturmaterial Holz fördert ebenfalls das Wohlbefinden: Wer beispielsweise in einem Bett aus Zirbelholz schläft, erspart seinem Herzen laut Studien jede Nacht rund eine Stunde Arbeit, weil es langsamer schlägt. »Diesen tollen Effekt haben aber nicht nur Zirbelkiefern, das können auch andere Nadelholzarten wie Fichte, Tanne oder Lärche«, sagt Johann Zöscher, Leiter der forstlichen Ausbildungsstätte Ossiach, eines Instituts des österreichischen Bundesforschungszentrums für Wald.[90]

Die Asiaten haben die Heilkraft des Waldes früher erkannt und sind uns deshalb in der Umsetzung voraus. So findet man in Japan bereits 50 Waldtherapie-Zentren und in Korea 130 Erholungs- und Therapiewälder, die mit Waldheilpfaden und Besucherzentren ausgestattet sind. In Europa sind wir noch nicht ganz so weit: Im März 2017 eröffnete Europas erster Kur- und Heilwald im Seebad Heringsdorf auf der Insel Usedom. Weitere Kurorte zeigen bereits Interesse an der

Idee und möchten in Zukunft die Heilkraft des Waldes ebenfalls in ihr Konzept einbauen.

Der Wald tut uns gut, das wussten wir schon immer. Aber erst langsam kommen wir dahinter, wie wichtig er für unsere Gesundheit ist. Vielleicht lautet das richtige Rezept bald öfter einmal Waldbesuch statt Arztbesuch.

7. KAPITEL

EIN QUELL
DER FREUDE

Weil Kinder dort spannende Spiele
machen können

Früher spielten die meisten Kinder nach der Schule im Freien. Die Natur war ein einziger großer Abenteuerspielplatz: über umgefallene Bäume balancieren, wie ein Affe an Ästen schaukeln, einen Staudamm am Bach errichten, ein geheimes Lager bauen usw. Die Abenteuer von heute finden auf dem Computer statt. Die Grafiken und Animationen sind inzwischen so realitätsnah, dass der Schritt nach draußen überflüssig erscheint.

Nicht selten ist die Freizeit der Kinder aber auch so verplant, dass für das »Draußen-Spielen« überhaupt keine Zeit mehr bleibt. Werden die Kinder von den Eltern am Sonntag doch einmal zum gemeinsamen Waldspaziergang »genötigt«, starren sie mit gesenktem Kopf auf ihr Smartphone, checken ihren Newsfeed in Facebook, chatten mit ihren (virtuellen) Freunden und fluchen über die schlechte Netzverbindung im Wald.

Dabei kann man auch im Wald Spaß haben: Mein Bruder und ich lieferten uns auf diesen sonntäglichen Spaziergängen immer packende Duelle im Tannenzapfenzielwurf (genaugenommen waren es Fichtenzapfen). Der eine durfte den Baum bestimmen und der andere musste genau diesen Stamm mit dem Zapfen reffen. Und das ist gar nicht so einfach, denn ein Tannenzapfen fliegt nicht so gerade wie zum Beispiel ein Tennisball. Er gleicht mit seinen spitzen Enden eher einem Football.

Etwas einfacher ist das Spiel »Waldkönig«. Hier geht es zwar auch darum, Bäume mit einem Tannenzapfen zu treffen, allerdings ist es egal, welchen. Trifft man zweimal hintereinander keinen Baum, kommt der Nächste dran. Wer am Schluss die meisten Treffer erzielt hat, ist »Waldkönig« und bekommt eine Krone aus Farnwedeln aufgesetzt.

Mit Tannenzapfen lässt sich ohnehin vieles spielen: Beim »Hops-Spiel« wird niedrig zwischen zwei Bäume eine Schnur gespannt. Der Spieler stellt sich davor und klemmt einen Zapfen zwischen die Füße.

Jetzt muss er den Zapfen mit einem Sprung über die Schnur schleudern, ohne dabei selbst über die Schnur zu springen. Der Faden wird nun immer höher gespannt, ähnlich wie die Latte beim Hochsprung immer weiter nach oben gelegt wird. Gewinner ist, wer den Zapfen am höchsten schleudern kann.

Ein gutes Auge braucht man beim »Zapfenboccia«. Jeder Spieler sammelt vier bis fünf Tannenzapfen. Ein weiterer Tannenzapfen wird fünf bis zehn Meter weit vor die Gruppe geworfen. Aufgabe der Spieler ist es nun, diesen Tannenzapfen mit seinen eigenen zu treffen. Wer die meisten Treffer erzielt, gewinnt das Spiel.

Etwas sportlicher geht es beim »Zapfenschwingen« zur Sache. Die Kinder bilden einen Kreis. Nun wird ein Tannenzapfen an eine Schnur gebunden, die 50 cm länger ist als der Radius des Kreises. Ein Kind steht in der Kreismitte und schwingt die Zapfenschnur. Jetzt kommt Bewegung ins Spielfeld. Naht die kreisende Schnur, muss der jeweilige Mitspieler hüpfend ausweichen. Wer getroffen wird, scheidet aus. Besonders unterhaltsam wird es, wenn eines der Kinder in die Rolle eines Sportreporters schlüpft und die Bemühungen der anderen schlagfertig kommentiert. Dann heißt es zum Beispiel: »Mit einem beherzten Sprung konnte Michael der Zapfensense ausweichen« oder »Von diesem Talent werden wir in Zukunft sicher noch hören«.

Das Richtige für Jungs mit viel Energie ist der »Reisigkampf«. Einer von ihnen ist König eines Reisighaufens. Er steht oben auf dem Haufen und die anderen Spieler versuchen, diese Festung von allen Seiten zu erstürmen und den König zu stürzen – ihn also vom Haufen herunterzuziehen. Wem das gelingt, der ist neuer Reisigkönig, bis ihn ein anderer herunterzieht, usw.

Das waren einige Spiele aus dem »Zapfenwald«. Natürlich gibt es auch unzählige Spiele für den Laub- und Mischwald:

Mehr Feinmotorik als beim Reisigkampf ist beim »Baum ertasten« vonnöten. Die Kinder teilen sich in Zweierteams auf. In jedem Team werden einem Kind die Augen verbunden. Der Sehende führt nun den »Blinden« auf Umwegen zu einem Baum in der Nähe. Der blinde Spieler soll den Baum jetzt ertasten. »Ist die Rinde glatt oder rissig?« – »Ist der Baum dick oder dünn?« – »Ist er gerade oder hat er

einen Knick?« – »Wächst Moos an ihm?« – »Sind Äste am Stamm?«
Anschließend wird der blinde Spieler von seinem Partner auf einem
anderen Weg zurück zum Ausgangspunkt gebracht. Dort wird ihm
die Augenbinde abgenommen und er muss »seinen« Baum anhand
der ertasteten Merkmale wiederfinden. Danach wechselt das Team
die Rollen.

Groß und Klein kennen die Schnitzeljagd. Dazu teilen sich die
Kinder in zwei Gruppen auf. Die kleinere Gruppe marschiert los und
hinterlässt Kreidespuren an den Bäumen (keine Sorge, die Kreide wird
vom nächsten Regen abgewaschen). Nach etwa 15 Minuten startet
die zweite Gruppe. Sie versucht, die Kreidezeichner innerhalb einer
bestimmten Zeit einzuholen.

Das »Eichhörnchen-Spiel« soll die Überlebensstrategie dieser Tiere im Winter verdeutlichen. Jedes Kind ist ein »Eichhörnchen« und
bekommt fünf bis zehn Nüsse oder Eicheln, die es an verschiedenen
Stellen im Wald versteckt. Jetzt müssen die Eichhörnchen in jeder
Runde eine Nuss wiederfinden. Findet es das Versteck nicht wieder,
ist das Eichhörnchen geschwächt und muss in der nächsten Runde auf
einem Bein hüpfend auf die Suche gehen. Findet das Eichhörnchen
beim nächsten Durchgang wieder keine Nuss, geht es auf die Suche
nach fremden Nüssen.

66. GRUND

Weil viele Lieder von ihm singen

Abgesehen von der Liebe fällt mir spontan kein anderes Thema ein,
über das es so viele Volkslieder gibt wie über die Sehnsucht nach
Freiheit. Sie wird in wilde, weitgehend unberührte Landschaften
projiziert, wie Wald, Heide, Meer oder Gebirge.

Speziell Melodien über den Wald füllen ganze Liederbücher. Ein
Großteil davon besingt den Wald als Rückzugsort, an dem man die
Seele baumeln lassen kann. So heißt es im Lied *Im Walde*[91] des Kom-
ponisten Carl Müller-Hartung (1834–1908):

Im Walde möcht' ich wohnen, im kühlen Schatten ruh'n,
auf grünbemoosten Thronen, da muss sich's köstlich ruh'n!
Im Walde möcht' ich wohnen bei Sang und Blütenduft,
umrauscht von grünen Kronen, umweht von Waldesluft!

Der Dichter Ludwig von Wildungen (1754–1822) geht noch weiter:
Er beschreibt in seinem vertonten Werk *Waldesfrieden*[92] den Wald als
einen Ort, der die Menschen von Sorgen und Nöten befreit:

Wenn ängstlich andere zagen, eil' ich dem Wald zu,
da find' ich vor den Plagen des Erdenlebens Ruh'.
Vor jedem Blick verborgen in seiner Dunkelheit,
vergess' ich alle Sorgen und alle Traurigkeit.
Ich hör' in seiner Kühle – wie preis' ich mein Geschick! –
nichts von dem Weltgewühle und nichts von Politik.
Ob der, ob jener siege, es bleibt in deinem Reich,
im Frieden wie im Kriege, Natur, sich alles gleich.
Noch grünen sie, die Bäume, nichts störet ihr Gedeih'n,
was auch der Grübler Träume uns Böses prophezeih'n.
Die Vögel in den Lüften sind immer froh und frei;
das Wild auf öden Triften kennt keine Sklaverei.
Steh'n meine Fichtensaaten, mein Eichelkamp nur dicht,
so frag' ich nach den Thaten der Weltbezwinger nicht.
Und wer ihn einst besitze, den hoffnungsvollen Hain,
soll, wenn ich ihn beschütze, nie meine Sorge sein.
So leb' ich ohne Kummer auch in der bösen Zeit
und meinen sanften Schlummer stört keine Bangigkeit;
ich pflanze, säe, jage mit immer heiterm Sinn
und denke keiner Plage, wenn ich im Walde bin.

Besonders auffällig ist, dass viele Waldlieder einen Bezug zur Jagd
haben – der Übergang von Wald- zu Jagdliedern ist fließend. Trotz
vieler jagdkritischer Stimmen heutzutage scheint das Bild vom freien
Jägerleben weiterhin eine große Anziehungskraft auszuüben. Folgerichtig zieht sich das Wort »frei« wie ein roter Faden durch das Lie-

derbuch des Waidmanns. *Ja was kann es Schöneres geben als das freie Jägerleben* oder *Ich bin ein freier Wildbretschütz* – beides Evergreens, die Jäger gerne mit geistreich geölter Kehle inbrünstig in der Jagdhütte intonieren.

Das freie Jägerleben scheint aber noch mehr zu beinhalten: Ein wiederkehrendes Muster der Liedtexte ist, dass irgendwo in den letzten Strophen ein noch unverheiratetes »fein Mägdelein« auf den Naturburschen wartet. Mir ist kein Lied bekannt, in dem es sich dabei um die eigene Ehefrau handelt. Die Sehnsucht nach Freiheit wird hier wohl gerne etwas weiter gefasst. Vielleicht ist auch die Fantasie mit manchem Songwriter durchgegangen.

Der oben erwähnte »freie Wildbretschütz« macht nicht mal einen Hehl daraus, dass die junge Dame bereits anderweitig vergeben ist. In der letzten Strophe heißt es:

> *Und dass sie einem anderen g'hört,*
> *macht keine Sorgen mir.*
> *Ich bin ein freier Wildbretschütz*
> *und hab ein weit Revier.*

Ein anderes sehr bekanntes Volkslied ist *Der Jäger in dem grünen Wald*, das schon 1825 aus Westfalen überliefert wurde. Mit seinem Text vom Jäger und dem schönen Mägdlein im Waldrevier fand das Lied seit 1908 durch die Jugendbewegung größte Verbreitung. Auch das Lied *Wir wolln im grünen Wald* kommt in der letzten Strophe zu dem Ergebnis: »Die Jugend und die Lieb sind leider nicht zu trennen, denn wer da hat ein frischen Mut, frohes Herz und junges Blut, muss für die Lieb entbrennen.«

Andere Lieder wie *Auf, auf zum fröhlichen Jagen* heben dagegen den Mann als Frühaufsteher hervor: »Ein weibisches Gemüte hüllt sich in die Federn ein. Ein tapferes Geblüte darf nicht so träge sein. Drum lasst die Faulen liegen, gönnt ihnen ihre Ruh, wir traben mit Vergnügen dem dicken Walde zu.«

Weil der Hund dort Stöckchen bringen kann

Hunde gehören in Deutschland zu den beliebtesten Haustieren. Über 8,6 Mio. Rassehunde und Mischlinge haben ihr Quartier in deutschen Haushalten bezogen. Nur Katzen rangieren mit 13,4 Mio. noch weiter oben auf der Beliebtheitsskala. Für seinen Hund gibt der Deutsche gerne Geld aus – fast 1,5 Mrd. Euro alleine für Futter.[93] Zubehör wie Leine, Halsband, Hundebett und diverse Trainingsgegenstände sind da noch nicht eingerechnet.

Fest in den Tagesablauf integriert sind bei Hundebesitzern natürlich auch die Gassigänge, um dem Tier den notwendigen Auslauf zu geben. Ein unausgelasteter Hund macht zu Hause keinen Spaß. Je nach Wohnlage und Zeit schwanken die Spaziergänge von »mal kurz ums Eck« bis zur ausgedehnten Tageswanderung. Oft etablieren sich in der Nähe von Siedlungen wahre Hundestraßen. Das sind meist gut befestigte Wege, auf denen Herrchen oder Frauchen auch bei nassem Wetter sauberen Fußes gehen kann, der Vierbeiner aber gleichzeitig genügend Vegetation für sein Geschäft vorfindet. Entsprechend gepflastert ist das Begleitgrün mit den tierischen Hinterlassenschaften. Gerade in größeren Städten ein Problem, dem die Verwaltung mit dem Aufstellen von Kotbeutel-Spendern zu Leibe rückt.

Deshalb gilt besonders am Wochenende die Devise: Raus in die Natur! Endlich den Hund vom Strick lassen und keinen vollen Kackbeutel mit nach Hause tragen müssen. Obwohl ein Drittel Deutschlands von Wald bedeckt ist, müssen die meisten Menschen ein Stück mit dem Auto fahren, um zum nächsten Waldstück zu kommen. Dort gibt es einen Waldparkplatz, wo sich besonders am Wochenende die Fahrzeuge der Hundechauffeure aneinanderreihen. Das Bild ist immer dasselbe: Kofferraum auf und Bello schnell an die Leine, nicht dass er unkontrolliert davonstürmt – wir sind ja immer noch in der Nähe der Hauptstraße.

Dabei ist diese Sorge in der Regel unbegründet, denn Bello kennt ja schon den Weg, der jedes Wochenende gegangen wird. Trotzdem spazieren die meisten Hundeführer die ersten 50 Meter an der Leine, besser gesagt, sie werden an der Leine über den Waldweg gezogen. Manchmal habe ich den Eindruck, dass die Gene von Schlittenhunden doch weiter verbreitet sein müssen als landläufig angenommen. In welchem Bundesland es erlaubt ist, wird Fiffi dann doch schon nach 30 Metern vom Haken gelassen. Geschafft! Freiheit für alle Beteiligten.

Dummerweise kommen da vorne gleich die ersten Spaziergänger entgegen, auf dem Weg zurück zu ihrem Auto. Auch mit Hund. Weil das Zurückrufen des vorauslaufenden Vierbeiners in der Regel bei mindestens einer Partei nicht funktioniert, wird bei seinem Gegenüber durch lautes Zurufen das Geschlecht des Hundes erfragt: »Rüde oder Hündin?«, als könne man davon eine allgemeingültige Regel ableiten. Egal, wie die Antwort ausfällt, die Zusammenkunft lässt sich sowieso nicht mehr verhindern. Dann wird noch schnell hinterhergerufen, dass Wodan nichts mache. Wenn doch, wäre es jetzt eh schon zu spät.

Hat Herrchen oder Frauchen es bis zur ersten Abzweigung geschafft, halbiert sich das Risiko und die Anspannung weicht der Entspannung. Jetzt kann endlich mit dem Arbeitsspaziergang begonnen werden, so wie man es in der Hundeschule gelernt hat. Es hieß dort, der Hund müsse geistig ausgelastet werden, das brächte viel mehr als körperliche Anstrengung. 30 Minuten konzentriertes Arbeiten mache die meisten Hunde müder als zwei Stunden Gassigehen. Also werden Dummys im Holzpolter am Wegrand versteckt, an einen niedrigen Ast gehängt oder auch mal ein Stöckchen geworfen.

Wichtig ist, den Vierbeiner auf sich zu konzentrieren, damit er nicht auf dumme Gedanken kommt. Denn in jedem Hund steckt auch der Jagdtrieb, je nach Rasse mehr oder weniger offensichtlich. Dazu ein Beispiel aus meinem Revier: Zwei Freundinnen sind mit ihren beiden Hunden im Wald Nordic Walking gegangen. Ein Irischer Wolfshund und ein Rhodesian Ridgeback – nicht gerade kleine Hunderassen. Während sich die beiden Damen angeregt miteinander unterhielten, schlugen sich die beiden Hunde in die Büsche. Irgendwann merkten die »Freizeitsportler«, dass ihre Hunde weg waren, und machten sich lautstark rufend auf die Suche.

In der Zwischenzeit umkreisten die beiden Hunde eine Rehgeiß mit ihrem Nachwuchs und rissen eines der beiden Kitze. Mein Jagdkollege überraschte den Hund am toten Rehkitz und da stießen nun auch die beiden Freundinnen hinzu. Ihr Kommentar:»Das bezahlt die Versicherung.« Das war die falsche Antwort. Kein Mitgefühl, keine Entschuldigung, keine Erkenntnis, dass es ihr Fehler war. Ich meldete den Vorgang deshalb an die zuständige Behörde und erst nach Ankündigung eines Bußgeldes wegen Wilderei kamen wir noch einmal ins Gespräch. Sie gelobten Besserung und besuchten nachweislich eine Hundeschule, um solch einen Vorfall in Zukunft zu verhindern.

In vielen Bundesländern gibt es aus diesen Gründen auch eine Anleinpflicht während der Aufzuchtzeiten von April bis Juni. Das schützt nicht nur die Rehkitze, sondern auch Junghasen und den Nachwuchs von Bodenbrütern wie dem Fasan oder dem Rebhuhn. Es gibt aber auch Bundesländer, in denen Hunde immer an der Leine zu führen sind. Das finde ich allerdings auch nicht tierschutzgerecht, denn ein Hund braucht Auslauf und Bewegung. Umso wichtiger ist eine gute Erziehung: Ein gehorsamer Hund macht mehr Spaß und man kann ihm mehr Freiheiten geben – die Mühe lohnt sich also für beide Seiten.

68. GRUND

Weil dort die Nachtigall schlägt

Es ist Anfang Mai und gestern um drei Uhr morgens musste ich meinen Hund zum Pieseln in den Garten lassen. Es wehte kein Lüftchen, der Himmel war klar und die Nacht totenstill. Da stand ich mit meinem übergestreiften Morgenmantel und wartete, dass Ferdinand endlich einen passenden Grasbüschel für sein kleines Geschäft findet. Plötzlich erschallte aus dem Baum am Gartenzaun ein Vogelschlag, der so laut und klar war, dass Ferdi glatt vergaß, warum er zu so unmenschlicher Stunde das Rasengrün aufsuchen wollte. Eines war mir klar: Es musste eine Nachtigall sein, denn das sind die einzigen Vögel, die nachts singen. Gut, den Feldschwirl hört man auch noch gelegentlich – der klingt aber eher wie eine Heuschrecke und kann höchstens als Background-Musiker durchgehen, der eine Rassel schüttelt. Im Wald höre ich die Nachtigall öfter, aber noch nie hatte ich das Glück, so nah an dem nur sperlingsgroßen Vogel zu sein.

Die Nachtigall ist ein Zugvogel – sie kehrt Anfang April aus Afrika in ihre europäischen Brutgebiete zurück. Die Männchen sind ein paar Tage früher dran, besetzen schon einmal ein Revier und erwarten die weibliche Reisewelle. Doch wie finden die Männchen nun ihre zukünftige Partnerin? Im Gegensatz zu den Glühwürmchen, die es mit optischen Reizen versuchen, setzen Nachtigallmännchen auf ihre Stimme.

Ab 23 Uhr bis in die Morgendämmerung singen die Junggesellen ihre bis zu 260 unterschiedlichen Strophentypen. Das extrem umfangreiche Repertoire ist damit unter den europäischen Singvögeln fast einzigartig. Der Schwerpunkt des Gesangs liegt zwischen zwei und vier Uhr. Denn das ist der Zeitraum, in dem sich die Weibchen auf die Suche nach ihrem Zukünftigen machen. Der Grund, warum Nachtigall-Männchen nachts singen, dürfte also der sein, dass die Damen das so wünschen. Eigentlich eine nachvollziehbare Strategie, denn tagsüber würde sich der eigene virtuose Vortrag mit dem, aus Sicht der Nachtigall, minderbemittelten Gezwitscher aller anderen Vögel vermischen.

Nachts gehört die Bühne ihnen alleine, abgesehen von dem gelegentlichen rhythmischen Huh-Huh einer Eule im Background. Und das nutzen die melodischen Koryphäen, als gäbe es kein Morgen – innerhalb einer Stunde kann das Männchen 400 Strophen nacheinander intonieren. Wer allerdings keinen Bock auf Nachtschicht hat, kommt bei der Damenwelt eben nicht zum Zug.

Die Nachtigall gilt als Bote des Frühlings, als Vogel des Monats Mai und insbesondere als Symbol der Liebe. Ihr Gesang sei »so ausgezeichnet eigen, es herrscht darin eine so angenehme Abwechslung und eine so hinreißende Harmonie, wie wir sie in keinem anderen Vogelgesange wiederfinden«, heißt es in der *Naturgeschichte der Vögel Deutschlands.*[94]

»Sein kompositorischer Reichtum, der süße Schmelz seiner Stimme, die einmal wehmütig klagend, dann wieder strahlend und silberhell erklingt und sich mit Läufern und Trillern zum schluchzenden Crescendo steigert, seine Variabilität mit dem dramatischen Kontrast ziehen selbst unmusikalische Menschen in seinen Bann«, schreibt Vitus B. Dröscher im Jahre 1984.[95]

Musikalische Menschen berührt der Gesang natürlich noch viel mehr. So haben sich berühmte Komponisten von den Melodien inspirieren lassen und sie in ihren Werken nachempfunden: Ludwig van Beethoven etwa in seiner 6. Sinfonie, Johann Strauß in der *Nachtigallen-Polka* und Igor Strawinsky im *Lied der Nachtigall*.[96]

Interessanterweise ist der Nachtigall ihr Gesangstalent nicht ins Nest gelegt, sondern sie muss es erst erlernen. Valentin Amrhein und sein Team sind Biologen der Universität Basel. Sie erforschten, dass die jungen Nachtigallmännchen in ihrem Winterquartier im afrikanischen Busch das Singen üben, eine Art Trainingslager für den Ernstfall. Wer will sich im Frühjahr vor den Damen schon blamieren?

Die meisten der zwei bis vier Sekunden langen Strophen beginnen mit leisen Anfangstönen, die häufig den Gesang einer anderen Vogelart imitieren. Darauf folgen laute, rhythmisch wiederholte Silben, die klangvoll, aber auch schnarrend oder ratternd klingen können und als »Nachtigallenschlag« bekannt sind.[97]

Gerade diese etwa alle fünf Minuten wiederkehrenden Schnarrpassagen sind für die Mädels von Bedeutung, denn sie lassen Rückschlüsse zu auf Alter, Gewicht und Gesundheitszustand des Sängers. Verhaltensbiologen der Freien Universität Berlin um Michael Weiß haben mit Playback-Experimenten den Einfluss dieser »Buzz-Strophen« untersucht und festgestellt, dass ausschließlich die Weibchen mit Hüpfen und verstärktem Schwanzwippen darauf reagierten.[98]

Über den Triller kann die Nachtigalldame ihre erste Einschätzung noch einmal verifizieren: Ältere und erfahrenere Männchen können schnellere und schwierigere Triller als Jungvögel singen. Ältere Männchen sind meist erfolgreicher in der Fortpflanzung und üben deshalb einen größeren Reiz auf die Weibchen aus. Der Triller liefert einem Weibchen demnach wichtige Hinweise auf die Vaterqualitäten eines potenziellen Partners, folgern Valentin Amrhein und seine Kollegen. Die Nachtigallweibchen stehen also auf ältere, erfahrene Männer.

Sobald das Männchen eine Partnerin abbekommen hat, stellt es die nächtliche Feilbietung seiner Sangeskunst ein. Um das Brutrevier gegenüber Artgenossen zu verteidigen, konzentriert es sich stattdessen bis Mitte Juni auf laute Strophen speziell in der Morgendämmerung, aber auch tagsüber.

Die Nachtigall brütet versteckt auf dem Boden oder knapp darüber in der Krautschicht. Besonders beliebt sind Brennnesseln, in die der unscheinbare Vogel sein napfförmiges Nest baut. Männchen wie Weibchen sind bräunlich gefärbt, die Unterseite ist hellgrau. Die Nachtigall bewegt sich am Boden hüpfend fort, ähnlich einem Rotkehlchen. Der Schwanz wird häufig angehoben getragen und immer wieder langsam auf und ab bewegt.

Weil sie zum Nestbau und zur Nahrungssuche viel Laub auf dem Boden und Stellen mit krautigem bis strauchartigem Bewuchs benötigt, hört man den Nachtigallenschlag hauptsächlich in lichten Laubwäldern, Auwäldern, an Waldrändern, aber auch in Parks, Friedhöfen und naturbelassenen Gärten. Leider kommt sie mit unserem Ordnungswahn nicht gut zurecht. Wo alle Blätter sorgsam zusammengerecht werden, jedes Unkraut herausgerissen und ihre Nachtserenade womöglich noch als Ruhestörung betrachtet wird, fühlt sie sich nicht willkommen.

Ich jedenfalls bin stolz auf »meine« Nachtigall im Garten … und habe eine gute Ausrede, wenn ich das Laub mal wieder nicht beiseitegeschafft habe.

69. GRUND

Weil er auf der Leinwand ein gutes Bild abgibt

Fast ein Drittel Deutschlands ist mit Wald bedeckt. Kein Wunder also, dass fast auf jedem Landschaftsbild irgendwo eine Baumgruppe auftaucht. Dennoch ist der Wald für die Kunst nie ein besonders wichtiges Thema gewesen. Deshalb hat er es im Gegensatz zum Landschaftsbild auch nie geschafft, eine eigene Bildgattung hervorzubringen, also ein »Waldbild«.

Das lag sicher auch an der Beschaffenheit der früheren Wälder. Sie galten als undurchdringlich und furchterregend. Wer hineinmusste, war froh, wenn er wieder draußen war. Wer wollte sich so was also an die Wand hängen? Deshalb war es nicht verwunderlich, dass die damaligen Maler den Wald lediglich als stimmungsmachenden Hintergrund für andere Motive verwendeten. Das erste Gemälde eines europäischen Künstlers, das überhaupt ein völlig figurenfreies Motiv zeigte, stammte übrigens von Albrecht Altdorfer (um 1480–1538) und trägt den Titel *Donaulandschaft*.

Das düstere Waldmotiv darf nicht mit dem einzelnen Baum verwechselt werden. Der hat einen viel besseren Ruf. Seine »Erfolgsgeschichte« beginnt schon im Paradies. Der Garten Eden wurde von den Künstlern nicht mit Wald dargestellt, sondern auf einer Art Streuobstwiese, also einem gepflegten Baum- bzw. Obstgarten, in dem der »Baum der Erkenntnis« wuchs. Das Kreuz, an dem Jesus starb, wird von einigen Künstlern als Baum des Lebens dargestellt und zu Weihnachten dient der Baum als Überbringer von Geschenken und guten Gaben.

Erst zu Zeiten Dürers änderte sich die künstlerische Darstellung des Baumes. Sie ging weg von der symbolischen Bedeutung und hin zu einer wissenschaftlichen Betrachtungsweise. Der Baum wurde als Teil der Natur gesehen und die naturkundliche Exaktheit der Abbildung stand im Fokus. Wie schon beim Wald beschrieben, wurden jetzt auch die Bäume als stimmungsgebende Details in der Malerei eingesetzt. So wurde mit herabhängenden Ästen und fallenden Blättern die Vergänglichkeit des Lebens dargestellt.

In religiösen Bildern steht der Wald für einen friedvollen Ort, der im Einklang mit der Schöpfung steht. Deshalb finden sich Heilige häufig in einer Waldkulisse wieder. Aber noch eine andere religiöse Gruppe wird gerne im Wald dargestellt, zumindest im nördlichen Europa: die heiligen Asketen. Eigentlich werden diese ja in die Wüste geschickt, zumindest auf italienischen Gemälden. Letztlich ging es aber darum, die Botschaft in der jeweiligen Region verständlich zu machen: Die enthaltsame Lebensweise in einem einsamen, lebensfeindlichen Umfeld – und das war in unseren Breiten eben der Wald und nicht die Wüste.

Die Auftraggeber der Maler waren damals der Adel und die kirchlichen Würdenträger. Beide Gruppen frönten der Jagdleidenschaft und wollten diese Motive auch bildlich in ihren Schlössern wiederfinden. Die hohe Jagd auf den »König der Wälder« fand im Wald statt und so diente der dunkle Tann auch als stimmungsvolle Kulisse für die beliebten Rothirsch-Gemälde. Aus praktischen Gründen malten die Künstler ihre Auftragsarbeiten aber nicht vor Ort, sondern im Atelier. Die Detailtreue ließ deshalb oft zu wünschen übrig.

Das änderte sich im 19. Jahrhundert, als die Dichter der Romantik den Wald neu entdeckten. Der Wald wurde vom Angstgegner zum Sehnsuchtsort. Er wurde zum Wallfahrtsort für Künstler jeder Couleur. Auch die Maler zogen nun hinaus mit ihrer Staffelei, um die Natur mit ihren Pinselstrichen realistisch und poetisch zugleich einzufangen. Dabei blieb der Wald seiner künstlerischen Funktion treu: dem Ausdruck einer Stimmung. Das konnte die Schwermut und der Wunsch nach Einsamkeit sein oder das glückliche Reh auf der sonnigen Lichtung.

Ein Meister der Schwermut war Caspar David Friedrich (1774–1840). In seinem Werk *Frühschnee* findet sich der Betrachter auf einem weiß überzogenen Waldweg wieder, der direkt in die dunkle Wand des Tannenwaldes führt. Auch zahlreiche andere Künstler zauberten den Wald auf ihre Leinwand. Zur Zeit des Jugendstils sind der Schweizer Maler Ferdinand Hodler (1853–1918) und der Österreicher Gustav Klimt (1862–1918) zu nennen. In den farbenprächtigen expressionistischen Werken von Franz Marc (1880–1916) stehen oder liegen die Wildtiere in der Kulisse des Waldes.

Bis heute hat sich nichts daran geändert, dass die Malerei den Wald als Stimmungsmacher einsetzt. Auf dem einen Bild erscheint er düster, dunkel und furchterregend – auf dem nächsten dagegen sonnendurchflutet in frischem Grün. Auf dem einen Gemälde streben die Äste nach oben in den Himmel – auf dem nächsten hängen die Blätter traurig nach unten. Welche andere Kulisse bietet einem Künstler so viele Möglichkeiten?

Der Habicht ist ein wendiger Kurzstreckenjäger. Die Kombination aus kurzen, breiten Flügeln und dem langen Stoß verleiht ihm eine enorme Wendigkeit, die er für seinen schnellen Flug durch die Bäume auch benötigt. Tauben gehören zu seinen bevorzugten Beutetieren (52. Grund).

OBEN: Die Wildkatze besitzt ein sehr kräftiges Raubtiergebiss und ist für ein Tier ihrer Größe extrem wehrhaft. Sie ist körperlich stark, aber dennoch sehr beweglich. Wildkatzen gelten als absolut unzähmbar (12. Grund). **UNTEN:** Das Auerwild hat einen hohen Anspruch an seinen Lebensraum. Nur wenn die Verzahnung aus Nahrungsangebot, Deckung und Übersicht stimmt, kann es dauerhaft überleben (21. Grund).

OBEN: Der Wechsel zwischen sonnigen und schattigen Abschnitten macht einen Waldspaziergang besonders reizvoll (55. Grund). **UNTEN:** Immer mehr Menschen wünschen sich, ihre letzte Ruhe im Wald zu finden. Eine kleine Namenstafel am Baum ist möglich, das Hinterlassen von Grabschmuck, Blumen und Lichtern aber nicht erlaubt (92. Grund).

OBEN: Der Maikäfer erholt sich langsam von den Giftsünden des letzten Jahrhunderts (44. Grund). **UNTEN:** Alte Bäume sind nicht nur für viele Insektenarten wichtig. Sie bieten mit ihren natürlichen Baumhöhlen Versteck und Brutplatz für zahlreiche Tierarten, wie hier im Bild dem Waldkauz (48. Grund).

Unter den Hirschkäfer-Männchen kommt es beim Streit ums Weibchen zu Kommentkämpfen. Die geweihartigen Mandibeln werden ineinander verhakt und jeder versucht, den anderen vom Ast zu stoßen. Dabei kann es vorkommen, dass der Gegner in die Höhe gestemmt wird, dadurch jegliche Bodenhaftung verliert und in den Abgrund katapultiert wird (14. Grund).

OBEN: Pilzen kommt eine wichtige Funktion im Ökosystem Wald zu. Sie zersetzen totes organisches Material und stellen dem Wald die Nährstoffe in aufgearbeiteter Form wieder zur Verfügung (90. Grund). **UNTEN:** Der Wald-Sauerklee liebt es feucht und schattig – er kommt sogar mit nur 1 % des Tageslichts zurecht. Die Klee-blätter schmecken zitronenartig sauer und können Essig und Zitrone im Salatdressing ersetzen (60. Grund).

OBEN: Trotz seiner auffälligen Erscheinung bekommt man den Feuersalamander nur selten zu Gesicht. Das liegt daran, dass er vor allem bei Regenwetter und nachts unterwegs ist (38. Grund). **UNTEN:** Ameisen gelten als die Gesundheitspolizei des Waldes. Sie sammeln Aas auf und verfüttern es an ihre Brut. Gemeinsam schaffen sie es sogar, eine tote Maus in ihr Nest zu ziehen (36. Grund).

Deutschland ist ein Buchenland. Hätte der Mensch nicht eingegriffen, wäre die Bundesrepublik größtenteils von Buchen- oder Buchenmischwäldern überzogen. Über 200 Jahre alte Buchenbestände sind inzwischen sehr selten (2. Grund).

OBEN: Neben der Tiefsee und dem Erdboden gehören Baumkronen zu den am wenigsten erforschten Lebensräumen. Umso interessanter sind die Einblicke, die man über Baumkronenpfade bekommt, wie hier im Nationalpark Hainich (73. Grund). **UNTEN:** Barfußwanderwege fördern die Gesundheit und die Bewegungskompetenz von Kindern und Erwachsenen (57. Grund).

OBEN: Laut einer aktuellen Emnid-Umfrage ist die Hälfte aller Kinder zwischen vier und zwölf Jahren noch nie selbstständig auf einen Baum geklettert (11. Grund). **UNTEN:** Im Wald treffen viele verschiedene Interessen aufeinander. Besonders wenn es eng wird, ist gegenseitige Rücksichtnahme gefragt (88. Grund).

Die nächste Baumgeneration steht bereits Gewehr bei Fuß. Und die Chancen für den Nachwuchs, das Erwachsenenalter zu erreichen, sind gut: Das hungrige Wild kommt nicht mehr an den Leittrieb heran, Licht ist reichlich vorhanden und Mutti bzw. Stiefmama gibt Schutz von oben (6. Grund).

OBEN: Eine kleine Tanne in ihren ersten Lebensjahren. Diese Baumart gehört zur Leibspeise des Rehwilds – bis jetzt hatte der Keimling Glück und wurde nicht entdeckt (103. Grund). **UNTEN:** Mehrstufig aufgebaute Waldränder und abwechslungsreich strukturierte Innensäume um Waldlichtungen stellen wertvolle Biotope dar. Weil diese vielerorts fehlen, hat sich beispielsweise der Igel in die Hecken der Hausgärten zurückgezogen (39. Grund).

OBEN: Die Lärche ist die einzige heimische Baumart, die ihre Nadeln im Herbst abwirft. Besonders in den Bergwäldern setzt sie mit ihrer leuchtend gelben Herbstfärbung spektakuläre Akzente im dunkelgrünen Fichtenwald (10. Grund). **UNTEN:** Das im Waldboden gespeicherte Wasser sickert langsam durch die verschiedenen Bodenschichten, wird dabei gereinigt und mit Sauerstoff angereichert. Gelangt es auf eine wasserführende Schicht, tritt es irgendwo als klares Quellwasser zutage (96. Grund).

OBEN: Treffen Sonnenstrahlen auf die grünen Blätter, läuft ein chemischer Prozess ab – die Fotosynthese. Dabei baut der Baum Kohlendioxid und Wasser in Kohlenhydrate und Sauerstoff um (56. Grund).

UNTEN: Das Plakat an dieser Waldhütte hat schon einige Jahre auf dem Buckel – die Botschaft ist aber nach wie vor aktuell: »Ohne Wald geht uns die Puste aus« (59. Grund).

Die Haselmaus ist keine Maus, sondern der kleinste Bilch Europas. Als gewandter Klettermaxe kraxelt sie durch Hecken, stets auf der Suche nach Haselnüssen, Früchten, Samen oder Insekten. Sein langer, behaarter Schwanz hilft dem Bilch dabei, die Balance zu halten. Die Haselmaus wurde zum Tier des Jahres 2017 gewählt (41. Grund).

Weil man sich dort
unter Mistelzweigen küsst

Wenn Sie mit einer Frau im Wald spazieren gehen, lohnt sich immer ein Blick nach oben. Denn sobald die Dame unter einem Mistelzweig steht, darf sie geküsst werden. Diese »Tatsache« haben sich besonders die prüden Amerikaner, die Engländer und die Skandinavier für einen Weihnachtsbrauch zunutze gemacht, damit sich Liebende schon vor der Hochzeit ungestraft küssen dürfen. Sie hängen an Weihnachten einen reich geschmückten Mistelzweig im Zimmer oder am Türrahmen auf. Jede Frau, die darunter steht, darf einen Kuss nicht ablehnen. Es ist jedoch darauf zu achten, dass für jeden Kuss eine Beere vom Zweig entfernt wird. Der Zweig ist also so eine Art Gutscheinautomat, weshalb die Engländer des 18. Jahrhunderts die Früchte des Mistelzweiges auch »Kuss-Kugeln« nannten.[99] Sind alle Bons eingelöst, trägt der Zweig also keine Beeren mehr, ist Schluss mit der Knutscherei.

Der genaue Ursprung dieses Brauchs ist unbekannt, es gibt aber verschiedene Erklärungsansätze: Einige Historiker vermuten, dass das Küssen erstmals beim griechischen Fest der Saturnalien auftauchte, einer Feierlichkeit zur Ehre des Gottes Saturn. Andere führen es auf einen Waffenstillstand in Skandinavien zurück, wo sich die verfeindeten Parteien unter einem Baum mit Mistelbewuchs den Friedenskuss gaben.

Es rankt aber auch eine germanische Legende um die Mistel: Frigga galt als Schutzherrin von Ehe und Mutterschaft. Ihr Sohn Balder war der Gott des Lichts, dessen Tod das Ende der Welt bedeutet hätte. Aus Sorge verlangte Frigga allen Tieren und Pflanzen das Versprechen ab, Balder kein Leid anzutun. Die in den Bäumen lebende Mistel erschien ihr aber zu unscheinbar, um einen Eid einzufordern. Das machte sich der mit Balder verfeindete Loki zunutze. Er fertigte einen Pfeil aus Mistelholz und gab diesen Hödur, dem Bruder Balders. Im Glauben an die Unverwundbarkeit seines Bruders feuerte er den Pfeil auf ihn ab und tötete ihn damit. Frigga konnte ihn jedoch wieder zum Leben erwecken. Die Tränen, die sie um ihren Sohn weinte, verwandelten sich in die weißen Beeren des Mistelzweiges. In ihrer Freude küsste Frigga jeden, der unter dem Baum hindurchging, auf dem die Mistel wuchs.

Lange bevor der Weihnachtsbaum in Mode kam, war die Mistel auch in Mitteleuropa ein beliebter Weihnachtsschmuck. Nicht nur Halloween und Valentinstag gelangten durch die Globalisierung der Festtagssitten nach Deutschland, auch der Brauch des Mistelzweigs wurde zwischenzeitlich reimportiert und fand wieder Einzug in die festlich geschmückten Wohnstuben.

Als Lebewesen zwischen Himmel und Erde faszinierte die Mistel unsere Vorfahren schon immer. Spätestens seit Asterix und Obelix weiß jeder, dass Misteln ein elementarer Bestandteil des Zaubertrankes sind. Miraculix schneidet diese mit seiner goldenen Sichel aus den Eichenkronen heraus. Die Kelten und Germanen hielten die Misteln für ein Geschenk der Götter – wie sonst könnten sie in die Baumkronen gelangen und ohne Verbindung zum Erdboden wachsen?!

Heute wissen wir, dass Misteln Halbschmarotzer sind, die die Leitungsbahnen der Bäume anzapfen, um sich mit Wasser und Mineralien zu versorgen. Dadurch schwächen die durstigen Parasiten befallene Bäume besonders in Trockenperioden. Es sind aber nur Halbschmarotzer, weil sie den anderen Teil zum Überleben, die Nährstoffe, über Fotosynthese selbst produzieren können. Eine direkte Verbindung zur Erde ist also nicht notwendig und ein Platz an der Sonne ist auch ohne mühsames Hochwachsen gesichert.

Stattdessen bildet die Mistel bis zu einem Meter große, immergrüne Kugeln aus, die im Winter von Weitem zu sehen sind. Die Mistel wächst sehr langsam, deshalb sind diese Kugeln oft schon 30 Jahre alt. Ihre Beeren sind eine klebrige Angelegenheit, was aber die Grundvoraussetzung für deren Verbreitung ist. Die Beeren der Weißbeerigen Mistel, der bei uns häufigsten Mistelart, werden besonders von drei Vogelarten gefressen: der Misteldrossel, der Mönchsgrasmücke und dem im Winter gelegentlich gastierenden Seidenschwanz.

Die Vögel scheiden die Samen samt klebriger Schleimhülle mit dem Kot aus oder wetzen ihre Schnäbel sauber. So gelangen die

Samen inklusive Haftmaterial an neue Äste, die sie dann mit einer Senkerwurzel anzapfen, sofern die Baumart passt. Denn die bei uns vorkommenden drei Unterarten der Weißbeerigen Mistel (Viscum album) wachsen nur auf bestimmten Bäumen: Die Kiefernmistel und die Tannenmistel sind weitestgehend auf die namensgebenden Baumarten beschränkt, die Laubholzmistel nimmt es dagegen nicht so genau: Sie schmarotzt unter anderem auf Linden, Ahorn, Robinien, Weiden, Pappeln, Birken, Haseln und Apfelbäumen. Buchen werden dagegen ebenso gemieden wie Eichen. Da die Druiden aber gemäß den historischen Überlieferungen ihre Misteln ausschließlich aus Eichen schnitten, führt das zu der Vermutung, dass die Kelten die sogenannte Eichenmistel (Loranthus europaeus) ernteten, die auch Riemenblume genannt wird. Die wärmeliebende Riemenblume ist nur im Sommer grün und gehört zu einer anderen Familie als die bei uns gängigen Mistelarten. Aus den besonders klebrigen Beeren der Eichenmistel stellte man früher einen zähen Leim her, der zum Vogelfang verwendet wurde.

Misteln galten in allen europäischen Kulturkreisen als Förderer der Fruchtbarkeit und als Lebensspender. Schon im antiken Griechenland beschäftigten sich Heilkundige mit der Pflanze. Die Druiden setzten die Mistel als Arznei gegen Schwindelanfälle und Epilepsie ein. Dann geriet sie als Heilmittel lange in Vergessenheit. Zu Beginn des 20. Jahrhunderts wurde die Mistel als alternatives »Zaubermittel« gegen Krebs neu entdeckt. Die damalige Erklärung für die Wunderkräfte klingt allerdings etwas weit hergeholt: Mistelpflanzen sind Baumparasiten und galten deshalb als probates Mittel gegen Erkrankungen, die wie Krebs als Parasit des Menschen gesehen wurden. Weil die Mistel ihrem Wirt die Lebenskräfte entzieht und diesen langsam aushungert, soll sie das auch mit entarteten Krebszellen tun können. Da habe ich irgendwie das Bild vor Augen, wie einem Patienten anstelle eines Blutegels ein Mistelzweig aufgesetzt wird.

Heute interessieren sich die Forscher besonders für die in Misteln enthaltenen Lektine. Das sind komplexe Proteine, die sich an Zellen binden und in der Lage sind, biochemische Reaktionen auszulösen. Dadurch können Ärzte mit Mistelpräparaten das Immunsystem anregen und gezielt Entzündungen herbeiführen, zum Beispiel für eine Reiztherapie gegen Arthrose. Die Mistelextrakte werden in zahlreichen Fertigarzneien zur Behandlung von Bluthochdruck, Altersbeschwerden und Arteriosklerose, aber eben auch zur Krebsbehandlung eingesetzt.

Noch ist die Wirksamkeit gegen Krebs nicht wissenschaftlich bewiesen. Vielleicht gelingt es ja »unseren Druiden« irgendwann, aus Misteln den Zaubertrank zu brauen, der zur Heilung dieser teuflischen Krankheit führt.

Weil der Seidelbast blüht, wenn im Frühjahr noch alles karg ist

Wie eine rosafarbene Fackel mit grünem Palmschopf leuchten die bis zu einem Meter langen Wedel des Seidelbastes in den kalten Märzhimmel. Noch ist es hell am Waldboden, aber in wenigen Wochen spannt der Buchenwald seinen Blätterschirm auf und taucht das untere Stockwerk ins Schummerlicht. Meistens findet man den Echten Seidelbast unter Buchen, aber auch Eichen-Hainbuchen-Wälder sagen dem kalk- und nährstoffliebenden Strauch zu. Auf sauren Böden wird man dagegen vergeblich nach ihm suchen.

Die »Fackel« besteht aus einer Vielzahl kleiner, fliederähnlicher Blüten, die direkt an dem noch blattlosen Stämmchen sitzen. Sie verströmen ihren betörenden hyazinthenartigen Duft über die letzten Schneereste des ausgehenden Winters. Oft riecht man den Seidelbast, bevor man ihn sieht. So geht es auch den ersten, aus ihrer Winterstarre erwachten Schmetterlingen, wie dem Zitronenfalter, Kleinen Fuchs, Tagpfauenauge oder C-Falter. Wie sie freuen sich auch Hummeln und Bienen über die erste Nektarmahlzeit des Jahres.

Der botanische Name »Daphne mezereum« wurde 1753 von Carl von Linné zum ersten Mal veröffentlicht. »Daphne« war der Name eines hübschen griechischen Mädchens, das von Zeus in einen Lorbeerbaum verwandelt wurde, weil sein Sohn Apoll die Finger nicht von ihr lassen konnte. Die Blätter des Seidelbastes sehen denen des Lorbeers ziemlich ähnlich.

»Mezereum« deutet auf das persische Wort für »tödlich« hin. Und damit kommen wir auch schon zur ausgesprochenen Giftigkeit des wohlriechenden Gewächses. Zehn seiner glänzend roten Beeren sollen ausreichen, um einen Erwachsenen zu töten. Vögel wie Bachstelze, Rotkehlchen, Amsel oder Wacholderdrossel fressen die johannisbeerähnlichen Früchte dagegen sehr gerne. Das giftige Fruchtfleisch scheint ihnen nichts auszumachen und mit dem Kot verbreiten sie die Samen im Wald. Es gibt aber auch besonders empfindlich reagierende Tierarten, wie Schweine, Rinder und Pferde. Die tödliche Dosis liegt beim Schwein bei drei bis fünf Beeren, beim Pferd bei 10 g Rinde.[100] Der ebenfalls gebräuchliche Name Wolfsbast deutet darauf hin, dass mit dem Gift auch Wolfsköder präpariert wurden.

Der Seidelbast besitzt noch viele weitere volkstümliche Bezeichnungen. Der bekannteste davon dürfte der Name »Kellerhals« sein. »Kellen« ist mittelhochdeutsch und bedeutet »quälen«. Damit wird auf das würgende und brennende Gefühl im Hals hingewiesen, nachdem das Gift der Pflanze geschluckt wurde.

Von einer alten Legende rührt dagegen der Name »Karfreitagsblume« her. So soll der Strauch früher ein stattlicher Baum gewesen sein. Als man jedoch aus seinem Holz das Kreuz von Golgota zimmerte, soll sich der Seidelbast als schmächtiger Giftzwerg in die Tiefen der Wälder zurückgezogen haben.[101]

Die heute geläufige Bezeichnung »Seidelbast« könnte zwei Ursprünge haben. Zum einen wird der Name auf den germanischen Kriegsgott Ziu zurückgeführt – zum anderen wird angenommen, dass sich der Wortteil »Seidel« von »Zeidel« (= Biene) ableitet, weil der Seidelbast als erste Bienennahrung im Jahr dient.

Die unheilvolle Mischung aus Frühling, betörendem Duft, leuchtender Schönheit und tödlichem Gift veranlasste den berühmten Dichter Hermann Hesse (1877–1962), Daphne mezereum in seinem Werk »Im Walde blüht der Seidelbast« als Metapher für eine unerfüllte Liebe zu verwenden.

Weil der Gelbe Frauenschuh
die spektakulärste Orchidee ist

Der Gelbe Frauenschuh ist eine wilde Schönheit, die so viele Namen besitzt, wie Frauen Schuhe im Schrank haben. Die einen Volksnamen knüpfen an die Blütezeit im Mai an, wie beispielsweise Kuckucksblume, Marienschelle oder Pfingstblume, die anderen beziehen sich auf die Blütenform: Ochsenbeutel, Pantoffelblume oder Jungfernschön sind Beispiele dafür.

Die bis zu 60 cm große Orchidee trägt auch den Namen »Marienfrauenschuh«. Der Ursprung dafür liegt in einer Legende, nach der die Jungfrau Maria auf der Flucht vor Häschern einen ihrer Schuhe verlor. An dieser Stelle wuchs dann jene Blume und man gab ihr den Namen Frauenschuh.[102]

Ihre Schönheit ist zugleich ihr Fluch. Denn die auffällige Blüte mit der Optik eines Clogs von Frau Antje aus Holland weckt Begehrlichkeiten, besonders unter Orchideensammlern. Bei Nacht und Nebel schleichen sie zu den wenigen verbliebenen Vorkommen und graben die geschützten Pflanzen aus, um sie in ihren Garten zu versetzen. Dieses egoistische Verhalten ist nicht nur gesetzeswidrig, sondern auch völlig sinnlos. Das Objekt der Begierde vegetiert vielleicht für einige Zeit im Garten vor sich hin, es können jedoch keine neuen Frauenschuhe nachwachsen. Denn der Gelbe Frauenschuh ist auf einen ganz bestimmten Wurzelpilz, einen Mykorrhizapilz der Gattung Rhizoctonia, angewiesen. Dieser kommt nur in Wäldern vor, in denen auch Nadelbäume wachsen. Die Pilzsymbiose ist eine geniale Lösung für die Weiterverbreitung der Art. Bei der Samenproduktion setzt der Frauenschuh auf Masse: In einer einzigen, vier bis fünf Zentimeter großen Kapselfrucht reifen zwischen 6.000 und 17.000 winzige Samen heran.[103] Diese sind so leicht, dass sie mit dem Wind bis zu zehn Kilometer weit fliegen können. Der Kompromiss für die Leichtbauweise ist das Fehlen eines Fresspakets für den Start ins Leben. Der Mykorrhizapilz springt für die Erstversorgung in die Bresche.

»Erstversorgung« ist allerdings untertrieben, denn der Pilz versorgt den Keimling satte vier Jahre kostenlos mit Nährstoffen – erst dann kann der kleine Mädchenschuh sein erstes Blatt ausbilden und mit der Fotosynthese beginnen. Ab diesem Zeitpunkt beginnt die Pflanze für sich selbst zu sorgen und ihre »Schulden« beim Mykorrhizapilz in Form von Zuckerlösung zurückzubezahlen. Von Blühen ist zunächst noch keine Rede – bis zum ersten gelben Pantoffel können sechs bis 16 Jahre ins Land ziehen. Die Topmodels unter den Blütenpflanzen lassen es langsam angehen. Die Aktion des Hobbygärtners war jedenfalls für die Katz und es gibt in freier Wildbahn wieder mal einen Frauenschuh weniger. Trotzdem bleibt Hoffnung an der illegalen Ausgrabungsstelle, denn der Frauenschuh gehört im Gegensatz zu den meisten anderen Orchideen, die eine Knolle als Speicherorgan besitzen, zu den Rhizom-Orchideen. Das bedeutet, er besitzt unterirdische Sprossachsen, über die der Frühblüher im Frühjahr austreibt. Bei günstigen Standortbedingungen kann sich der Frauenschuh sogar vegetativ vermehren, indem er oberirdische Sprosse ausbildet. Dadurch kann eine einzige Pflanze größere Horste mit vielen Blüten ausbilden.

Aber nicht nur das Ausgraben macht dem Gelben Frauenschuh zu schaffen. Er leidet generell unter dem sogenannten Orchideentourismus. Denn gerade heute, im digitalen Zeitalter, ist die Jagd der »Blumenfreunde« nach dem schönsten Foto rücksichtsloser denn je. Dabei werden benachbarte Pflanzen zertreten und der Boden mit den empfindlichen Orchideen-Rhizomen verdichtet. Kein Wunder werden wichtige Vorkommen zur Blütezeit von freiwilligen Naturschützern bewacht oder noch besser: geheim gehalten.

Es gibt aber noch einen anderen Grund für den Rückgang des Frauenschuhs: Ihm geht das Licht aus. Denn er benötigt lockere, sonnendurchflutete Wälder – unsere Forstwirtschaft setzt jedoch auf dunkle Waldbestände, in denen sich die Stämme »putzen«, also unnötige Astansätze abstoßen, die die Holzqualität im Sägewerk mindern. Die traditionellen, lichten Waldnutzungsformen wie der Nieder- und Mittelwald werden dagegen immer seltener.

Und dann gibt es noch einen dritten Grund, warum wir immer weniger dieser prachtvollen Orchideen im Wald sehen: der Rückgang der Insekten. Für den Frauenschuh fehlen damit die Bestäuber. Vor allem die kleinen, erdbewohnenden Sandbienen der Gattung Andrena sind für die Orchidee sehr wichtig.

Dabei ist der Trick des Frauenschuhs ziemlich perfide, denn die kleinen Sandbienen werden nicht nur getäuscht, sondern auch noch betrogen. Doch der Reihe nach: Der namengebende Schuh, das auffällig zitronengelbe, bauchige Blüten-Vorderteil, soll den Bestäubern ein prall gefülltes Nektarsäckchen vortäuschen. Zusätzlich verströmt die Orchidee einen betörenden, aprikosenähnlichen Duft. Mit dieser Reizkombination gibt es für die Bienchen kein Halten mehr und sie fliegen zur Blüte, um einmal über den Pantoffelrand zu schauen. Dabei rutschen sie auf der spiegelglatten, mit einem Ölfilm überzogenen Oberfläche aus und gleiten ins Innere des Schuhs, der die Funktion einer Kesselfalle besitzt.

Das Ganze erinnert an die Intrigen fleischfressender Pflanzen. Nein, damit hat der Gelbe Frauenschuh nichts am Hut. Er möchte einfach nur bestäubt werden, dafür aber keine Gegenleistung hergeben. Denn von wegen »prall gefülltes Nektarsäckchen«. Das Einzige, was die Sandbiene im Innern des Schuhs findet, ist ein helles Licht am Ende des Tunnels. Also macht sich das enttäuschte Insekt auf den Weg dorthin. Der Pfad führt zunächst an der Narbe vorbei, die das flauschig behaarte Bienchen quasi im Vorbeigehen bestäubt. Anschließend drückt sich der »Jäger des verlorenen Schatzes« an den Staubblättern vorbei, wo ihr etwas der klebrigen Pollenmasse auf den Rücken geheftet wird.

Dann ist sie endlich wieder frei und so schlau, direkt in die nächste Kesselfalle zu plumpsen. Dort geht sie wieder den gleichen Weg zum Hinterausgang und streift den Huckepack-Pollen an der Narbe ab und Abrakadabra – die Blüte des Gelben Frauenschuhs ist bestäubt. Und weiter geht's zur nächsten Rutschbahn …

Für diese Dienstleistung rückt der Frauenschuh nicht nur null Komma null Nektar raus, sondern beherbergt auch subversive Untermieter. Im Kessel des Frauenschuhs lauern gerne Raubspinnen und warten am Ende der Rutsche auf Futter. Das ist sicher nicht im Sinne der Orchidee, weil das Insekt doch seinen Weg zum Hinterausgang gehen soll. Die Spinne ist im wahrsten Sinne des Wortes ein »Abstauber« – und das, wo doch die Pollen auf dem Rücken der Biene so dringend zur Fortpflanzung benötigt werden. Da wünscht sich der Frauenschuh bestimmt manchmal die Verschlagenheit seiner fleischfressenden Kollegen.

Weil man ihm aufs Dach steigen kann

Spaziert man durch den Wald, sieht man nur einen kleinen Ausschnitt des riesigen Ökosystems. Genaugenommen ist es der Teil, in dem am wenigsten Betrieb herrscht. Selbst unter der Erde ist mehr los. Den interessantesten Bereich wuchten die dicken, holzigen Stämme in eine Höhe, wo man mit bloßem Auge kaum noch etwas erkennen kann. Neben der Tiefsee und dem Erdboden gehören Baumkronen überraschenderweise zu den am wenigsten erforschten Lebensräumen. Unser Wissen über die Biodiversität dieses einzigartigen Lebensraums ist sehr gering. In den Kronen tropischer Wälder wurden in den letzten Jahren weit mehr Insektenarten neu entdeckt als in jedem anderen Lebensraum der Erde.

Je mehr Baumarten in einem Wald vorkommen, umso höher ist seine Artenvielfalt. So ist zum Beispiel Ecuador von der Fläche her deutlich kleiner als Deutschland, besitzt aber rund 60-mal so viele Baumarten wie Deutschland. Ein deutscher Wald gilt bereits als artenreich, wenn er nicht nur von einer Baumart (häufig der Buche) aufgebaut wird, sondern drei bis vier Baumarten beherbergt. Zu den artenreichsten Wäldern Mitteleuropas zählen Auwälder entlang der großen Flüsse, in denen Eschen, Eichen, Ulmen, Ahorne und Hainbuchen wachsen.

Warum der »Lebensraum Baumkrone« so ein Mysterium ist, liegt daran, dass er sehr schwer zu erreichen ist. Selbst wenn man mit Kletterausrüstung oder 30 Meter langen Leitern am Stamm hochsteigt, ist man erst mal nur im inneren Kronenbereich. Das Leben pulsiert aber außen. Man muss schon Eichhörnchen oder Vogel sein, um dorthin zu gelangen. Schwindelfreie Wissenschaftler nutzen dagegen Hubsteiger – wie bei der Feuerwehr – oder einen Kran mit daran herabhängender Gondel. Aufwendiger und betreuungsintensiver sind Ballon-Konstruktionen, die dafür eine große Mobilität in der Krone ermöglichen: das Gondelsystem COPAS, das den Forscher mithilfe eines Ballons entlang von Führungsseilen in der Krone bewegt, und das »Canopy raft«, ein kombiniertes Vehikel aus Ballon und Schlauchboot, welches auf der Kronenoberfläche in 40 oder 50 Meter Höhe landet.[104]

Schon in den 1970er-Jahren bauten Wissenschaftler in Südamerika Seilstege durch den Amazonas-Dschungel, um die dortige Flora und Fauna zu erforschen. Diese Stege waren Vorbild für unsere heutigen Baumkronenpfade – Wanderwege in den Baumwipfeln nach deutscher Baunorm. Das Konstrukt im Blätterwald wird auch als Baumwipfelpfad oder – für ausländische Touristen besser verständlich – als TreeTopWalk bezeichnet. Der erste Baumkronenpfad Deutschlands wurde 2003 im Pfälzerwald (Rheinland-Pfalz) der Öffentlichkeit präsentiert. Zuletzt eröffnete im Juli 2016 als bundesweite Nummer 17 der Baumwipfelpfad Saarschleife nahe Orscholz (Mettlach).

Diese zum Teil über 1,5 Kilometer langen Bauwerke sind aber nicht für die Wissenschaft gedacht – zu unattraktiv für finanzkräftige Investoren. Sanfter Tourismus ist das Zauberwort für den Zauberort. Es sind der Reiz der Höhe, die herrliche Aussicht und das Eintauchen in die bisher unbekannte Welt der Baumkronen, die rund 200.000 Menschen pro Jahr auf den Höhenweg ziehen. Weil Eltern und Lehrer die unerschöpflichen Fragen ihrer wissensdurstigen Kinder meist selbst nicht beantworten können, werden die ökologischen Zusammenhänge direkt zwischen den Ästen anhand von Lehrtafeln, Spielen und interaktiven Elementen erklärt. Tafeln mit großen Bildern informieren zum Beispiel über Baum- und Vogelarten. Dabei muss anhand der Blätter die Baumart bestimmt werden. Im thüringischen Baumkronenpfad Hainich können Kinder auf zwei Hängebrücken nachvollziehen, wie die Äste im Wald schwanken.

Allerdings entlocken die klassischen Lehrmittel Heranwachsenden heute oft nur ein müdes Gähnen. Deshalb kommen auch in 40 Meter

Höhe Computertechnik und Smartphones zum Einsatz: Augmented reality und eine eigene Wipfel-App sind die Augenhöhe unserer Jugend. Wenn ein Wipfel-Selfie der Türöffner zur Waldliebe ist, warum nicht?

Allerdings muss ständig nachgelegt werden, denn auch in der Höhe gelten die Gesetze des Tourismusgeschäfts: »Alle drei bis vier Jahre muss eine Attraktion hinzukommen oder Altes durch Neues ersetzt werden, damit die Gäste auch ein zweites, drittes und viertes Mal kommen«, sagt Bernd Bayerköhler, Vorstand der Erlebnis Akademie AG aus Bad Kötzting (Bayern), die inzwischen vier solcher Anlagen in Deutschland betreibt.[105]

74. GRUND

Weil der Jäger an Weihnachten sein Wild besucht

Jeder kennt dieses Bild: Der Jäger bzw. Förster stapft mit dem schweren Futtersack über der Schulter durch den tief verschneiten Wald zur Futterkrippe, um dem notleidenden Wild die sehnlich erwartete Nahrung zu bringen, damit es im strengen Winter keinen Hunger leiden muss. Aber wie ist es wirklich?

Tatsächlich wird der Jäger im Jagdgesetz nicht nur mit der Bejagung des Wildes beauftragt, sondern er wird auch zur Hege und zum Jagdschutz verpflichtet. Er trägt die Verantwortung für den Wildbestand und muss sich um dessen Gesunderhaltung kümmern und es vor Gefahren wie Seuchen, Wilderern oder Futternot schützen.

Der Schutz vor Futternot heißt aber nicht, dass das Wild gemästet werden darf wie Nutzvieh. Dann vermehrt es sich nämlich ungebremst und es entstehen Schäden an kleinen Waldbäumchen und landwirtschaftlich genutzten Flächen. Deshalb heißt es im Jagdgesetz weiter: »Die Hege muss so durchgeführt werden, dass Beeinträchtigungen einer ordnungsgemäßen land-, forst- und fischereiwirtschaftlichen Nutzung, insbesondere Wildschäden, möglichst vermieden werden.«

Leider haben in der Vergangenheit einige Jäger das mit dem Füttern übertrieben. Unabhängig vom Wetter wurde von Oktober bis März gefüttert, was das Zeug hält. Da ist der Futtersack schon mal einem Muldenkipper gewichen und die Erhaltungsfütterung zu einer Trophäenzucht ausgeartet. Deshalb ist heute die Fütterung von Wild nur noch in Notzeiten gestattet.

Eine Notzeit liegt vor, wenn das Wild nicht mehr genug Nahrung zum Überleben findet. Das können anhaltend hohe Schneelagen mit verharschter Oberfläche sein, sodass das Wild den Schnee nicht mehr wegscharren kann, um an die Pflanzen am Waldboden zu kommen. Dann muss der Jäger seiner Hegeverpflichtung nachkommen und das Wild füttern.

In Zeiten der Klimaerwärmung kommt das allerdings immer seltener vor. Eine aktuelle Studie der TU München unter Leitung von PD Dr. habil. Andreas König ergab, dass Rehe in normalen Wintern keinen Hunger leiden. Eine Notzeit kann aber auch eine Dürreperiode im Hochsommer sein. In diesem Fall sollte der Jäger Wassertränken im Revier aufstellen.

Was hat das nun mit Weihnachten zu tun? An Weihnachten lassen wir es uns besonders gut gehen. Es ist das Fest der Liebe. Und Liebe geht ja bekanntlich durch den Magen. Deshalb futtern wir über die Feiertage in uns rein bis zum Abwinken. Das Mittagessen ist noch nicht mal ganz abgeräumt, da läuft schon die Kaffeemaschine und die Torte wird aus dem Kühlschrank geholt. Zwischen Sahneschnitte und Abendessen werden dann Plätzchen zur Überbrückung gereicht und das ganze Prozedere wird von reichlich Alkohol begleitet. Es ist ja das Fest der Freude.

Aber so ist das mit dem Luxus: Wenn man alles hat, kann man es sich leisten, auch an andere zu denken. Deshalb steigt die Spendenbereitschaft mit zunehmendem Wohlstand. Niemand kam nach dem Krieg auf die Idee, Futter in den Wald zu bringen, als man selber nichts zu essen hatte.

Glücklicherweise leben wir heute in besseren Zeiten. Während zu Hause die Bescherung vorbereitet wird, zieht es den Jäger an Heiligabend in den Wald. Nicht zum Jagen, sondern um nach »seinem«

Wild zu sehen. Dabei ist das lebende Wild »herrenlos«, es gehört also gar nicht dem Jäger. Der Jäger besitzt nur das Aneignungsrecht am erlegten Wild, aber eben auch die Pflicht zur Hege. Und deshalb fühlt sich der Jäger verantwortlich. Weihnachten ist das Fest der Familie und der Freunde – und der Jäger zählt das Wild offensichtlich zum erweiterten Freundeskreis.

Das Wild an Weihnachten im Wald zu besuchen ist zugegebenermaßen eine ziemlich verklärte Sicht der Dinge. Auf der einen Seite tötet der Jäger Tiere, auf der anderen Seite kümmert er sich aber auch um sie. Das ist ein Paradoxon, das sich in vielen Jägerbräuchen widerspiegelt, z. B. dem letzten Bissen – wenn also dem erlegten Wild mit einem Zweig im Äser (Maul) die letzte Ehre erwiesen wird – oder der traditionellen Hubertusmesse am 3. November, zu Ehren des heiligen Hubertus von Lüttich, dem Schutzpatron der Jäger. Auch die Verhaltensgrundsätze der Waidgerechtigkeit zeigen die Achtung vor der Kreatur und wurden sogar ins Jagdgesetz aufgenommen.

Obwohl die Jagdzeit auf Rehwild in den meisten Bundesländern bis Ende Januar dauert, beenden viele Jagdpächter ab Weihnachten aus eigenen Stücken die Bejagung auf Rehwild. Das hat verschiedene Gründe:

Einer ist, dass die Nachfrage nach Rehrücken und Rehkeule bis Weihnachten sehr hoch ist, danach aber abrupt einbricht. Was also bis Weihnachten erlegt wird, kann gut verkauft werden, nach den Festtagen wird es schon schwieriger.

Ein weiterer Grund ist, dass der strenge Winter meist im Januar beginnt. Dann möchte man dem Wild Ruhe gönnen, denn Fluchtstrecken bei hohen Schneelagen fahren den im Winter gedrosselten Stoffwechsel der Tiere nach oben. Diese Energie muss wieder durch Nahrung zugeführt werden, was zu einem erhöhten Verbiss an kleinen Waldbäumchen führt.

Der dritte Grund ist, dass sich bei den erwachsenen weiblichen Rehen, also den Geißen und Schmalrehen, ab Januar bereits die Föten der nächsten Generation im Mutterleib entwickeln. Es widerstrebt vielen Jägern, mit einem Schuss gleich drei Rehe (Geiß mit zwei Föten) zu töten.

Die Wildtiere wissen natürlich überhaupt nicht, dass Weihnachten ist. Ein romantischer Besuchstermin im Wald ist also schon sehr menschlich gedacht. Trotzdem ein schönes Zeichen, wie ich finde.

Im Nachbarrevier haben wir eine Waldkapelle, ein wunderbarer Ort, um vor dem Weihnachtstrubel noch einmal in sich zu gehen und über den eigentlichen Sinn der Heiligen Nacht nachzudenken. Und das ist nicht die Gans mit Blaukraut, der Rehrücken mit Preiselbeeren oder der Kartoffelsalat mit Würstchen. Aber auch dafür kann man in der Stille des Waldes einmal Danke sagen, nicht jeder kann zwischen solchen Gerichten wählen.

Auch wenn das Wild nicht weiß, dass Weihnachten ist, kehrt im Wald doch einige Tage Ruhe ein. Höchstens ein paar Spaziergänger beim Verdauungsspaziergang unterbrechen das Schweigen. Und diese Stille ist dann wie Weihnachten für die Waldbewohner.

8. KAPITEL

FASZINIERENDE ENTDECKUNGEN

Weil uns die Vögel zwitschern,
wie spät es ist

Wie würde Ihre Antwort auf die Frage »Wie hört sich Wald eigentlich an?« lauten? Für mich klingt Wald in erster Linie nach Vogelgezwitscher, untermalt mit dem leisen Rauschen der Blätter. Wer nach Sonnenaufgang in den Wald geht, taucht bereits in den Höhepunkt des alltäglichen Klangspektakels ein. Besonders im Frühjahr wird in den ersten Sonnenstrahlen getrillert und jubiliert, was der Schnabel hergibt.

Wer es allerdings vor Sonnenaufgang aus den Federn schafft, erlebt den Einsatz jedes einzelnen Musikers live mit. Da es unter den Vogelarten auch Frühaufsteher und Langschläfer gibt, folgt das tägliche Crescendo einer immer gleichbleibenden Reihenfolge. Dadurch ergibt sich die sogenannte »Vogeluhr«: Wer die jeweils neu einsetzende Vogelstimme erkennt, weiß, wie spät es ist. Zumindest bis Sonnenaufgang, denn dann ist auch der letzte Philharmoniker auf der großen Waldorchesterbühne eingetroffen.

Lassen wir einmal die Nachtigall außen vor, die sozusagen »reinfeiert«, setzt sich das Orchester in folgender zeitlicher Abfolge zusammen. Die Minuten werden rückwärts vom Zeitpunkt des Sonnenaufgangs gerechnet:

- Gartenrotschwanz (80 Minuten)
- Hausrotschwanz (70 Minuten)
- Rauchschwalbe (60 Minuten)
- Singdrossel (55 Minuten)
- Rotkehlchen (50 Minuten)
- Kuckuck (50 Minuten)
- Mönchsgrasmücke (45 Minuten)
- Goldammer (45 Minuten)
- Amsel (45 Minuten)
- Zaunkönig (40 Minuten)

- Zilpzalp (35 Minuten)
- Blaumeise (35 Minuten)
- Kohlmeise (30 Minuten)
- Fitis (22 Minuten)
- Stieglitz (20 Minuten)
- Star (15 Minuten)
- Grünfink (15 Minuten)
- Buchfink (10 Minuten)

Das sind einige der häufigsten Vogelarten, natürlich gibt es noch viele weitere, die sich zeitlich irgendwo dazwischen eintakten. Aber warum halten sich die einzelnen Vogelarten mit ihrem Gesang so genau an diesen Rhythmus? Warum singen sie morgens nicht einfach alle gleichzeitig los?

Der morgendliche Gesang dient zum einen der Revierabgrenzung und zum anderen dem Anlocken von Weibchen. Daraus ergibt sich schon, dass fast ausschließlich Männchen singen. Würden nun alle Vogelarten gleichzeitig losträllern, wäre es in dem Durcheinander für alle Vögel viel schwieriger, die jeweiligen Artgenossen zu lokalisieren. Deshalb hat jede Vogelart ihr Zeitfenster bekommen, in dem die Männchen zum Gesangsduell antreten: Im direkten Vergleich können die Weibchen anhand der vorgetragenen Strophen besser Rückschlüsse auf die Vitalität ihres potenziellen Fortpflanzungspartners ziehen.

Weil es mit fortschreitendem Frühjahr morgens immer zeitiger hell wird, verlagert sich auch der Gesangsbeginn in immer frühere Morgenstunden. Zudem sind die Vögel im Osten zeitiger dran als ihre Artgenossen weiter im Westen. Aber nicht nur die Umgebungshelligkeit steuert den Gesangsbeginn, auch Temperatur und Geräusche können eine Rolle spielen. Je nach regionalen Umweltbedingungen und Umgebungsreizen kann es also durchaus zu zeitlichen Verschiebungen von 15–30 Minuten kommen. Da diese äußeren Einflüsse jedoch für alle Vögel gleich sind, bleibt der Gesamtrhythmus stets erhalten. Außerdem weiß die Kohlmeise ja, dass sie immer fünf Minuten nach der Blaumeise drankommt. Wenn die kleine Blaue also loslegt, muss die Kohlmeise schleunigst aus den Federn.

Weil Mondholz das Beste sein soll

Der Mond beeinflusst die Erde und seine Lebewesen. Davon hat jeder schon gehört oder dies vielleicht sogar schon am eigenen Leib erlebt. Das bekannteste Phänomen sind die Gezeiten, also Ebbe und Flut, die durch die Gravitation des Mondes gesteuert werden. Dieser Vorgang lässt sich wissenschaftlich genau erklären. Anders sieht es beim Einfluss auf Lebewesen aus. Es wird zwar vermutet, dass die Mondphase Einfluss hat auf Schlafstörungen, Verkehrsunfälle, Komplikationen bei Operationen und sogar auf die Häufigkeit von Selbstmorden. Bewiesen ist das aber nicht.

Ich kenne auch viele Menschen, die sich ihre Haare nur bei einer bestimmten Mondphase schneiden lassen: Bei zunehmendem Mond sollen sie schneller nachwachsen, bei abnehmendem Mond dagegen dichter und fester.

Seit jeher richten sich viele Landwirte bei der Erzeugung ihrer Produkte nach dem Mondkalender: So soll »das Ernten und Einlagern von Getreide bei abnehmendem Mond geschehen. Das Getreide sei dann haltbarer und nicht so anfällig für Käfer- und Schimmelbefall. Die Aussaat von Halmfrüchten (Getreide) solle dagegen bei zunehmendem Mond erfolgen, und zwar bevorzugt dann, wenn der Mond in einem Feuerzeichen (Fruchtzeichen) stehe. Dies ermögliche rasches und sicheres Auflaufen, schnellen Bodenschluss und dadurch verringerte Erosionsanfälligkeit.«[106]

Viele Menschen glauben auch an besondere Eigenschaften von Holz, das unter Berücksichtigung des forstwirtschaftlichen Mondkalenders gefällt wurde, dem sogenannten Mondholz. Mit wissenschaftlichen Untersuchungen konnte dieser Zusammenhang jedoch bis heute nicht bewiesen werden.

Trotzdem sind Kunden bereit, für Mond-Bauholz bis zu 30 % mehr Geld auf den Tisch zu legen. Dem zum richtigen Zeitpunkt eingeschlagenen Mondholz wird nachgesagt, trocken, schwindarm, rissfrei, verwindungsstabil, unempfindlich gegen Fäulnis oder Insektenbefall sowie insgesamt witterungsbeständiger zu sein. Weihnachtsbäume sollen ihre Nadeln später verlieren.

Laut einem Beitrag in der Schweizer Fachzeitschrift *Wald und Holz* »rechtfertigen mögliche ›homöopathische‹ Unterschiede in den Holzeigenschaften zwischen Normalholz und Mondholz keinesfalls derartige Preisunterschiede«[107].

Allgemein lautet für das Ernten von Mondholz die Faustregel: »nur bei abnehmendem Mond im Winter«. Das hängt mit dem Wassergehalt der Bäume zusammen. In der Ruheperiode und bei abnehmendem Mond steht der Baum am wenigsten im Saft. Nach dem Fällen belässt der Forstwirt die Äste am Baum, weil sie weiteres Wasser aus dem Stammholz herausziehen. Noch besser ist es, wenn der Baum in bergigem Gelände mit dem Wipfel nach unten liegt.

Bezüglich des genauen Erntezeitpunkts gibt es jedoch zahlreiche weitere Expertenmeinungen.

Optimal soll es um Weihnachten herum sein, bei abnehmendem Mond kurz vor Neumond. Laut anderen »uralten Quellen« ist der 1. März ein besonderes Datum – an diesem Tag geschlagenes Holz soll nicht brennen. Es wird von Kaminen in alten Bauernhäusern berichtet, die innen mit Mondholz ausgekleidet sein sollen. Das Holz verkohle nur an der Oberfläche, ohne zu brennen. Ob es sich wirklich um Mondholz handelte, konnte nicht nachgewiesen werden. Zumindest steht fest, dass die Oberfläche »geschlämmt« wurde, um das Holz vor Funken zu schützen.

Der Glaube daran, dass Mondholz nicht brennen könne, ist schon verwunderlich. Auch die heutige Ignoranz der seit 250 Jahren andauernden Untersuchungen zum Thema Mondholz ist erstaunlich.

Hier einige Ergebnisse:[108]

- »Mondholz brennt vergleichbar mit Holz aus Normaleinschlag. Von Unbrennbarkeit kann keine Rede sein!«
- »Mondholz weist keine höhere Resistenz auf als Holz aus Normaleinschlag. Von absoluter Resistenz gegen Pilze und Würmer kann keine Rede sein!«
- »Mondholz schwindet vergleichbar dem Holz aus Normaleinschlag. Von Schwindungsfreiheit kann keine Rede sein!«

- »Mondholz ist nicht härter (dichter) als Holz aus Normaleinschlag. Von einer deutlichen Erhöhung der Härte (Dichte), die über der bei Holz bekannten natürlichen Streuung liegt, kann keine Rede sein!«
- »Mondholz ist nicht trockener als Holz aus normalem Einschlag. Eine deutlich verringerte Holzfeuchte bei im abnehmenden Mond geschlagenem Holz, die über der bei Holz bekannten natürlichen Streuung liegt, ist nicht gegeben. Von einer so niedrigen Holzfeuchte bei im abnehmenden Mond geschlagenem Holz, dass auf eine Holztrocknung verzichtet werden kann, kann keine Rede sein!«

Dabei sprechen diese wissenschaftlichen Erkenntnisse eigentlich eine deutliche Sprache. Betrachtet man aber wiederum den heutigen Zeitgeist, kommt man dahinter, warum wir das nicht wahrhaben wollen: Es ist unsere Antwort auf die Massenproduktion und den damit verbundenen Identitätsverlust der modernen Gesellschaft. Es ist die Rückbesinnung auf Traditionen, auf die Erfahrungen aus vermeintlich besseren Zeiten und der Wunsch nach einer ökologischen, gesundheitsbewussten Lebensweise.

Wie ein Schwamm saugen wir alles auf, was übernatürlich, unerklärbar oder mit mystischen Eigenschaften behaftet ist. Besonders beliebt sind Themen, die bereits in der deutschen Kultur idealisiert und verklärt wurden, wie der Wald, die Berge – und eben der Mond. Wir können aus unserer Geschichte heraus gar nicht anders, als daran zu glauben, dass der Mond uns Gutes zuteilwerden lässt.

Auch ich glaube, dass es mehr gibt zwischen Himmel und Erde, als die Wissenschaft beweisen kann. Wenn jedoch das Marketing großer Unternehmen mit der Leichtgläubigkeit der Menschen spielt, nur um Kommerz zu machen, finde ich das schon fragwürdig.

Weil in seinem Schutz viele Denkmäler überdauern

Der Besuch von Museen und staubigen Archiven gehört nicht gerade zu meinen Lieblingsbeschäftigungen. Viel interessanter finde ich es, Relikte unserer Vorfahren an Ort und Stelle zu entdecken. Besonders in den Wäldern finden wir viele Hinterlassenschaften unserer Vorfahren – manche sind uralt, wie vorgeschichtliche Grabhügel, andere sind Zeugnisse der jüngeren Vergangenheit, wie Grenzbefestigungen aus den Zeiten des Kalten Krieges.

Allen gemeinsam ist, dass sie – ihrem Alter entsprechend – sehr gut erhalten sind. Denn der Wald ist ein guter Konservator. Jedes Jahr produziert er mit dem Laubfall und der damit verbundenen Humusbildung eine weitere Schutzschicht über dem Denkmal. Auch wenn sich dadurch eine »Decke« über die Kulturreste legt, bleiben die Strukturen bei genauem Hinschauen zu erkennen.

Außerhalb des Waldes verwischt die menschliche Bodennutzung alle oberflächlichen Spuren, wodurch »obertägige« zu »untertägigen« Bodendenkmälern werden. Erst bei der Erschließung von Baugebieten oder beim Straßenbau kommen dann Zufallsfunde zum Vorschein, die meist einen vorläufigen Baustopp nach sich ziehen – sofern sie gemeldet werden.

Im Wald dagegen lassen sich neben Bombenkratern aus dem Zweiten Weltkrieg mit bloßem Auge auch Grabhügel aus der späten Bronzezeit (1600–1200 v. Chr.) und der frühen Eisenzeit (750–500 v. Chr.) finden. Unter diesen kreisförmigen Aufschüttungen aus Steinen oder Erde haben unsere Vorfahren ihre Toten bestattet. Leider gibt es immer wieder Grabräuber, die diese Grabstätten auf der Suche nach vermeintlichen Schätzen zerstören.

Ebenfalls gut erkennbar sind keltische Viereckschanzen. Das sind Wälle mit einer Seitenlänge von 80 bis 120 Metern, die von den Kelten zwischen dem 3. und 1. Jahrhundert v. Chr. zum Schutz ihrer Siedlungen angelegt wurden. Wenn man sich vor Augen führt, dass bereits über zehn Baumgenerationen auf diesen Anlagen aufgewachsen und wieder vergangen sind, zeigt das, wie schonend der Wald mit unseren Kulturschätzen umgeht.

Auch Zeichen der Herrschaft und der Frömmigkeit sind im Wald zu finden. Viele Burgen wurden nach dem Dreißigjährigen Krieg (1618–1648) aufgegeben, weil sie keinen ausreichenden Schutz vor der neuesten Waffentechnik, wie Kanonen, mehr boten. Die verlassenen Burgen wurden von den umliegenden Dörfern als Steinbrüche verwendet, weshalb heute oft nur noch der Burgsockel zu finden ist.

Kirchen blieben häufig als letztes Überbleibsel einer aufgegebenen Siedlung bestehen. Während die Wohn- und Wirtschaftsgebäude aufgelassen und abgetragen wurden, blieb das geweihte Gotteshaus unangetastet. Heute liegen diese Kirchen oder Kapellen oft malerisch in der Landschaft eingebettet und sind Ziel von Ausflüglern.

Am interessantesten finde ich jedoch die Zeugnisse des alltäglichen Lebens, die unsere Ahnen hinterlassen haben, wie zum Beispiel die Meilerplatten der Köhler. Die Köhlerei gilt als eine der ältesten Handwerkstechniken der Menschheit und war früher ein weit verbreitetes Gewerbe. Der Köhler verschwelte in einem Kohlenmeiler Holz zu Holzkohle. Holzkohle war leichter zu transportieren als Holz und erzeugte eine größere Hitze. Der Köhler brachte sein fertiges Produkt zu den Hüttenwerken und Eisenhämmern, wo Erze geschmolzen und Metalle verarbeitet wurden. Größere Städte hatten zudem einen gewaltigen Bedarf an Holzkohle für Handwerker aller Art. Um wirtschaftlich zu arbeiten, legte der Köhler meist mehrere Meiler nebeneinander an, jeweils mit einem Durchmesser von sechs bis zehn Metern. Diese kreisförmigen Kohlplätze sind heute noch im Wald zu erkennen. Sie weisen einen anderen Bewuchs auf, weil die tieferen Schichten mit Holzteer durchsetzt sind.

Auch Überreste von Glashütten und Abraumhalden für die Edelsteingewinnung sind heute noch zu entdecken. An anderen Stellen im Wald finden sich noch Spuren von Wolfsgruben. Das waren drei bis vier Meter tiefe Erdlöcher, die mit einer dünnen Reisigschicht abgedeckt waren. In unmittelbarer Nähe wurde ein lebendes Haustier, wie ein Lamm oder eine Gans, festgebunden. Wollte sich der Wolf das wehrlose Opfer holen, fiel er in die Grube, wo er dann von den Fallen-stellern erstochen, erschlagen oder erschossen wurde.

Im Wald finden sich immer wieder Gedenksteine, die an ein wich-tiges Ereignis erinnern: Beispielsweise an den letzten Bären, Wolf oder Luchs, der in dieser Gegend getötet wurde. Damals war das eine Heldentat, heute versucht man, genau diese Großräuber wieder an-zusiedeln.

Manchmal dient der Stein aber auch zur Erinnerung an einen er-schossenen Wilderer oder einen ermordeten Förster. Es gibt auch sogenannte »Rotwildgedenksteine«, die an die Erlegung eines beson-deren Hirsches erinnern, wie zum Beispiel den tausendsten Hirsch, den Kaiser Wilhelm II. 1898 in der Schorfheide zur Strecke brachte.

Zur Abgrenzung der Jagdgebiete dienten häufig Gräben oder Jagd-steine. Solche Gräben sind zum Beispiel im unterfränkischen Iphofen sichtbar, wo sie das Jagdgebiet der Stadt zu dem des Fürsten zu Cas-tell-Castell abgrenzen. Eine Aneinanderreihung von Jagdsteinen fin-det sich dagegen im Allgäu, wo die Jagdgebiete des Fürststifts Kemp-ten und des Hochstifts Augsburg aufeinandertreffen.

Direkt am Wegesrand stehen Bildstöcke oder Marterl. Sie wurden oft aus Dankbarkeit für überstandene Gefahren oder zur Erinnerung an besondere Unglücksfälle aufgestellt und sollen zum Innehalten oder Gebet anstoßen. Oft werden bei ihnen Blumen niedergelegt oder Kerzen abgebrannt.

Das längste Bodendenkmal nach der Chinesischen Mauer liegt üb-rigens in Deutschland. Es ist der 550 km lange Limes, der in der An-tike das Römische Reich von den germanischen Stammesverbänden abgrenzte. Nur 52 km davon verlaufen als »nasser Limes« im Main, der Rest ist eine künstlich gezogene Linie quer durchs Land.

Egal, ob Höhlen, Gräber, Arbeitsstätten, Burgen oder Gedenkstei-ne: Der Wald ist und bleibt der beste Schutz für Denkmäler. Er legt seinen Mantel über die Vergangenheit und bewahrt unsere Kultur-schätze vor Ausbeutung und gegenläufigen Interessen – wie ein un-bestechlicher Treuhänder der Menschheitsgeschichte.

Weil es ohne den Tannenhäher
keine Zirbelkieferstuben gäbe

Den Eichelhäher kennt jeder. Mit seinem bunten Gefieder und den
lauten Warnrufen gehört er nicht gerade zu den introvertierten Zeitgenossen. Das Federkleid des Tannenhähers dagegen ist dunkelbraun
und mit weißen Flecken überzogen. Aus der Ferne betrachtet, ver-
schwimmt diese Maserung zu einem Graubraun, wodurch der Vogel
gut getarnt ist. Aber nicht nur deshalb sehen wir den Tannenhäher
seltener – er kommt in Deutschland ausschließlich in den Bergnadel-
wäldern der Alpen und in Mittelgebirgen über einer Höhe von etwa
1.100 m vor. Dort hat er jedoch eine große ökologische Bedeutung.
Aber nicht für die Tannen, wie man aufgrund seines Namens vermuten könnte. Seine Hauptnahrung sind die Samen der Zirbelkiefer, die
auch Arve genannt wird. Bekannt ist deren Holz von den berühmten
Zirbelkieferstuben der Alpenregion. In Tannen baut der gleichnamige
Häher höchstens einmal sein Nest.

Der Tannenhäher holt sich die reifen Zirbelkieferzapfen direkt aus
der Baumkrone und trägt diese zu einer speziellen »Werkbank«, die
als Arvenschmiede, Zapfenschmiede oder Häherschmiede bezeichnet
wird. Das kann ein Baumstumpf oder eine Astgabel sein, wo die Zapfen eingeklemmt werden. Mit dem spitzen, kräftigen Schnabel meißelt
der Häher dann die Samen aus dem Zapfen heraus. Entweder er frisst
die Zirbelnuss sofort oder packt sie in seinen Kropf. Aber nicht nur
einen einzelnen Samen – bis zu 100 davon passen hinein. Man könnte meinen, er bekäme den Hals nicht voll. Haselnüsse sind übrigens
seine zweitliebste Nahrung, davon haben ganze 14 Stück Platz. Mit
vollem Kehlsack kann ein Häher Distanzen von 15 Kilometern und
bis 600 Höhenmeter überwinden.[109]

Hat der Tannenhäher eine für ihn genehme Stelle gefunden, hackt
er mit dem Schnabel ein Loch in den Boden, das er durch Aufsper-
ren des Schnabels erweitert – das sogenannte Zirkeln. Ist es groß genug, entleert der Rabenvogel seinen ganzen Kropfinhalt hinein. An-

schließend wird das Loch wieder zugedeckt. Ein Häher legt innerhalb einer Saison etwa 10.000 dieser Verstecke an. Und was ins Kröpfchen kommt, ist von bester Qualität, denn schlechte Samen sortiert der Vogel vorher aus. Schließlich ist der Platz im Hals begrenzt.

In den Bergen sind hohe Schneelagen die Regel. Erstaunlicherweise findet der Tannenhäher trotzdem 80 % seiner Verstecke wieder, die er im Herbst, noch ohne Schnee, anlegte. Wie er das macht, ist bis heute unbekannt. Man weiß zumindest, dass er gerne exponierte Stellen wie Felsvorsprünge, Geländekanten, Baumstrünke, Felsblöcke und Böschungen auswählt – bis über die Waldgrenze hinaus –, auf denen der Schnee nicht so hoch liegen bleibt. Immerhin 20 % der Zirbelnüsschen bleiben unentdeckt und können zu kleinen Arven auskeimen. Damit leistet der Tannenhäher einen wichtigen Beitrag zur Ausbreitung und Verjüngung. Arvensamen sind nämlich nicht flugfähig und könnten sonst höchstens direkt unter dem eigenen Stamm landen.

Durch die Transportflüge des Tannenhähers gelangt die Baumart dagegen auch an Standorte, an denen sie bisher nicht vertreten war. Auf Bergwanderungen kann man immer wieder solche Hähersaaten als Ansammlungen von kleinen Zirbelkiefern entdecken. Und selbst für den unwahrscheinlichen Fall, dass alle Tannenhäher 100 % ihrer Vorräte wiederfänden, hat die Zirbelkiefer vorgesorgt: Alle vier bis fünf Jahre sorgen Mastjahre dafür, dass es so viele Zapfen gibt, dass jeder noch so hungrige Hähermagen überfordert wäre.

Im Sommer ernährt sich der Tannenhäher überwiegend von Insekten, Eidechsen, Fröschen, Vogeleiern und Nestlingen. Im Spätsommer schlägt er sich dann mit Beeren den Magen voll. Im Herbst und Winter hingegen ist der Häher von früh bis spät damit beschäftigt, Nussvorräte für den langen Winter anzulegen.

Zu dieser Jahreszeit lässt er sich sogar herab, in den Gärten der Täler vorbeizuschauen, um dort Haselnüsse einzusammeln. Nicht ohne Grund wird der Tannenhäher auch als Nusshäher bezeichnet. Darauf deutet auch sein wissenschaftlicher Name hin, der so viel bedeutet wie »Nussbrecher«: Beim Fressen einer Haselnuss hält er diese mit einem Fuß fest und spaltet sie zielgenau mit wenigen kräftigen Schnabelhieben.

In früheren Zeiten galt der Tannenhäher als Nahrungskonkurrent zum Menschen, wollte man die fetthaltigen Nüsse doch lieber selbst essen. Später dachte man, dass der Tannenhäher aufgrund seiner Sammelwut die Verjüngung der Arve behindern würde. Deshalb wurde er bis in die 1960er-Jahre bejagt. Erst als verschiedene Untersuchungen belegen konnten, wie wichtig sein Lebenswandel für die Naturverjüngung dieser Baumart ist, stellte man den Tannenhäher unter Schutz.

79. GRUND

Weil er der Erfinder der Nachhaltigkeit ist

Im menschenfreien Naturzustand wäre Deutschland ein reines Waldland. Vor etwa 5000 Jahren begannen die Menschen, sesshaft zu werden und Ackerbau und Viehzucht zu betreiben. Dazu wurde der Wald entweder abgeholzt oder das Vieh zur Weide in den Wald getrieben. Beides führte zur Ausbeutung der Flächen. Fruchtfolge wie die Dreifelderwirtschaft oder andere Rotationssysteme waren noch unbekannt, was zur Verarmung der Böden führte. War ein Landstück ausgelaugt, ließ man es zurück. Zu seinem Ersatz wurde ein neues Waldstück gerodet. Nach dessen Erschöpfung ließ man es ebenfalls wieder in devastiertem Zustand zurück.

Der über Jahrtausende andauernde Raubbau an Wald und Natur gipfelte infolge der immer weiter zunehmenden Bevölkerungsdichte um das Jahr 1700 in einer Lebensraum gefährdenden Waldvernichtung. Der deutsche Wald war an seinem Tiefpunkt angelangt, dem sogenannten »großen historischen Waldsterben«. Ein Inspektionsbericht aus dem Harz überliefert, dass »in den ganzen bereisten Forsten nach vierwöchigem Beritte kaum mehr ein Baum zu finden war, dick genug, um einen Förster daran aufzuknüpfen«. Die geplünderten Waldreste bedeckten nur noch 15 % der heutigen Landesfläche. Es drohte der irreversible Verlust der Bodenfruchtbarkeit, das höchste Gut einer jeden sesshaften Gesellschaft. Die Besiedlungsfähigkeit des deutschen Lebensraumes stand auf dem Spiel.[110]

In dieser Situation betrat der Oberberghauptmann Hans Carl von Carlowitz die Bühne. Um das um sich greifende Waldsterben zu stoppen, präsentierte er 1713 in seinem Werk *Silvicultura oeconomica* erstmals das Prinzip der Nachhaltigkeit. Das Prinzip ist eigentlich ganz einfach: Es darf nur so viel Holz entnommen werden, wie auch gleichzeitig wieder nachwächst. Seit 300 Jahren wird diese Philosophie nun schon in der deutschen Forstwirtschaft angewandt und dient seitdem weltweit als Vorbild.

Der Erfolg ist sichtbar: Nicht nur der Waldanteil liegt mit 32 % der deutschen Landesfläche auf dem Höhepunkt seit Beginn der ordnungsgemäßen Forstwirtschaft, auch die ökologischen Eigenschaften des deutschen Waldes verbesserten sich nachweislich: Unsere Wälder waren noch nie so alt, seine Bäume noch nie so stark, seine Totholzvorräte noch nie so hoch und seine Artenvielfalt noch nie so groß.[111]

Leider wurde der Begriff der Nachhaltigkeit in den letzten Jahren zu Marketingzwecken missbraucht. Plötzlich war jeder und alles nachhaltig. Wenn Bioprodukte, grüner Strom und vegane Ernährung im Trend sind, dann macht es sich für Firmen gut, den Saubermann zu spielen. Landauf, landab werden eigene Corporate-Social-Responsibility-Abteilungen (CSR) gegründet und jedes Jahr dicke Wälzer mit der Überschrift »Nachhaltigkeitsbericht« der Öffentlichkeit präsentiert.

Verstehen Sie mich bitte nicht falsch, ich finde es hervorragend, wenn Tchibo sich für verbesserte Arbeitsbedingungen seiner Kaffeefarmer einsetzt oder REWE keine Plastiktüten mehr ausgibt. Aber wieso stehen dann weiterhin Produkte mit Kunststoffverpackung im REWE-Regal, nur dass ich sie anschließend in einer Jutetasche nach Hause trage? Ein bisschen nachhaltig geht halt nicht, so funktioniert das Prinzip nicht.

Letztlich bedeutet Nachhaltigkeit die Erhaltung der eigenen Lebensgrundlagen. Obwohl wir das wissen, setzen wir diese Erkenntnis nicht rigoros um. Denken wir nur an den Ausstoß von Treibhausgasen. Wir wissen schon länger, dass wir uns durch die zunehmende Klimaerwärmung die eigene Existenz zerstören und Teile der Erde unbewohnbar werden. Trotzdem gibt es keinen radikalen Schnitt. Die Industrieländer wollen ihre Wirtschaftskraft erhalten und Entwicklungsländer können es sich nicht leisten, den Vorreiter zu spielen. Denken wir 300 Jahre zurück, als es fast keinen Wald mehr gab: Wenn nur noch ein Baum stünde und Sie bräuchten das Holz für Ihren Ofen, um nicht zu erfrieren, würden Sie den Baum dann nicht auch fällen? Nachhaltigkeit muss immer rechtzeitig beginnen.

Weil dort der Weihnachtsvogel ein Spezialwerkzeug einsetzt

Jetzt fragen Sie sicher: »Wer ist denn der Weihnachtsvogel? Ist damit vielleicht die Weihnachtsgans gemeint?« Nein, als Weihnachtsvogel wird im Tiroler Volksmund der Kreuzschnabel bezeichnet, weil er – ganz ungewöhnlich – auch im Winter brütet. Aber nicht jeder Nestling, der in der Advents- und Weihnachtszeit schlüpft, darf den Namen »Weihnachtsvogel« tragen: Nein, er muss rot sein. Denn viele der Kleinen sind zunächst grau und bekommen erst später eine ziegelrote bis gelb-orange Färbung.

Zu den Kreuzschnäbeln gehören der Fichtenkreuzschnabel, der Kiefernkreuzschnabel, der Bindenkreuzschnabel und der schottische Kreuzschnabel. Alle diese Arten haben eine Besonderheit gemeinsam, den krummen Schnabel. Was auf den ersten Blick aussieht wie eine Missbildung, ist Absicht: Ober- und Unterschnabel stehen über Kreuz. Die Spitzen sind gegeneinander seitwärts gebogen, wobei nicht festgelegt ist, welche der Schnabelhälften nach rechts und welche nach links zeigt. Aber ist das nicht total unpraktisch bei der Nahrungsaufnahme? Wie will der Kreuzschnabel denn mit dieser »Fehlstellung« einen Samen vom Boden aufpicken? An Hunger scheint er jedenfalls nicht zu leiden mit seinem gedrungenen Körper und seinem dicken Kopf.

Bei dem Schnabel handelt sich um ein Spezialwerkzeug, mit dem Samen aus Tannen-, Fichten- oder Kiefernzapfen herausgearbeitet werden können. Und das funktioniert so: Was man außen an einem Zapfen sieht, sind dachziegelartig angeordnete Schuppen, unter denen versteckt die heiß begehrten Samen liegen. Um nun an die Samen zu kommen, hebelt der Kreuzschnabel mit dem unteren Schnabelhaken die Zapfenschuppe hoch, während er mit dem oberen Schnabelhaken sie hinten, an der Befestigungsstelle, ausbricht. Ob der Vogel seinen Kopf dabei nach rechts oder links legt, hängt davon ab, wie herum sein Schnabel gekreuzt ist. Da der Trick nur in eine Richtung funktioniert, sind durch die einseitige Belastung die Kiefer- und Halsmuskeln ungleich entwickelt – wie die Arme von Rechts- und Linkshändern.

Bei der Suche nach seiner Leibspeise turnt der Krummschnabel gerne gesellig in den Kronen der Nadelbäume herum. Dabei nutzt er seinen Schnabel als drittes Greiforgan, was an die Artistik eines Papageis erinnert. Diese Turnübungen lohnen sich erst im frühen Winter richtig, denn dann sind die Zapfen reif. Das ist auch der Grund, warum die Nachzucht mit Schnee und Eis zusammenfällt. Während sich die Eltern mit Trapezakrobatik aufwärmen, wird es den Kleinen – übrigens noch mit geradem Schnabel – im Nest ganz klamm. Wenn Mutti oder Vati zurückkehren, werden die Federwinzlinge flugs unter deren Fittiche genommen und schnell bekommen sie ihre alte Bewegungsfähigkeit wieder.

Gefüttert werden sie in den ersten Tagen, wie die meisten kleinen Vögel, mit eiweißreicher Insektennahrung. Moment, es ist doch Winter? Das stimmt, aber irgendwo muss sich das ganze Krabbelzeug in der kalten Jahreszeit ja verkrochen haben. So macht es sich die übel riechende Tannen-Steifwanze (Cimex abietis) just unter den Schuppen der Fichtenzapfen gemütlich, an denen der Kreuzschnabel sowieso zugange ist. Trotz ihres scharfen Gestanks stellt die Wanze eine Hauptdelikatesse dar und wird zu Hunderten auf die oben beschriebene Weise herausgeholt.[112] Auch in anderer Beziehung nimmt es dieser Finkenvogel mit der Etikette nicht so genau: Zur Deckung seines Mineralbedarfs nimmt er uringetränkte Erde oder Schnee auf.[113]

Wie bei vielen unerklärlichen Dingen ranken sich Mythen und Legenden um den Ursprung der eigenartigen Schnabelform. So besagt eine Christuslegende, dass ein mitleidiges Vöglein zu Jesus ans Kreuz flog. Es versuchte mit all seiner schwachen Kraft, den Nagel herauszuziehen, der durch die Hand des Heilands geschlagen wurde. Dabei färbte des Erlösers Blut sein Brustgefieder rot und sein Schnabel bog sich krumm von all der Mühsal. Jesus segnete voller Güte das barmherzige Tier und verlieh ihm zum ewigen Zeichen seiner selbstlosen Tat das blutrote Gefieder und die Kreuzform des Schnabels.

»Und der Heiland spricht voll Milde: Sei gesegnet für und für,
Trag dies Zeichen dieser Stunde ewig, Blut und Kreuzeszier.«[114]

Leider führte die Legende auch dazu, dass der Christvogel – wie er seitdem auch genannt wird – zu Hause im Käfig gehalten wurde. Denn das Volk sah in ihm einen Günstling des Himmels, der um sich herum Segen verbreitete und vor bösem Zauber und Hexen schützte. Er sollte alle Krankheiten der Hausbewohner auf sich nehmen und sich für die Gesundgebliebenen mit dem Tode opfern. War bei einem Verunglückten auf die Schnelle kein Geistlicher zur Hand, war es zur Absolution ausreichend, seine Sünden einem Kreuzschnabel anzuvertrauen. Solch einen Stellenwert genoss dieser heilige Vogel!

Viele weitere fromme Sagen nehmen Bezug auf die Mildtätigkeit und Güte des Krummschnabels. So wird ihm nachgesagt, dass er das Antlitz toter Artgenossen mit Blättern und Zweigen abdecken soll. Und da die Aufzucht seiner Jungen um die Weihnachtszeit liegt, wird die Fürsorge dieses Vogels mit derjenigen Marias für das kleine Jesuskind verglichen.

Vielleicht noch etwas zu seiner Stimme: Na ja, er singt, wie ihm der Schnabel gewachsen ist – sehr individuell. Mal ein spatzenartiges »Tschipp-Tschipp«, zwischendrin – durchaus gelungen, wenn auch etwas monoton – einige Triller. Gerne auch nasale Laute und harte Schnurrer wie »tret«. Knarrende und schabende Geräusche verleihen dem Ganzen hin und wieder ein gewisses Alfred-Hitchcock-Flair.

Weil wir technisch noch so viel
von der Natur lernen können

Die Natur ist der erfolgreichste Problemlöser aller Zeiten. Seit rund 3,8 Milliarden Jahren entwickelt, erprobt und optimiert sie Strukturen bis zu einer Perfektion, von der wir Menschen nur träumen können. Immer wieder waren es Vorbilder aus der Natur, die Forscher auf Ideen für neue Erfindungen brachten. Leonardo da Vinci (1452–1519) studierte den Vogelflug und schrieb darüber im Jahre 1505 den *Codice sul volo degli uccelli* (Kodex über den Vogelflug). Er konstruierte mithilfe seiner Beobachtungen die ersten Fluggeräte. Auch wenn der Begriff zu Zeiten da Vincis noch unbekannt war, gilt er als Begründer der »Bionik« – eines Wissenschaftszweigs, der sich mit dem Übertragen von Phänomenen der Natur auf die Technik beschäftigt.

Der Begriff »Bionik« geht auf die Wortschöpfung »bionics« (aus dem Englischen: »biology« und »electronics« bzw. »biology« und »technics«) des amerikanischen Luftwaffenmajors J. E. Steele zurück.

Die Grundidee der Bionik ist zu forschen, ob es für ein Problem bereits eine Lösung in der Natur gibt. Eine Lösung, die ihre Funktionalität und Zuverlässigkeit in Milliarden von Jahren evolutionärer Entwicklung unter Beweis gestellt hat. Dabei geht es in der Bionik nicht darum, die Strukturen der Natur einfach nur zu kopieren, sondern die Prinzipien dahinter zu verstehen. Erst dann können sie wirklich zielführend in der Entwicklung von neuen Produkten eingesetzt werden.

Der Mensch muss allerdings genau hinschauen, denn die Bauprinzipien sind oft mikroskopisch klein und offenbaren sich niemals auf den ersten Blick – als müsse man sich deren Entdeckung erst würdig erweisen. Pflanzen und Tiere besitzen zum Überleben ihrer Art optimal ausgebildete Strukturen, zum Beispiel zum Fliegen, Schwimmen, Kriechen, Fressen, Bauen von Nestern, Anhaften auf glatten Oberflächen oder zum Stützen und Tragen von hohen Gewichten.

All diese Strukturen orientieren sich am Minimum-Maximum-Prinzip. Es besagt, dass mit einem minimalen Einsatz an Material und Energie ein Maximum an Stabilität und Leistung erreicht wird. Dieses Prinzip ist auch bei uns Menschen für eine ressourcenschonende Technik von großer Bedeutung.

Verschwenderisch zeigt sich die Natur nur im Zusammenhang mit der Fortpflanzung. Zur Präsentation des genetischen Potenzials wird viel Energie verbraten: Denken wir nur an das mächtige Hirschgeweih, das Jahr für Jahr neu aufgebaut wird. Viele Pflanzenarten bauen bei der Anzahl ihrer Nachkommen einen großzügigen quantitativen Puffer ein. Denn mit Streuverlusten muss immer gerechnet werden.

Wir Menschen glauben technisch sehr weit fortgeschritten zu sein. Stoßen wir dann wieder zufällig auf ein kleines Puzzlestück aus Mutter Naturs riesiger Patentsammlung, kommen wir uns vor wie Hinterwäldler. Wir müssen erkennen, dass jede einzelne ihrer Lösungen der unsrigen in ökologischer und ökonomischer Hinsicht weit überlegen ist. So sparen Vögel durch das Fliegen in Keilformation bis zu 23 % Energie ein. Der Chitinpanzer des Käfers verfügt aufgrund seines Sandwichaufbaus über eine enorme Druckfestigkeit und der Grashalm aufgrund seiner dynamischen Verbundkonstruktion über eine hohe Knickfestigkeit.

Beim Bau der weltberühmten Sagrada Familia in Barcelona nahm sich der Architekt Antonio Gaudí Bäume als Vorbild. Er nutzt in seinem Bauwerk verzweigte Pfeiler, die der V-Form von Astgabeln nachempfunden sind. Damit ist es Bäumen möglich, extremen Spannungen durch Winddruck und Schneelast standzuhalten. Bei Gebäuden würden diese Spannungen längerfristig zu Rissen und Brüchen führen. Durch V-förmig verzweigte Pfeiler kann der Materialverschleiß deutlich reduziert werden. Ein wichtiges Prinzip auch für den Bau von Brücken, die dadurch bei gleicher Stabilität wesentlich filigraner gebaut werden können.

Der Karlsruher Baum- und Bionikforscher Claus Mattheck erkannte ein weiteres Prinzip, wie Bäume mit minimalem Einsatz von Material ein Maximum an Stabilität erreichen. Von der Hauptwindrichtung aus wirken die stärksten Kräfte. Damit der Baum bei starken Stürmen und zentnerschwerem Nassschnee nicht umfällt oder zerbirst, wächst er nicht einfach rundherum dicker – was ja auch möglich wäre, um die Stabilität zu erhöhen. Nein, im Sinne des Minimum-Maximum-Prinzips verstärkt er nur die stark beanspruchten Stellen, um die Spannungen und den Druck auszugleichen. Das spart Material, Gewicht und Energie. Diesen Kniff macht man sich beim Motorenbau zunutze. Anstatt alle Teile einfach massiver zu machen, werden nur die kritischen Stellen verstärkt. Dank des Leichtbauprinzips sind die Motoraufhängungen heutzutage um die Hälfte leichter und deutlich stärker belastbar.

Die Borke der Mammutbäume hält Temperaturen bis zu 500 °C aus. Der hohe Anteil an Gerbstoffen ist dafür verantwortlich und könnte zu umweltverträglichen Flammschutzzusätzen führen. Die bekannteste Anwendung der Bionik ist der Lotuseffekt: Auf den Blättern der Lotuspflanze entdeckte Professor Barthlott, ein Botaniker der Universität Bonn, noppenförmige Strukturen, die Wasser und Schmutz einfach abperlen lassen. Das Prinzip findet sich heute unter anderem auf Dachziegeln, Lkw-Planen und den Linsen von Ferngläsern und Zielfernrohren wieder.

Eulen sind Überraschungsjäger. Das Rätsel ihrer lautlosen Flugtechnik wurde bereits gelöst: Es sind drei physikalische Anpassungen am Flügel – ein Kamm steifer Federn an der Vorderkante des Flügels, ein flexibler Hinterrand und sehr weiche Daunen an der Flügeloberseite. Erste Versuche, diesen Schallschutzeffekt mit künstlichen Materialien nachzuahmen, waren erfolgreich. Wenn es gelänge, den Lärmreduktionsmechanismus der Eulen nachzubilden, könnten daraus neuartige, schallabsorbierende Überzüge für Flugzeuge oder Windräder entstehen.

Und das sind nur wenige Beispiele. Ich glaube, dass sich fast bei jeder Tier- und Pflanzenart eine »technische« Besonderheit entdecken lässt, die es ihr im Laufe der Evolution ermöglichte, sich in ihrer Nische zu behaupten. Von der Natur können wir Menschen noch sehr viel lernen.

Weil es dort Glühwürmchen gibt

Jedes Jahr im Juni ist der nächtliche Wald Kulisse für ein ganz besonderes Schauspiel. Dann schweben wie von Geisterhand Abertausende kleine Lichtlein durch die Frühsommernacht. Der Höhepunkt des Glühwürmchenspektakels soll regelmäßig die Johannisnacht vom 23. auf den 24. Juni sein. Warum leuchten die Glühwürmchen nun aber nicht das ganze Jahr über? Glaubt man einem Schweizer Märchen, haben wir das einer Fee zu verdanken:

Die Geschichte der Glühwürmchen

Vor vielen, vielen Jahren mussten die Schneiderinnen des Dorfes das Hochzeitskleid für die Gräfin nähen. Die Zeit drängte und sie mussten im Schein der Öllampe arbeiten. Es war kaum noch Öl in der Lampe, als eine Fee vorbeikam und ihre Hilfe anbot. Die Schneiderinnen freuten sich sehr und nahmen das Angebot dankend an. Daraufhin rief die Fee ihre Töchter, Tausende von Glühwürmchen, herbei. Die Schneiderinnen hängten die leuchtenden Würmchen wie kleine Laternen an der Mauer auf. Dadurch hatten sie ausreichend Licht, um das Hochzeitskleid der Gräfin fertigzustellen, denn jedes Glühwürmchen trug zu jener Zeit sowohl oben als auch unten an seinem Körper ein Licht.

Als Gegenleistung verlangte die Fee, dass sie gemeinsam mit ihren Glühwürmchen zur gräflichen Hochzeit eingeladen werden sollte, damit die Glühwürmchen um die Krone und den Schleier der Braut einen Kranz bildeten. Die Braut freute sich darüber und die Glühwürmchen setzten sich auf den Schleier. Dem Bräutigam gefiel das aber nicht und er verjagte die Glühwürmchen.

Darüber war die Fee so erzürnt, dass die Glühwürmchen von diesem Tage an nur noch gelegentlich leuchteten, sodass die bedauernswerten Schneiderinnen nichts mehr zustande brachten.[115]

Es gibt aber auch noch eine andere Erklärung. Zunächst einmal sind Glühwürmchen keine Würmer, sondern Käfer, sogenannte

Leuchtkäfer. Sie leben drei Jahre lang als Larve und ernähren sich mit Vorliebe von Schnecken, die sie mit einem Giftbiss töten. Im vierten Lebensjahr verpuppen sie sich im zeitigen Frühjahr und verlassen die Puppe wenig später als Käfer, wobei nur die Männchen fliegen können. Ab diesem Zeitpunkt fressen beide Geschlechter nichts mehr und zehren von ihren Energiereserven aus dem Larvendasein.

Die Glühwürmchen haben wenig Zeit, einen Partner zu finden, denn sie leben als fertige Käfer nur noch ein bis zwei Wochen. Um nicht im Schnabel eines hungrigen Vogels zu landen, findet die Partnersuche nachts statt. Aber wie soll das Männchen in der Dunkelheit nur ein Weibchen finden, das ja, wie gesagt, nicht mal fliegen kann? Die Familie der Leuchtkäfer hat das intelligent gelöst – das Weibchen macht einfach im eigenen Körper das Licht an und lotst so den fortpflanzungswilligen Partner in den sicheren Hafen der Ehe. Ist die Ehe vollzogen, stirbt das Männchen und das Weibchen macht die Laterne wieder aus: Sowohl das Männchen als auch die Laterne haben ihren Zweck erfüllt.

In unseren Breiten sind drei Arten von Glühwürmchen heimisch: der Kleine Leuchtkäfer, der Große Leuchtkäfer und der Kurzflügel-Leuchtkäfer. Nur beim Kleinen Leuchtkäfer glühen auch die Männchen. Wenn also »unsere« Glühwürmchen im Wald umherschweben, dann sind das immer die Männchen des Kleinen Leuchtkäfers. Stellen Sie sich vor, das Männchen des weit verbreiteten Großen Leuchtkäfers würde auch noch leuchten – dann wäre aber Lichterfest im Wald.

Aber wie gelingt es den Glühwürmchen, so hell zu leuchten? Die kleinen Käfer erzeugen das Licht durch eine biochemische Reaktion mithilfe eines artspezifischen Luciferins. Artspezifisch bedeutet, dass jede der weltweit circa 2000 Arten anders leuchtet. Es gibt sogar Arten, die blinken. Manche dieser Arten können das Blinken sogar synchronisieren: Holla, die Waldfee – da kommt Rhythmus in den Wald.

Der Vorgang der eigenständigen Lichterzeugung wird Biolumineszenz genannt. Glühwürmchen sind ein Meister dieses Fachs, denn sie sind in der Lage, kaltes Licht zu erzeugen. Das bedeutet, dass keine Energie in Form von Wärme verloren geht. Was ja durchaus Sinn macht, weil das Weibchen mit dem hellsten Licht die meisten Männchen anzieht und nicht die Dame mit dem heißesten Hinterleib.

Vergleichen wir das einmal mit der herkömmlichen Glühbirne – dort gehen 95 % der elektrischen Energie für Wärme drauf. Genaugenommen dient eine Glühbirne also eher zum Heizen als zum Leuchten. Kein Wunder wurde bei diesem katastrophalen Wirkungsgrad im Jahr 2012 in Deutschland die Herstellung und der Vertrieb von Glühlampen verboten. In puncto Energieeffizienz macht den Käferchen also so schnell keiner was vor – im Gegenteil, sie machen uns Menschen was vor: Forscher konnten nach dem Vorbild der Glühwürmchen bereits LEDs mit geringerem Strombedarf entwickeln.

Wer sich nun in einer lauen Johannisnacht auf der Suche nach Erleuchtung in den Wald begibt, sollte die Vorlieben der Glühwürmchen kennen. Sie lieben feuchte Lichtungen, Bachufer und Waldränder. Oft muss man gar nicht weit suchen und die hellgrünen Pünktchen schweben direkt vor einem über den Waldweg. Im dichten Nadelwald ist man dagegen an der falschen Adresse. Wichtig ist, dass Sie Ihren romantischen Spaziergang nicht zu spät beginnen, denn die Glühwürmchen starten ihren Liebesflug mit Einbruch der Dunkelheit. Nach ein bis drei Stunden knipsen die Käfer ihre Laterne wieder aus und der ganze Spuk ist genauso schnell vorbei, wie er begonnen hat.

83. GRUND

Weil der Dompfaff den Domknaben das Singen beibringt

In einem früheren Kapitel habe ich den Wald einmal als Kathedrale bezeichnet. Passend dazu möchte ich Ihnen nun den Dompfaff vorstellen. Sie kennen diesen Singvogel sicher vom Futterhäuschen im Garten. Besonders die Männchen sind nicht zu übersehen, mit ihrer roten Brust und der schwarzen Kappe. In Verbindung mit einem mittelstarken Bauchansatz erinnerte diese kompakte, halslose Erscheinung früher wohl viele Menschen an einen Domherrn.

Mit seinem malerischen Gewand und dem »religiösen« Namen findet man der Dompfaff häufig als schmückendes Hintergrundmotiv auf alten Darstellungen des Gartens Eden. So sind Gimpel beispielsweise in den Gemälden *Paradiesdarstellung mit Sündenfall* (1615) und *Paradiesische Landschaft mit der Arche Noah* (1596) abgebildet.

Eigentlich heißt der Vogel aber Gimpel. Dieser Name leitet sich vom bayrisch-österreichischen Wort »gumpen« ab, was so viel bedeutet wie »hüpfen«. Als »Gimpel« werden im Volksmund einfältige, unerfahrene und tölpelhafte Menschen bezeichnet. Das rührt daher, dass sich dieser Vogel früher problemlos durch Nachahmung seines Rufs oder durch einen Lockvogel einfangen ließ.

Sein Gesang ist leise mit verschiedenen Pfeifelementen, unter anderem mit Trillern, aber überwiegend plaudert er so vor sich hin. Am auffälligsten ist ein weiches, melancholisches »diüü«, das in der Tonlage nach hinten abfällt. Im Musikbusiness zählt bekanntermaßen neben der guten Stimme auch immer das gute Aussehen. Beim Gimpel stimmt das Gesamtpaket, weshalb er bereits im 19. Jahrhundert gerne in der Stube gehalten wurde. Wie andere Finkenvögel auch, sind Gimpel sehr lernfähig, was Musikstücke anbetrifft. So wurde früher jungen Gimpeln mehrmals am Tag das zu erlernende Lied stückchenweise vorgepfiffen. Wenn sie den ersten Akt beherrschten, wiederholte sich das Prozedere mit einem neuen Teilstück, bis das Lied komplett war. Begabte Dompfaffen konnten bis zu drei, durchaus komplizierte Lieder erlernen. Manche »Vogelfreunde« engagierten auch einen Kanarienvogel als Kantor, der den jungen Dompfaffen auf die Tonspur half. Die Elite der deutschen Talentschmiede wurde teuer gehandelt und bis in die USA geliefert. Bis heute noch wird der Gimpel als Käfigvogel gehalten, wobei das nur gezüchtete Tiere sein dürfen, weil Wildfänge verboten sind.

Damit trifft ihn das gleiche Schicksal wie den Buchfink, der zur Unterhaltung ebenfalls in Sippenhaft genommen wurde und noch wird. Glücklicherweise leben die meisten Dompfaffen im Wald, am liebsten in Fichtenschonungen. Dort lernen die Domknaben das Singen von ihrem Papa. Aber auch die Töchter hören eifrig zu, denn sie singen später ebenso fleißig wie die Männchen, nur mit Beginn der Paarungszeit ist Schluss mit dem Kirchengesang.

Auf dem Weg zum Eheleben folgen die Dompfaffen einer strengen Liturgie, in der Droh-, Flucht- und Imponierverhalten aufeinanderfolgen. Haben sie diese kritische Phase überstanden, folgt eine erste Annäherung: Das Männchen berührt den Schnabel der Angebeteten, weicht dann aber schnell eine Armlänge zurück, denn wer weiß, wie die überraschte Dame reagiert. Man will sich schließlich keine Backpfeife einfangen. Hat es ihr gefallen, gibt sie dem mutigen Pfaffen ein Busserl zurück. Daraufhin füttert er sie zärtlich aus seinem Kropf und die Verlobung ist besiegelt.

Was bei die Verlobung funktioniert hat, kann für den Hochzeitsantrag so falsch nicht sein. Deshalb rückt das Männchen wieder ganz nah ans Weibchen, aber dieses Mal nicht, um sie überraschend zu küssen. Ein deutlicheres Signal muss her, um ihr zu zeigen, wo die Reise hingehen soll. Also steckt das Männchen seiner Verlobten einen Halm in den Schnabel – als Symbol, schließlich will er sie ja ins Nest kriegen. Das war natürlich ziemlich direkt, deshalb hüpft das Männchen schnell wieder zwei Schritte zur Seite. Nimmt das Weibchen das Hochzeitsgeschenk an, beginnt es mit dem Männchen zu schnäbeln und die Ehe kann vollzogen werden.

Während das Weibchen das Nest baut, wird es vom Männchen begleitet. Das Männchen nimmt ab und zu einem Halm in den Schnabel, vermutlich um den Eindruck zu erwecken, dass es sich an den Baumaßnahmen beteiligt. In einem unbeobachteten Moment lässt es den Halm aber einfach wieder fallen. Dafür füttert er die brütende Pfäffin und beteiligt sich bei der Jungenaufzucht. Nach dem Ausfliegen sitzen die Ästlinge – noch ohne schwarze Kappe – im Gezweig und werden dort weiter mit Leckereien versorgt.

Während der Brut- und Aufzuchtzeit bleiben die einzelnen Gimpel-Familien unter sich. Im Spätherbst bilden sich dann kleine Gruppen mit bis zu zehn Tieren und größere Schwärme, die sich im Frühjahr wieder auflösen. Vor allem ältere Paare bleiben über den Winter gerne mit ihrem Partner zusammen. Wer sich schon so lange kennt, lässt sich eben auch von Väterchen Frost nicht trennen. Manche junge

Dompfaffen tun sich dagegen im Sommer mit einem gleichgeschlecht-
lichen Partner zusammen, sozusagen einem besten Kumpel, mit dem
sie bis zum Frühjahr gemeinsam abhängen. Dann möchten sie die
Sache mit dem Halm aber auch mal versuchen ...

84. GRUND

Weil Waldbäume Mann, Frau oder Zwitter sein können

Wir alle kennen den Aufbau einer Tulpenblüte mit ihrem Stempel
in der Mitte und den Staubblättern ringsum, aus denen irgendwann
die Pollenkörner herausrieseln. Diese liegen dann oft neben der Vase
auf dem Wohnzimmertisch. Ein Teil davon gelangt aber auch auf den
eigentlichen Zielort, nämlich die Narbe, am oberen Ende des Stempels
– so befruchtet sich die Tulpe selbst oder über benachbarte Tulpen.
Man kann sich das Sodom und Gomorrha auf den niederländischen
Tulpenfeldern vorstellen. Wie auch immer, das Wahrzeichen Hollands
vereint also sowohl männliche als auch weibliche Fortpflanzungsorga-
ne in einer Blüte und gehört damit zu den Zwittern, den Klassikern
im Pflanzenreich.

Bei den Waldbäumen gibt es aber nicht nur solche Zwitter, sondern
noch ganz andere Konstellationen, man spricht hier von der Häusig-
keit – der Verteilung der Geschlechter.

Einhäusige Baumarten, wie zum Beispiel die Rotbuche, besitzen
sowohl männliche als auch weibliche Blüten auf demselben Baum.
Kommen auf einem Baum jedoch nur männliche oder nur weibliche
Blüten vor, spricht man von Zweihäusigkeit. Das ist beispielsweise bei
der Weide der Fall. Es gibt hier also Mann oder Frau. Bei zweihäusi-
gen Baumarten müssen demzufolge mindestens zwei Bäume unterschiedlichen Geschlechts vorhanden sein, um Früchte zu erhalten.
Da die Blüten der Weide durch Insekten bestäubt werden, muss das
»Ehepaar« nicht direkt in Hauptwindrichtung zueinander stehen. In
natürlichen Weidenbeständen ist das Verhältnis beider Geschlechter
zugunsten der weiblichen Exemplare verschoben.[116]

Denken wir zurück an die Tulpe. Wie sie gehört unter den Bäumen zum Beispiel die Rosskastanie zu den zwittrigen Pflanzen. Sie wird mit etwa 15 Jahren mannbar (geschlechtsreif) und blüht dann jedes Jahr im Mai/Juni. Die zahlreichen weißen Blüten sitzen in aufrecht stehenden, bis zu 30 cm hohen Rispen zusammen, die im Volksmund auch »Kerzen« genannt werden. So eine Kerze kann bis zu 42 Millionen Pollen produzieren[117] – ein wahrer Befruchtungsvulkan! Interessant ist außerdem die Tatsache, dass die Blüten einen gelben Fleck besitzen, solange sie befruchtungsfähig sind. Das zeigt den Insekten, dass die Saftbar geöffnet ist und der süße Nektar zum Ausschank bereitsteht. Sobald die Blüte bestäubt wurde, färbt sich der Fleck rot. Damit signalisiert die Blüte, dass hier nichts mehr an Nektar und Blütenstaub zu holen ist. Welche Baumart nun einhäusig, zweihäusig oder zwittrig unterwegs ist, ist genetisch festgelegt. Als wären diese drei Möglichkeiten nicht schon genug: Nein, es gibt tatsächlich auch noch dreihäusige Baumarten, wie die Esche, wo Individuen mit rein weiblichen, rein männlichen und solche mit zwittrigen Blüten vorkommen. Und zu guter Letzt gibt es noch verschiedene Übergangsformen.

Weil wir gerade bei der Rosskastanie waren – dort kann es vorkommen, dass männliche, weibliche und zwittrige Blüten auf einem Individuum vorkommen (Trimonözie). Bei der Menge an Pollen, die die Kastanie produziert, dürften die rein weiblichen Blüten aber auch so genug Blütenstaub abbekommen. Oder beim Bergahorn: Hier sind männliche und zwittrige Blüten auf einem Individuum zu finden (Andromonözie).

Jetzt stellt sich natürlich die Frage, warum es so viele verschiedene Varianten gibt. Das hängt mit der Verbreitungsstrategie der jeweiligen Baumart zusammen. Nehmen wir Pionierbaumarten wie die Birke oder die Aspe. Sie müssen schnell neue Lebensräume erobern, weil sie bald wieder von anderen Baumarten verdrängt werden. Ein einzelner Baum muss die Chance haben, alleine eine größere Population aufbauen zu können. Eine Zweihäusigkeit wäre hier nicht zielführend, weil ohne einen zweiten Baum des anderen Geschlechts nichts geht.

Der Vorteil der Zweihäusigkeit liegt dagegen darin, dass eine Inzuchtdepression vermieden wird, denn es ist ja eine vollständige

Fremdbestäubung notwendig. Der Nachteil wiederum ist, dass nur rund die Hälfte der Population Samen bildet. Von Ausbreitungsgeschwindigkeit kann hier also keine Rede sein – es handelt sich eher um eine langfristig ausgelegte Strategie.

Die Einhäusigkeit ist für Fremdbestäuber ein effizienteres System als die Ausbildung von Zwitterblüten. Viele einhäusige Baumarten tragen in jungen Jahren überwiegend oder ausschließlich männliche Blüten, während ältere Bäume vorwiegend weibliche Blüten bilden. Das wird damit erklärt, dass kräftige Bäume über eine größere Vitalität und höhere Ressourcen verfügen und deshalb besser in der Lage sind, die energieaufwendigen Samen und Früchte zu bilden. Aus demselben Grund bilden Pflanzen unter Stress in erster Linie männliche Blüten.

Diese komplexe Thematik beruht also nicht auf dem Zufallsprinzip, sondern ist immer am Überleben der jeweiligen Baumart ausgerichtet.

DES WALDES TÜREN STEHEN JEDEM OFFEN

Weil man dort Sport treiben kann

Der Trend zu einer gesundheitsbewussten Lebensweise ist unübersehbar. Dazu gehört neben der körperlichen Bewegung auch eine vernünftige Ernährung.

Bei uns im Büro ist es üblich, am Geburtstag für die Abteilungskollegen eine »Kleinigkeit« zum Essen mitzubringen. Noch vor zehn Jahren waren Schwarzwälder Kirschtorte und großzügig belegte Pizzen die Favoriten. Heute greift da höchstens noch die Hälfte der Kollegen zu. Wenn man alle zufriedenstellen möchte, sollte es schon Low Carb sein. Rohe Gemüsesticks mit verschiedenen, fettarmen Kräuter-Quarkdips sind der Renner.

Nach der Arbeit geht es dann zweimal die Woche ins Fitnessstudio. Denn es gehört schon fast zum guten Ton, seinen Körper in Form zu bringen. Wenn man im Internet einmal den Fehler gemacht hat, nach Begriffen wie Muskelaufbau, Diät oder Abnehmen zu googeln, werden einem die Eiweißpulver und sonstigen Nahrungsergänzungsmittel so lange penetrant im Newsfeed feilgeboten, bis man sich irgendwann geschlagen gibt und ebenfalls auf den Fitnesszug aufspringt.

Viele nutzen das Fitnessstudio nur als Notnagel für den Winter, wenn es draußen dunkel, kalt und nass ist. Im Sommer ist es im Freien viel schöner und der Wald bietet bei jeder Witterung ein angenehmes Klima. Früher ging man spazieren und Rad fahren, heute geht man walken und biken. Je nach Geschwindigkeit ist der Übergang zwischen Erholung und Sport fließend – der Puls macht den Unterschied.

Nicht nur die Begriffe haben sich verändert, auch Art und Anzahl der Sportarten. Nordic Walking, Mountainbiking, Drachen- und Gleitschirmfliegen oder Sportklettern – alle finden in der Natur statt und bleiben nicht ohne Folgen für diese. Denn die neuen Sportarten ziehen neue Infrastrukturen nach sich wie Skipisten, Seilbahnen, Bike-Parcours, Parkplätze oder Klettersteige.

Viele Sportarten sind auf spezielle Landschaftstypen angewiesen, die leider oft besonders sensible und wertvolle Ökosysteme darstellen. Ein Beispiel sind die roten Buntsandsteinfelsen der Südpfalz. Eingebettet in ausgedehnte Wälder, ragen die schroffen Felsen in die Höhe. Deren Aufbau ist immer gleich: Im unteren Bereich liegen die weicheren Schichten, im oberen die härteren. Sie bilden dadurch häufig Überhänge aus, was für Sportkletterer eine besondere Herausforderung ist. Deshalb wird dort auch schon seit Beginn des 20. Jahrhunderts geklettert.

Im Jahr 1985 hatte man festgestellt, dass der in der Pfalz ausgestorbene Wanderfalke wieder in der Region brüten wollte. Fälschlicherweise gingen Naturschutzverbände und Bezirksregierung davon aus, dass der Kletterbetrieb die Hauptursache des Aussterbens gewesen sei. Kurzerhand wurde an zehn Felsen ein vollständiges Kletterverbot erlassen, was auf erbitterten Widerstand der Kletterfraktion stieß.

Die Gründung des Arbeitskreises Klettern und Naturschutz Pfalz (AKN) legte dann die Basis für ein funktionierendes Miteinander zwischen Kletterern und Naturschützern. Heute werden zwar etwa 50 Felsen gesperrt, aber nur während der Brutsaison. Findet keine Brut statt, werden die betreffenden Felsen wieder zum Klettern freigegeben. Viele Falken- und Uhuhorste werden während der Brut- und Aufzuchtzeit von freiwilligen Helfern, zu denen auch Kletterer gehören, bewacht. Ziel ist es, Störungen fernzuhalten und Nestraub zu verhindern. Wenn Naturschützer solche Leistungssportler als Partner haben, bietet das Vorteile: Die Kletterer helfen, wenn Not am Mann ist. Sie verfrachten herausgefallene Nestlinge kurzerhand wieder zurück in den für normale Menschen unerreichbaren Horst in luftiger Höhe.

Die sogenannte Pfälzer Lösung ist in diesem Fall ideal, es gibt aber auch andere Möglichkeiten, empfindliche Biotope zu schützen. Oft ist das Lenken von Besucherströmen durch die Schaffung von Parkplätzen und zusätzlichen Hinweisschildern ein probates Mittel, um die Belastung je nach Bedarf zu konzentrieren oder zu verteilen. Denn wie stark die Natur beeinträchtigt wird, hängt von der Anzahl der Sportler, aber auch von der Sportart selbst und den dabei eingesetzten Sportgeräten ab.

Mit modernen E-Bikes, und im Speziellen E-Mountainbikes, kommen Freizeitsportler selbst in Waldgebiete, die früher nie erreicht werden konnten. Gleißend helle LED-Strahler mit leistungsstarken Akkus machen die Nacht zum Tag und die Uhrzeit spielt für Sportaktivitäten keine Rolle mehr. Unsere Wildtiere werden dadurch in ihrem Rhythmus stark gestört. Die Grenzen, die die Natur früher setzte, werden immer weiter überschritten. Die letzten Refugien von seltenen Tier- und Pflanzenarten sind heute kein sicherer Zufluchtsort mehr.

Es ist unbestritten, dass Sport in der Natur gesund ist und zum eigenen Wohlbefinden beiträgt. Gerade aufgrund der technischen Möglichkeiten, die wir Menschen heute haben, ist die Rücksichtnahme der Sportler und der Weitblick der Planer unabdingbar, damit die »Sportarena Wald« uns noch lange erhalten bleibt und nicht zur reinen Baumstammkulisse wird.

Weil dort Menschen auf ihrem hohen Ross sitzen

»Alles Glück dieser Erde liegt auf dem Rücken der Pferde.« Das ist zumindest die Meinung der rund 3,89 Mio. Reiter in Deutschland. 1,25 Mio. betreiben diese Sportart intensiv. Darunter sind Frauen mit 78 % deutlich stärker vertreten.[118] Für Pferdefreunde gibt es also nichts Schöneres, als hoch oben auf dem Ross den Blick in die Ferne schweifen zu lassen. Sich im Trab oder Galopp den Wind um die Nase wehen zu lassen, ist für den Pferdefreund das Größte, ähnlich wie für den Autoenthusiasten das Cabriofahren – nur dass dieser die Pferdestärken lieber unter der Motorhaube arbeiten lässt.

Wie Spaziergänger, Radfahrer und andere Erholungssuchende lieben es Reiter, draußen in der Natur zu sein. Das stupide Im-Kreis-Reiten in der Reithalle oder auf dem Dressurplatz ist nur zweite Wahl. Trotzdem ist diese Alternative wichtig, um dem Pferd auch bei schlechtem Wetter die nötige Bewegung zu verschaffen, und wenn es an der Longierleine ist.

Außerdem bietet die sichere Umgebung und die weiche Bodenstreu Anfängern die Möglichkeit, ihre Reitkünste ohne größeres Risiko zu verbessern. Denn das Ausreiten erfordert ein gewisses Maß an Erfahrung und Fertigkeiten. Draußen in Wald und Flur wartet eine Vielzahl an Eventualitäten, die nicht vorhersehbar sind und gemeistert werden müssen. Rutschiger Untergrund, tief hängende Äste, ein entgegenkommendes Mofa oder freilaufende Hunde sind nur ein paar Beispiele.

Aber darf man in der Natur eigentlich reiten, wo man will? Die Regelungen dazu finden sich im Bundesnaturschutz- und im Bundeswaldgesetz. Die maßgeblichen Einzelheiten sind in den Naturschutz- und Waldgesetzen der Länder festgelegt.

Als Beispiel möchte ich Bayern herausgreifen. Hier gilt zunächst einmal nach der Bayerischen Verfassung das persönliche Recht jedes Einzelnen auf den Genuss der Naturschönheiten und die Erholung in der freien Natur ohne behördliche Genehmigung und ohne Zustimmung des Grundstücksberechtigten. Alle Bereiche der freien Natur dürfen hierzu von jedermann unentgeltlich betreten werden, allerdings auf eigene Gefahr. Zum Betreten zählt auch das Reiten.

Das klingt zunächst sehr freizügig. Jetzt kommen aber die Einschränkungen, denn das Reiten hat natur-, eigentümer- und gemeinverträglich zu erfolgen. Das bedeutet konkret, dass im Wald nur auf Straßen und geeigneten Wegen geritten werden darf. Innerhalb des Waldbestandes, also zwischen den Bäumen hindurch, ist das Reiten grundsätzlich verboten.

Aber wo ist nun die Grenze zwischen geeignetem und ungeeignetem Weg, wo ist es noch erlaubt und wo schon verboten zu reiten? Ungeeignet sind unbefestigte Steige, Pfade oder ähnlich schmale Fußwege. Die sogenannten Rückegassen zählen nicht zu den Waldwegen, sondern werden dem Waldbestand zugerechnet, sodass auf ihnen das Reiten ebenfalls nicht zulässig ist. Auf Rückegassen werden gefällte Baumstämme für den Abtransport zur nächsten Forststraße gezogen.

Wie ist das nun geregelt, wenn verschiedene Personengruppen im Wald aufeinanderstoßen? Gilt dann das Recht des Stärkeren? Muss der Radfahrer absteigen und der Hund an die Leine? Hierzu heißt es im Bayerischen Naturschutzgesetz, dass die Rechtsausübung anderer Erholungssuchender nicht mehr als unvermeidbar beeinträchtigt werden darf. Also eher unkonkret, unterm Strich muss jeder auf den anderen Rücksicht nehmen.

Um Ärger zu vermeiden, hat der Bundesverband für Pferdesport und Pferdezucht, die Deutsche Reiterliche Vereinigung e.V. (FN), »12 Gebote für das Reiten im Gelände« veröffentlicht. Besonders unterhaltsam finde ich Gebot Nummer 9: »Begegne Fußgängern, Radfahrern, Reitern, Gespannfahrern und Kraftfahrzeugen immer nur im Schritt und sei freundlich und hilfsbereit zu allen!« Hilfsbereitschaft ist ja in Ordnung, aber muss ich jedem gleich »im Schritt« begegnen?

Weil man dort geocachen kann

Für diejenigen, die von dieser Freizeitbeschäftigung noch nichts gehört haben: Geocaching ist eine Art von Schatzsuche, bei der versteckte Gegenstände über GPS-Koordinaten gefunden werden müssen. Es handelt sich im Prinzip um die moderne Variante der uns aus Kindheitstagen bekannten Schnitzeljagd. Die »Schnitzeljagd 2.0« wurde erst möglich, als sich die Genauigkeit des GPS-Signals von 100 Meter auf zehn Meter erhöhte. Das war im Jahre 2000 der Fall, als die US-Regierung die künstliche Verschlechterung des GPS-Signals für nichtmilitärische Nutzer aufhob.

Die Bezeichnung »Geocaching« setzt sich zusammen aus »geo«, griechisch für »Erde«, und »cache«, englisch für »geheimes Lager«. Der Schatz wird folgerichtig als Geocache, oder kurz Cache, bezeichnet. Es handelt sich dabei in aller Regel um ein wasserdichtes Behältnis, in dem sich ein Logbuch und ein Tauschgegenstand befinden. Der Finder trägt sich in das Logbuch ein und tauscht den gefundenen Gegenstand gegen einen (gleich- oder höherwertigen) anderen aus. Die Größe des Caches reicht von »Nano« mit unter 1 cm bis zu »Large« mit den Abmessungen einer Umzugskiste.

Minimalausrüstung eines Geocachers ist ein Satellitennavigationsgerät, also ein GPS-Gerät, das er mit den Koordinaten des Verstecks gefüttert hat. Die Koordinaten besorgt er sich vorher aus dem Internet – auf einschlägigen Plattformen wie www.geocaching.de und www.opencaching.de sind diese hinterlegt. Und die Auswahl an versteckten Schätzen ist nicht gerade klein: In Deutschland sind derzeit über 360.000 aktive Caches versteckt.[119] Damit ist Deutschland das Land mit der höchsten Geocacheanzahl nach den USA.

Bezüglich der Verstecke gibt es verschiedene Schwierigkeitsgrade. Bei den einfachen reichen Turnschuhe und ein sonniges Gemüt, bei den schwierigen Verstecken können schon mal eine Taucher- oder Bergsteigerausrüstung und ein gewisser Grad an emotionaler Verbissenheit notwendig werden. So ließen die Behörden 2015 einen Geocache entfernen, der in 35 Metern Höhe mit einem Magneten an der Unterseite eines Autobahnzubringers der A17 über dem Bahretal befestigt war. Was im Auftrag des sächsischen Landesamtes für Straßenbau und Verkehr von einem Industriekletterer ausgeführt wurde, hatten laut dem im Cache befindlichen Logbuch bereits 15 lebensmüde Geocacher zuvor gewagt.[120]

Der Fantasie der Verstecke sind keine Grenzen gesetzt. Gerade in der Natur gibt es unendlich viele Möglichkeiten. Grundsätzlich gilt das Betretungsrecht der freien Natur für alle Menschen, muss aber im Einklang mit dem Naturschutzrecht stehen. So kann zum Beispiel in einem Naturschutzgebiet das Verlassen der Wege verboten sein. Sowohl das Auslegen als auch das Suchen von Geocaches abseits der Wege ist dann nicht gestattet.

Aber speziell die schützenswerten Orte sind für Geocacher in besonderem Maße interessant: Höhlen, Moore und Auwälder bieten die geheimnisvollsten und schwierigsten Verstecke. Besonders geschützte Bio- und Geotope unterliegen jedoch dem Verbot der Zerstörung oder einer sonstigen erheblichen Beeinträchtigung. Empfindliche Pflanzen sind schwuppdiwupp plattgetreten und seltene Tiere schnell vergrämt, ohne dass es der Schatzsucher überhaupt bemerkt. Gerade Höhlen werden von vielen Tieren für ihren Winterschlaf genutzt. Deshalb ist das Aufsuchen von Höhlen, die als Winterquartier von Fledermäusen dienen, auch für Geocacher zwischen dem 1. Oktober und 31. März verboten.

Besonders kritisch finde ich die sogenannten »Nachtcaches« im Wald. Das sind Verstecke, die nur während der Nacht gefunden werden können, zum Beispiel, weil sie mit Reflektoren, blinkenden LEDs, Lichtschranken oder anderen technischen Spielereien ausgestattet sind. Zum Teil werden Nachtsichtgeräte, Wärmebildkameras oder UV-Leuchten zur Schatzsuche benötigt. Wildtiere sind es gewohnt, dass tagsüber Menschen im Wald unterwegs sind. Oft stehen Rehe nur wenige Meter neben dem Weg und lassen Spaziergänger ungeniert vorbeiziehen. Bei Nacht rechnen die Tiere aber nicht mit Menschen – schon gar nicht abseits der Wege – und reagieren entsprechend scheu und teilweise panisch. Wenn ein Reh bei völliger Dunkelheit durch den Wald flüchten muss, kann es passieren, dass es sich an spitzen Ästen oder einem Zaun verletzt. Es hat ja schließlich keine Nachtsichtbrille auf, wie vielleicht der Geocacher.

Abgesehen davon ist das nächtliche Umherstreifen im Wald auch nicht ganz ungefährlich. Denn gerade in der Dunkelheit ist dort noch eine andere Personengruppe unterwegs: die Jäger. Obwohl das Wild vor dem Schuss immer sicher angesprochen – sprich erkannt – werden muss, sind Missverständnisse nicht ausgeschlossen. Zu Recht fragen Sie natürlich jetzt, ob denn der Jäger das Wild in der Nacht nicht stört. Doch, das tut er. Aber sein Weg ist meistens nicht weit. Er geht nur von seinem Auto zum Hochsitz. Oft sitzt er dann dort stundenlang umsonst, weil die Wildtiere das spezielle Motorengeräusch schon erkannt haben und sein Verhalten recht gut einschätzen können.

88. GRUND

Weil man dort mountainbiken kann

In den 1970er-Jahren wurde das erste »Bergfahrrad« in den USA entwickelt, zunächst nur, um auf Schotterpisten von Bergen herunterzurasen, später auch um generell abseits befestigter Wege zu fahren. Vor knapp 30 Jahren kam es dann zum ersten Aufeinandertreffen zwischen Waldspaziergängern und Mountainbikern in deutschen

Wäldern. Klingt fast wie die Begegnung mit Außerirdischen – genauso dürfte es den Wanderern in ihren Cord-Kniebundhosen und mit Metallabzeichen gepflasterten Wanderstöcken auch vorgekommen sein. Bis zu diesem Zeitpunkt gehörten die Waldwege den Fußgängern und das sollte, deren Meinung nach, doch bitte schön auch so bleiben.

Die Zahl der Mountainbikefahrer nahm jedoch stetig zu und das Pulverfass wurde demzufolge immer größer. Vom Pressedienst Fahrrad wird die Anzahl der Mountainbiker in Deutschland inzwischen auf 3,5 bis 4 Millionen (2014) geschätzt. Die gemeinsame Nutzung der Wege führte zu immer häufigeren Begegnungen und nicht jeder bremste sein Waldrad auf Schrittgeschwindigkeit herunter, was sich leider auf das heutige Image des rücksichtslosen Mountainbikers auswirkte. Andererseits trug auch manch drohend geschwungener Wanderstock nicht gerade zur Entspannung bei.

Mittlerweile ist aber schon ein gewisser Gewöhnungseffekt entstanden. Wenn man sich öfter begegnet, wird der Zustand irgendwann zur Normalität – sofern beide Parteien Rücksicht nehmen. Aber wer muss eigentlich zuerst ausweichen, wenn's eng wird?

Aufgrund des föderalistischen Systems gibt es in Deutschland das Bundeswaldgesetz, das unter anderem das Betreten des Waldes regelt, und die jeweiligen Landeswaldgesetze, die die Vorgaben des Bundeswaldgesetzes konkretisieren. Das führt zu unterschiedlichen Bestimmungen in den einzelnen Bundesländern, auch was das Radfahren im Wald betrifft. So steht im § 14 Abs. 1 BWaldG: »Das Radfahren, das Fahren mit Krankenfahrstühlen und das Reiten im Walde ist nur auf Straßen und Wegen gestattet. Die Benutzung geschieht auf eigene Gefahr [...].« Die Landeswaldgesetze erweitern diese Ausführung. Ich möchte anhand der Bundesländer Baden-Württemberg und Bayern die unterschiedlichen Regelungen einmal verdeutlichen:

Aufgrund des immer weiter steigenden Freizeitdrucks und der daraus resultierenden Erhöhung des Konfliktpotenzials hat Baden-Württemberg Anfang der 1990er-Jahre das Landeswaldgesetz novelliert. Speziell die Fronten zwischen Fußgängern, Reitern und Radfahrern sollten durch klare Regeln entschärft werden. So steht im § 37 Abs. 3 BW LWaldG: »[...] das Radfahren und das Reiten im Wald sind nur auf Straßen und hierfür geeigneten Wegen gestattet. Auf Fußgänger ist Rücksicht zu nehmen. Nicht gestattet sind das Reiten auf gekennzeichneten Wanderwegen unter 3 m Breite und auf Fußwegen, das Radfahren auf Wegen unter 2 m Breite sowie das Reiten und Radfahren auf Sport- und Lehrpfaden; die Forstbehörde kann Ausnahmen zulassen.« Wer sich nicht daran hält, begeht eine Ordnungswidrigkeit und kann mit einer Geldstrafe von 2.500 Euro bis 10.000 Euro zur Kasse gebeten werden.

In Bayern hat laut Bayerischer Verfassung und Bayerischem Naturschutzgesetz jedermann das Recht auf Erholung in der freien Natur. Alle Teile der freien Natur dürfen unentgeltlich betreten werden. Das Radfahren auf geeigneten Wegen ist dem Betreten zu Fuß grundsätzlich gleichgestellt, wobei dem Fußgänger jedoch der Vorrang gebührt (Art. 23 Abs. 1 BayNatSchG). Wenn's eng wird, hat also der Mountainbiker auszuweichen. In den anderen Bundesländern sind die Regelungen meist weniger konkret.

In manchen Waldgebieten werden von offizieller Seite Trails eingerichtet, auf denen Hindernisse, wie zum Beispiel Schanzen, eingebaut sind. Dort können Räder und deren Besitzer zeigen, was sie draufhaben, ohne andere Erholungsuchende zu stören. Leider werden solche Parcours auch immer wieder »wild« gebaut, also ohne Genehmigung, was den Waldbesitzern natürlich ein Dorn im Auge ist. Gelegentlich hört man davon, dass Gegner Scherben auf diese Strecken streuen oder sogar völlig die Nerven verlieren: Vor Kurzem wurde in der Zeitung darüber berichtet, dass auf solch einer Strecke ein Draht auf Kopfhöhe gespannt war und ein Radfahrer dadurch schwerste Halsverletzungen davontrug!

Wissenschaftliche Untersuchungen, welchen Effekt das Mountainbiken auf den Wald und die Natur im Allgemeinen hat, gibt es nicht viele. Es gibt zwar Studien über die Auswirkung auf Erholungswege, doch diese konzentrieren sich meist auf Erosion und Schäden an der Vegetation. Deren Ergebnis ist, dass Mountainbiken einen ähnlichen Einfluss hat wie Wandern und einen geringeren als Reiten oder Motocross. Hätte man wahrscheinlich auch so darauf kommen können.

Schwerwiegender dürften die Störungen für die Tierwelt sein, nämlich wenn das Wild in der Dunkelheit bei der Nahrungsaufnahme gestört oder bei hohen Schneelagen zur energieraubenden Flucht gezwungen wird. Das gilt aber nicht nur für Biker, sondern für alle Freizeitaktivitäten im Wald. Wenn man das im Hinterkopf behält und jeder Waldbesucher etwas Verständnis für den anderen zeigt, kann der Wald das bleiben, was er ist: ein Ort der Erholung und kein Ort des Guerillakampfes mit Scherben und Drähten.

Weil man dort kostenloses Essen findet

Dass es im Wald Essbares gibt, ist nichts Neues, und dass man dort überleben kann, haben schon unsere Vorfahren bewiesen. Im Gegensatz zu den Steinzeitmenschen steht uns heute aus rechtlichen Gründen nicht mehr die volle Bandbreite des Nahrungsreservoirs zur Verfügung. Denn das Fangen und Töten von Wildtieren, wie zum Beispiel Rehen und Hasen, erfüllt den Straftatbestand der Wilderei und kann sogar mit Gefängnis bestraft werden. Als die Jagd noch dem Adel vorbehalten war, verhängten die Landesherren zur Abschreckung drakonische Strafen bis hin zum Tod.

Außer dem Jagdgesetz gibt es noch das Naturschutzgesetz, das über die nichtjagdbaren Wildarten wacht. Und über alledem steht noch das Tierschutzgesetz, nach dem niemand einem Tier ohne vernünftigen Grund Schmerzen, Leiden oder Schäden zufügen darf. Wer sich demzufolge ohne Not an einem Eichhörnchen im Park vergreift, ist genauso ein Krimineller, wie wenn er einen prachtvollen Hirsch im dunklen Tann wildert.

Wenn wir also über kostenloses Essen aus dem Wald sprechen, konzentrieren wir uns auf pflanzliche Produkte. Auch davon ist der Tisch reich gedeckt. Allerdings nicht zu jeder Jahreszeit: Im Winter ist außer einigen piksenden Fichtennadeln kaum etwas Grünes zu entdecken. Für Wildtiere ist das keine Neuigkeit, deshalb fahren sie im

Winter ihren Stoffwechsel auf Sparflamme herunter oder fallen gleich ganz in den Winterschlaf.

Wir könnten es jetzt natürlich wie die Wildschweine machen und anfangen, im Boden zu graben, sofern dieser nicht gefroren ist. Dann fänden wir, abhängig von den vorhandenen Baumarten, vielleicht Eicheln und Bucheckern – allerdings in nicht mehr ganz frischem Zustand. Den Wildschweinen ist das egal, sie haben ja einen Saumagen. Aber wir Menschen sind ja glücklicherweise nicht darauf angewiesen und müssen den Waldtieren im Winter nicht auch noch das wenige Fressen wegfuttern.

Ich habe eben schon die Eicheln und Bucheckern erwähnt. Diese nährstoffreichen Früchte wurden früher von den Bauern genutzt, die ihr Vieh zur Weide in den sogenannten Hutewald trieben. Dort konnten sich die Tiere satt fressen und der Bauer musste kein Futter anbauen oder teuer kaufen. Die Schweine, Ziegen, Rinder und Schafe begnügten sich aber nicht nur mit den Früchten, sie verspeisten auch Keimlinge, Kräuter und Rinde. Der zukünftige Baumnachwuchs hatte keine Chance und die Waldweide führte zu einer Übernutzung der Waldbestände. Das konnte auf Dauer nicht gut gehen. Deshalb wurde die Waldweide mit dem Forstpolizeigesetz von 1902 als »nachteilige Nutzung« verboten.

Was damals dem Vieh zum Fraß angeboten wurde, wird uns Menschen heute als Superfood kredenzt. Superfood ist ein Marketingbegriff für Lebensmittel mit (scheinbar) gesundheitsfördernden Eigenschaften. Eine genauere Zuordnung gibt es nicht – welche Pflanzen bzw. Pflanzenteile Sie dazu zählen möchten, überlasse ich also gerne Ihrer Fantasie.

Rohe Bucheckern enthalten viel Oxalsäure sowie den giftigen Wirkstoff Fagin. Wer sich direkt im Wald den Bauch vollschlägt, dem kann das auf den Magen schlagen. Durch das zeitraubende und Fingernägel strapazierende Aufknibbeln der Schalen wird die verzehrte Menge aber sicher überschaubar bleiben. Wer sich dagegen die Mühe macht und die Bucheckern zu Hause röstet, kann nach Belieben eine größere Menge der ölhaltigen Früchte genießen: Das giftige Fagin wird abgebaut und der nussige Geschmack tritt stärker hervor. Auch der Oxalsäuregehalt wird durch das Erhitzen verringert. Aufgrund des hohen Ölgehalts wurde aus den Bucheckern im 19. Jahrhundert und in späteren Notzeiten Öl gepresst, das zum Essen und für den Betrieb von Lampen benutzt wurde.

Eicheln sind reich an Kohlenhydraten und Proteinen, allerdings auch reich an Tanninen. Durch ausreichendes Wässern können diese bitteren Gerbstoffe jedoch größtenteils ausgewaschen werden. Früher wurden die gemahlenen Eicheln als Mehl- oder Kaffeeersatz verwendet, den »Muckefuck«. Jetzt gibt es aber nicht nur Eichen und Buchen. Es gibt so viele andere Baumarten, die leckere Früchte haben. Denken wir nur an die Walnuss, die Esskastanie oder die strauchartige Haselnuss. Die Wildobstarten sind wahre Vitaminbomben: Dazu zählen zum Beispiel Elsbeere, Speierling, Eberesche, Vogelkirsche, Holunder oder die Hundsrose mit ihren berühmten Hagebutten.

Spricht man von Essen aus dem Wald, denken die meisten jedoch zuerst an Pilze und Beeren. Pilze sind eine eigene Wissenschaft, ja wirklich, nämlich die Mykologie. Das Wissen über essbare und giftige Pilze ist unter uns Deutschen sehr ungleich verteilt. Ich würde sagen, die meisten Menschen haben schon Probleme, einen Pfifferling und einen Steinpilz zu erkennen. Vielleicht noch den Fliegenpilz, zumindest wenn dieser makellos aussieht. Weil viele Sammler den Wald nur wegen seiner Pilze lieben, ist das ein eigener der 111 Gründe in diesem Buch.

Bei den Beeren sind die Kenntnisse in der Bevölkerung schon größer. Das liegt daran, dass viele der bekannten Arten auch im Garten wachsen oder im Supermarkt zu finden sind. Ich denke hier an die Walderdbeere, die Himbeere, die Brombeere, die Preiselbeere oder die Heidelbeere. Allen gemeinsam ist, dass sie reich an Vitaminen sind und lecker schmecken.

Wäre da nicht dieses ungute Gefühl wegen des Fuchsbandwurms. Wie der Name vermuten lässt, tragen überwiegend Füchse diesen Parasiten in sich. Infizierte Füchse scheiden die Eier des Bandwurms mit dem Kot aus. Setzt Meister Reineke seinen Haufen nun genau auf die gesammelte Beere, droht eine Infektion mit schwerwiegenden gesundheitlichen Folgen, die bis zum Tode führen können. Deshalb sollten bodennah wachsende Beeren immer gründlich gewaschen oder erhitzt werden, zum Beispiel als Marmelade.

Das Gleiche gilt natürlich auch für Kräuter wie Scharbockskraut, Sauerklee oder Brennnessel. Aus Waldkräutern lassen sich frische, würzige Salate mischen. Und die Maibowle bekommt erst durch den Waldmeister ihren typischen Cumarin-Geschmack. Jedes Jahr im April gibt es bei mir frisches Bärlauchpesto – ein kulinarischer Hochgenuss! Beim Sammeln des Bärlauchs muss man allerdings aufpassen, dass man ihn nicht mit dem giftigen Maiglöckchen verwechselt.

Wer sich ein bisschen auskennt, kann sich seine Essenszutaten also ganz ohne Geld aus dem Wald mit nach Hause nehmen. Solange das in kleinen Mengen geschieht, schaden Sie dem Wald damit auch nicht. Denn die Natur produziert immer ein bisschen auf Reserve.

90. GRUND

Weil dort Pilze wie Männlein stehen

»Kann man den essen?«, ist wohl die meistgestellte Frage im Zusammenhang mit Pilzen. »Kann man das noch essen?«, heißt es dagegen, wenn weiße, pelzige Flecken die Marmelade dekorieren. Dabei ist die Unterscheidung in essbar, genießbar und giftig nur für uns Menschen relevant – bei den Tieren, die daran knabbern, gehen die Geschmäcker schon weit auseinander.

Lange stritten sich die Wissenschaftler darüber, mit was für Wesen sie es zu tun haben. Pflanzen oder doch Tiere? Die Zellwände von Pilzen bestehen aus Chitin, wie bei den Insekten. Sie besitzen kein Chlorophyll und können deshalb auch keine Fotosynthese betreiben. Ergebnis der Forschung war, dass Pilze ein eigenes Reich mit dem Namen Fungi bekamen, jedem geläufig von der gleichnamigen Pizza.

Pilze sind nicht nur lecker, sondern auch gesund. Gerade für die angesagte Low-carb-Ernährung eignen sie sich durch ihren geringen Fett- und Kohlenhydratanteil sehr gut. Sie bestehen zu 90 % aus Wasser und enthalten wichtige Mineralstoffe wie Kalzium und Magnesium sowie Spurenelemente wie Zink, Mangan und Selen. Aufgrund ihres unverdaulichen Chitin-Gehalts liegen sie jedoch oft schwer im Magen. Und es gibt noch einen Haken: Pilze reichern gesundheitsschädliche Schwermetalle wie Blei, Cadmium oder Quecksilber an. Über 30 Jahre nach dem Reaktorunfall in Tschernobyl sind viele Pilze in Süddeutschland immer noch mit dem radioaktiven Cäsium belastet. Ein übermäßiger Genuss ist also nicht zu empfehlen.

Ihre Eigenschaft als Lebensmittel erscheint sowieso völlig belanglos, wenn man die wichtige Funktion der Pilze im Ökosystem Wald betrachtet. Sie sind zu Höherem in tieferen Schichten berufen. Damit meine ich nicht den Teil, der da auf dem Waldboden steht und gemeinhin als Pilz bezeichnet wird. Das ist nur ein kurzzeitig erscheinender, vergänglicher Fruchtkörper, der Sporen zur Fortpflanzung produziert. Ich meine das »Mutterschiff«, das noch ein Stockwerk tiefer lebt: Dort, unter der Erde, übernehmen kilometerlange Hyphen, das Myzel, eine ganz elementare Aufgabe. Ohne es könnten die Bäume kaum wachsen und der Wald würde in seinem eigenen Abfall ersticken. Man unterscheidet bei den Pilzen drei verschiedene Lebensweisen:

• die Symbionten oder Mykorrhizapilze,
• die Saprobionten oder Zersetzer,
• die Parasiten oder Schmarotzer.

Die Mykorrhizapilze setzen auf ein Zusammenspiel mit den Bäumen. Sie bilden einen Mantel um die Wurzelspitzen der Bäume und beliefern diese mit Wasser und Mineralstoffen. Mit ihrem feinen Geflecht können die Pilze den Boden viel besser erschließen als die groben Pflanzenwurzeln. Als Gegenleistung bekommt der Pilz zuckerhaltige Verbindungen vom Baum, die er zum Aufbau seiner Zellen benötigt, aber mangels Fotosynthese nicht selbst produzieren kann. Zu den Mykorrhizapilzen gehören viele der beliebten Speisepilze, wie zum Beispiel der Pfifferling, aber auch die giftigen Knollenblätterpilze.

Die Zersetzer ernähren sich von totem organischen Material wie der Laubstreu oder Holzresten. Daraus produzieren sie Humus, womit sie die Nährstoffe dem Wald in aufgearbeiteter Form wieder zur Verfügung stellen. Zu ihnen zählen viele Zuchtpilzarten wie der

Champignon sowie Großschirmpilze wie der Parasol oder der Safran-schirmling.

Die Schmarotzer befallen noch lebende Organismen und schädigen sie oft derart, dass sie absterben. Aufgrund eines solchen »Waldsterbens« wurde man im Malheur National Forest im US-Bundesstaat Oregon auf einen Hallimasch aufmerksam, der alle Rekorde bricht: Dieser eine Pilz wächst dort seit 2.400 Jahren und erstreckt sich zwischenzeitlich auf neun Quadratkilometern Fläche. Damit ist er der größte bekannte lebende Pilz und zugleich das größte Lebewesen der Welt! Sein Gewicht wird auf etwa 600 Tonnen geschätzt. Also nichts mehr für den Pilzkorb.

Mit dem Sammeln ist das sowieso so eine Sache. Denn in der Anlage 1 zu § 1 Bundesartenschutzverordnung (BArtSchV) findet man eine Liste der geschützten Pilzarten, die grundsätzlich unter Schutz stehen und nicht gepflückt werden dürften:

- Schaf-Porling, Semmel-Porlinge
- Kaiserling
- Weißer & Gelber Bronze-Röhrling
- Steinpilz
- Sommer-Röhrling
- Echter Königs-Röhrling
- Blauender Königs-Röhrling
- Pfifferlinge
- Schweinsohr
- Erlen-Grübling
- Saftlinge
- März-Schneckling
- Brätling
- Birkenpilze und Rotkappen
- Morcheln
- Grünling
- Trüffel

Jetzt denken Sie sicher: »Verdammt, da sind ja auch meine Lieblingspilze dabei!« Keine Sorge, die Bundesartenschutzverordnung liefert gleich im nächsten Paragrafen die Ausnahmeregelung. Fast alle wichtigen heimischen Arten dürfen »in geringen Mengen für den eigenen Bedarf« gesammelt werden:

- Steinpilz
- Pfifferling – alle heimischen Arten
- Schweinsohr
- Brätling
- Birkenpilz und Rotkappe – alle heimischen Arten
- Morchel – alle heimischen Arten

Geringe Menge bedeutet maximal 2 kg pro Tag und Pilzsucher. Angesichts der metallischen Belastung sollte man das aber besser nicht ausreizen. Für manchen mag es übrigens überraschend sein, dass Trüffel und Röhrlinge nicht zu den Ausnahmen gehören. Diese müssen also im Wald bleiben – sollte man einen zu Gesicht bekommen.

Trotz aller rechtlicher Vorschriften und ärztlicher Ratschläge gehört das Schwammerlsuchen zu den Lieblingsbeschäftigungen im Herbst. Ich glaube, es sind gar nicht die Pilze per se, die so viele Menschen zum Sammeln in den Wald treiben. Ich glaube, es ist der Reiz, die Beute zu suchen, zu finden und nach erfolgreichem »Erlegen« mit nach Hause zu nehmen. Ähnlich wie bei der Jagd. Deshalb werden die Begriffe Jäger und Sammler wahrscheinlich auch oft in einem Atemzug genannt.

Die meisten Pilzsammler, die ich kenne, haben »ihr« Geheimeck. Der Opa meiner Frau beispielsweise ist immer frühmorgens in den Schwarzwald gezogen, um am Abend mit einem großen Korb voller Pfifferlinge heimzukehren. Auf die Frage, wo er die denn alle gefunden habe, waren seine Lippen versiegelt. Ich kann mir bildhaft vorstellen, wie er extra Umwege gegangen ist, um etwaige Verfolger oder Neugierige abzuschütteln. Wahrscheinlich ist er deswegen schon in der frühen Morgendämmerung losgezogen, damit niemand sieht, an welcher Stelle er sich vom Hauptweg ab in die Büsche schlug.

Betrachten wir es aber doch mal aus Sicht der Wildtiere – derjenigen, die genau in diesen »Büschen«, sprich Dickungen, leben. Jetzt schleicht also der Opa in der Morgendämmerung möglichst leise dorthin. Was geschieht nun? Die Tiere werden aufgeschreckt und flüchten panisch. Jede Flucht verbraucht Energie. So wie ein Leistungssportler nach einem Sprint zusätzliche Kohlenhydrate benötigt, so muss auch das Wild seinen Kreislauf auf Hochtouren bringen. Und was der Energieriegel des Sportlers ist, sind die zarten Knospen junger Bäumchen für das Reh. Für den Förster der Super-GAU: Gerade die bei Rehen beliebtesten Pflänzchen sind die wichtigsten Baumarten für einen widerstandsfähigen Wald in Zeiten des Klimawandels.

Für viele macht das Pilzesuchen erst zu mehreren richtig Spaß. Ein Erfolgserlebnis für die ganze Familie. Manche meinen es dabei gut und versuchen die Tiere im Wald nicht zu stören. Sie flüstern dann und versuchen möglichst leise durch die Dickungen zu schleichen. Das ist aber genau verkehrt! Wild fühlt sich sicherer, wenn es Gefahren frühzeitig erkennen kann und Zeit hat, sich zurückzuziehen. Dafür muss dann auch weniger Energie aufgebracht werden als für einen 100-m-Sprint. Das bedeutet für eine Gruppe von Pilzsammlern: normal laut unterhalten, damit das Wild den Menschen kommen hört – und wieder gehen. Wenn Sie alleine unterwegs sind, führen Sie ein Selbstgespräch! Im Wald merkt das keiner. Manchmal hilft es, Dinge einmal offen anzusprechen. Der Wald war schon immer ein guter Seelendoktor. Er lauscht und schweigt.

Besonders sensibel reagiert Wild bei freilaufenden Hunden. Geht man mit einem Hund auf dem Weg spazieren, bleibt der Vierbeiner in der Regel dort und wird dadurch für das Wild berechenbar. Ein Hund abseits der Wege nimmt aber instinktiv die Fährten von Reh & Co auf und folgt diesen – oft unbemerkt vom Hundeführer, weil der gerade mit der Pilzernte beschäftigt ist. Auf freilaufende Hunde, besonders wenn diese nicht spurlaut sind – das heißt nicht anhaltend bellen, sobald sie eine Spur verfolgen –, reagiert Wild panisch.

Zum Abschluss ein paar Tipps, worauf der Pilzfreund beim Sammeln achten sollte:

• Nur Pilze mitnehmen, die man kennt. Beim geringsten Zweifel stehen lassen.
• Aktuelle Bestimmungsbücher oder eine App verwenden. Antiquarische Bücher können überholt sein.

- Schnecken- oder Madenfraß bedeuten nicht, dass der Pilz ungiftig ist.
- Pilze mit dem Messer abschneiden, nicht ausgraben.
- Mit einem Pinsel schon im Wald grob vorreinigen.
- Giftige Pilze niemals umtreten, auch diese sind für den Wald wichtig.
- Nicht mehr Pilze mitnehmen, als benötigt werden.
- Nicht in Dickungen gehen, weil diese das Rückzugsgebiet des Wildes sind.
- Normal laut unterhalten, damit das Wild den »Querwaldeingänger« frühzeitig bemerkt.
- Hunde nur an der Leine mitnehmen.
- Signalfarbene Kleidung tragen, um Verwechslungen vorzubeugen: Pilzzeit ist auch Jagdzeit.
- Keine fauligen Pilze mitnehmen, diese können zu Vergiftungen führen.
- Zu Hause möglichst bald verarbeiten. Wenig Wasser einsetzen, damit sich die Pilze nicht vollsaugen.
- In Naturschutzgebieten und Nationalparks ist das Sammeln verboten.
- Vorsichtig sein, das Betreten des Waldes geschieht immer auf eigene Gefahr.

91. GRUND

Weil man dort Förster und Jäger trifft

Ist Förster und Jäger denn nicht das Gleiche? Nicht zwangsläufig. Ein Förster ist zugleich Jäger, der Jäger aber nicht Förster. Die Aufgabe des Försters ist die Bewirtschaftung des Waldes unter Berücksichtigung seiner Nutz-, Schutz- und Erholungsfunktion, wobei sich die Gewichtung dieser Funktionen von Waldgebiet zu Waldgebiet unterscheiden kann. Die Bejagung des Wildbestandes ist Teil seiner Arbeit.

Der Privatjäger dagegen bezahlt Geld, um auf die Jagd gehen zu dürfen. Er pachtet ein Jagdrevier oder bekommt eine (meist kostenpflichtige) Jagderlaubnis bei einem Jagdpächter oder Förster. Im Rahmen der Jagdpacht wird der Jäger aber vom Jagdgesetz nicht nur mit der Bejagung des Wildes beauftragt, sondern er wird auch zur Hege und zum Jagdschutz verpflichtet. Er trägt die Verantwortung für den Wildbestand und muss sich um dessen Gesunderhaltung kümmern und die Wildtiere vor Gefahren wie Seuchen, Wilderern oder Futternot schützen.

»Warum sind Jäger eigentlich immer unfreundlich?« Diese Frage stellte mir kürzlich völlig überraschend eine Bekannte. Ich nahm das natürlich gleich persönlich, weil ich ja selbst zur grünen Truppe gehöre. Dabei meinte sie nicht mich, sondern ihre letzte Begegnung im Wald, als sie von einem Jäger aus der Kanzel – von oben herab – angeschnauzt wurde, weil sie beim Gassigehen unter seinem Hochsitz vorbeigegangen war.

Mir sind gleich zwei Jagdkollegen eingefallen, die das hätten sein können. Trotzdem habe ich sie intuitiv beruhigt und ihr erklärt, dass es sich da nur um eine Ausnahme handeln könne und sie natürlich auch Verständnis für den Jäger haben müsse. Verständnis dafür, dass sie seinen Abendansitz gestört und er an diesem Abend vielleicht keinen Anblick mehr hat. Verständnis dafür, dass er viel Geld für die Jagdpacht bezahlen muss und er dafür doch etwas Ruhe im Wald erwarten könne. Verständnis dafür, dass er seinen Abschussplan erfüllen muss, während andere zu Hause auf dem Sofa sitzen können. Verständnis dafür, dass alle anderen Hunde im Wald außer seinem eigenen an die Leine gehören. Verständnis dafür, dass er mit seinem SUV über die Waldwege brettert, während alle anderen ihr Auto schön auf dem Parkplatz am Waldrand abzustellen haben. Ist das denn bitte schön zu viel verlangt? Da kann man ja schon mal aus der Haut fahren, bei so viel Ignoranz! Das verstehen Sie doch sicher, oder?

Ich höre solche Erzählungen nicht zum ersten Mal. Die Dunkelziffer der Jäger, die sich so verhalten, dürfte also nicht allzu niedrig sein. Stellt sich die Frage nach dem Warum. Einfach, weil sie im normalen Leben auch Miesepeter sind, oder verwandeln sie sich beim

Betreten des Reviers zum Zombie? Nein, ich denke, der Grund ist pragmatischer Natur: Es hat sich einfach bewährt. Das ist das Positive an der negativen Konditionierung: Gehorsam durch Bestrafung – das gewünschte Meideverhalten tritt ein. Dem bösen Jäger wird aus dem Weg gegangen und damit auch die Gegend gemieden, wo er aller Wahrscheinlichkeit nach anzutreffen ist: das Revier zur Morgen- und Abendzeit. Chapeau!

Dieses Verhalten hat sogar Einzug in den Satirefilm *Der Schuss ins Brötchen* gehalten: Jäger Brahms rast mit seinem dicken SUV am Gassigänger Brüderle vorbei, fährt durch die Pfütze, spritzt ihn dabei nass und pöbelt ihn an, er solle seinen Hund an die Halsung nehmen.

Für die optimale Bejagung des einzelnen Reviers ist das Ziel vielleicht erreicht. Was aber ist mit der öffentlichen Meinung über die Jäger und die Jagd im Allgemeinen? Sind wir Jäger nicht in der Lage, bei anderen Menschen Verständnis für die Jagd zu wecken? Glühende Anhänger werden sicher die wenigsten, sonst hätten sie ja schon selbst den Jagdschein. Aber ist zumindest eine Akzeptanz nicht mehr wert als die Furcht vor dem grantigen Jäger?

Nach meiner Erfahrung bringt ein freundliches Gespräch viel mehr, auch wenn es mal einen »Ansitz kostet«. Der Jäger bricht sich doch keinen Zacken aus der Krone, den Waldbesucher bei einer Begegnung freundlich zu grüßen – auch wenn er wahrscheinlich lieber alleine im Wald gewesen wäre. Kommt es zu einer ungewollten Störung bei der Jagdausübung, kann der Jäger kurz erklären, was er gerade vorhat und warum. Der Jäger sollte immer im Hinterkopf behalten, dass der Wald ihm nicht alleine gehört und dass es auch noch andere Interessen gibt.

Meist ist das unerwartete Aufeinandertreffen ja kein böser Wille. Es ist viel nachhaltiger, wenn der Waidmann anderen Waldbesuchern die Zusammenhänge erklärt – also zum Beispiel, warum er hier eine Kirrung angelegt hat und warum man dort nicht gerade an den (Mal-)Baum pinkeln sollte. Wenn der Jäger zum Beispiel veranschaulicht, wie wichtig und gleichzeitig wie zeitaufwendig es ist, Wildschweine zu erlegen, entwickelt sich ein Verständnis für die dafür notwendigen Maßnahmen und die gegenseitige Rücksichtnahme kommt ganz von alleine.

(Jagd-)Hunde sind Sympathieträger und brechen schnell das Eis, so hat der Nimrod – zumindest bei Gassigängern – doch schon eine Gemeinsamkeit gefunden. Am besten ist es natürlich, das Interesse an der Jagd zu wecken: Dazu kann er dem Waldbesucher anbieten, bei nächster Gelegenheit einmal mit auf den Ansitz zu kommen oder bei der nächsten Drückjagd als Treiber mitzugehen.

92. GRUND

Weil er ein Ort der (letzten) Ruhe ist

Der Wald ist ein Ort der Ruhe. Wenn man genau hinhört, stimmt das eigentlich nicht. Da zwitschern die Vögel, da summen die Bienen, da trommeln die Spechte. Im Unterschied zur Stadt: Da läuft das Radio, da hupen die Autos, da unterhalten sich Menschen. Manche sagen: »Da pulsiert das Leben.« So ein Quatsch. Wenn irgendwo das Leben pulsiert, dann im Wald. Trotzdem herrscht dort nach unserem Empfinden Ruhe, auch wenn hier und da mal eine Motorsäge kreischt oder ein Flugzeug den Himmel kreuzt. Ein Sprichwort sagt: »Suchst du des Waldes heilige Ruh'? Mach die Augen auf und das Mundwerk zu!«

Der Wald hat aber außer Ruhe noch mehr zu bieten, nämlich Stille. Ruhe bietet der Wald bei Tag, Stille bei Nacht. Nur kurz unterbrochen durch den Ruf einer Eule oder das Rascheln einer Maus.

Wäre dieser wunderbare Ort der Ruhe und Stille nicht auch der richtige Platz für die eigene, letzte Ruhe? Muss es denn der genormte Friedhof am Ortsrand sein, Grabstein an Grabstein, Blumenvase an Blumenvase – alles in Reih und Glied? Wo die Gießkannen am Friedhofsbrunnen hängen, damit die Chrysanthemen und Begonien jede Woche gewässert werden können? Ich empfinde die Stille auf einem Friedhof nicht als angenehm, dort herrscht für mich eine Art Totenstille, wie wenn das Leben den Atem anhält. Tut mir leid, wenn ich das so sage, aber mir geht es beim Friedhof ähnlich wie beim Krankenhaus – ich bin froh, wenn ich wieder raus bin.

Wäre es nicht viel schöner, an einem Ort beerdigt zu werden, wo wir immer frei und glücklich waren? Mir ist die Vorstellung lieber, dass im Frühjahr die weißen Buschwindröschen über meiner Urne wachsen und im Herbst die Blätter einer alten Eiche auf mein Grab fallen, als jede Woche mit Begonien-Gießwasser getränkt zu werden.

Offensichtlich sehen viele Menschen das ähnlich, denn Bestattungswälder sind immer mehr im Kommen. Bei Nomadenvölkern waren Waldbestattungen früher weit verbreitet und mit naturreligiösen Vorstellungen verbunden. In der Epoche der Romantik ließen sich Forstleute und Adlige in ihren Wäldern beisetzen, wie zum Beispiel Heinrich von Salisch, Johann Heinrich Cotta und Ferdinand von Raesfeld.

Für mich hat eine Bestattung im Wald nichts mit Heidentum zu tun, wie das 1993 in der Schweiz und 1999 auch in Deutschland eingeführte Friedwald-Konzept von den Kirchen zunächst abgetan wurde. Bereits in den 1950ern brachte im Film *Sissi* der von Gustav Knuth gespielte Herzog Max das Waldgefühl der Befürworter zum Ausdruck: »Wenn du einmal im Leben Kummer und Sorgen hast, dann geh so wie jetzt mit offenen Augen durch den Wald. In jedem Baum, in jedem Strauch, in jedem Tier und in jeder Blume wird dir die Allmacht Gottes zum Bewusstsein kommen und dir Trost und Kraft geben.«

Heute sind die Unternehmen FriedWald® und RuheForst® die Marktführer bei Waldbestattungen, deshalb werden diese Marken oft als Synonym für einen Bestattungswald verwendet. Vergleiche ich nun den klassischen Friedhof mit einem Friedwald, frage ich mich schon, wo denn auf dem Friedhof eigentlich die ewige Ruhe bleibt, wenn das Grab nach Ablauf der in der Friedhofssatzung festgelegten Ruhezeit aufgelöst wird? Natürlich ist es in einem Friedwald auch schon passiert, dass im hochgeklappten Wurzelteller eines vom Sturm umgeworfenen Baumes eine Urne eingeflochten war. Aber das sind Ausnahmen.

Die Urnen sind aus biologisch abbaubarem Material und lösen sich nach spätestens fünf Jahren auf – die Asche geht dann in den Kreislauf der Natur über. Selbst wenn der Bestattungswald nach Ablauf der eingetragenen Grunddienstbarkeit – meist 99 Jahre – aufgelöst werden sollte, sind die Nährstoffe deiner Asche schon lange wieder in neuen

Pflanzenzellen verbaut. Back to the roots sozusagen. Und selbst nach Entwidmung eines Ruheforstes wäre davon auszugehen, dass die Fläche aus Pietätsgründen weiterhin mit Wald bestockt bliebe.

Beim biologisch abbaubaren Urnenmaterial mussten zunächst einige Erfahrungen gesammelt werden: Maisstärke-Urnen erwiesen sich im Wald als ungeeignet. Mais gehört zur Lieblingsnahrung von Wildschweinen. Mit ihrer feinen Trüffelnase finden sie selbst einen halben Meter tief vergrabene Futtergaben mit Leichtigkeit. Im Magen eines Schwarzkittels zu enden gehört nun wirklich nicht zu meinen Wunschvorstellungen. Die heute verwendeten Urnen bestehen aus einem Materialmix aus Holzpartikeln und Naturleim – für Wildschweine uninteressant.

Im Unterschied zur Seebestattung ist die Waldbestattung nicht anonym. Eine kleine Namenstafel am Baum macht es Angehörigen möglich, die Grabstätte als Ort der Trauer jederzeit wiederzufinden, ist aber nicht Pflicht. Das Hinterlassen von Grabschmuck, Blumen und Lichtern ist nicht erlaubt, die Grabpflege übernimmt die Natur. Zum Glück, denn sonst würde der natürliche Waldcharakter völlig verloren gehen.

Das Schöne an Friedwäldern bzw. Ruheforsten ist, dass man sich seinen Wunschplatz zu Lebzeiten selbst aussuchen kann. Ob man nun unter der alten knorrigen Eiche oder an einem noch jungen Buchenstämmchen beerdigt werden möchte, ist eine Sache des Geschmacks und des Geldbeutels. Je nach Stärke, Art und Lage des Baumes werden unterschiedliche Preise aufgerufen. Natürlich lassen sich die Betreiber die Plätze mit der schönsten Aussicht am besten bezahlen. 80 cm unter der Erde dürfte die Aussicht jedoch überall gleich sein.

Schwarzer Humor beiseite, die Auswahl einer Grabstätte ist eine hochemotionale Sache. Es geht darum, an einem Ort seine letzte Ruhe zu finden, wo man vielleicht schon einmal zu Lebzeiten sagte: »Hier wäre ich gerne einmal beerdigt.« Ich habe noch niemanden getroffen, der das auf einem Friedhof sagte. Im Wald aber sehr wohl.

Suchst du des Waldes heilige Ruh'? Mach die Augen auf und das Mundwerk zu!

10. KAPITEL

ZUM WOHLE DES MENSCHEN

Weil dort der Brotbaum wächst

Auf dem Brotbaum wachsen keine Backwaren. Als Brotbaum wird die Fichte bezeichnet, und zwar deshalb, weil sie seit vielen Jahren das finanzielle Rückgrat der deutschen Forstwirtschaft bildet. Picea abies, so der botanische Name, wächst vergleichsweise schnell und verfügt über vorzügliche Holzeigenschaften. Oft wird die Fichte mit der Tanne verwechselt. Dabei gibt es ein ganz einfaches Erkennungsmerkmal: Bei der Fichte hängen die Zapfen, bei der Tanne stehen sie auf dem Zweig.

Das Kuratorium Baum des Jahres der Dr. Silvius Wodarz-Stiftung wählte die Fichte zum Baum des Jahres 2017. Das Kuratorium hat im Laufe der letzten Jahre schon viele Baumarten abgehandelt, an diesen Zapfenträger hatte sich die Stiftung jedoch bisher nicht herangewagt, denn er polarisiert. Für die einen ist die Fichte der Inbegriff naturferner Monokulturen, für andere eben der unverzichtbare Brotbaum der deutschen Forstwirtschaft.

Anfang des 19. Jahrhunderts waren die deutschen Wälder völlig ausgebeutet. Der Holzbedarf der schnell wachsenden Bevölkerung zum Bauen und Heizen sowie die industrielle Nutzung für Glashütten, Schiffbau und Bergbau waren riesig. Zusätzlich wurden dem Wald durch die weit verbreitete Streunutzung wichtige Nährstoffe entzogen, und die Waldweide führte zur Entmischung der Baumarten bzw. zu einem Totalausfall der Naturverjüngung. Da kam die Fichte als Wunderwaffe gerade recht: Sie ist anspruchslos und wächst schnell. Außerdem werden die piksenden Keimlinge vom Rehwild als Nahrung verschmäht, wohingegen Baumarten wie Tanne und Eiche bei Rehen und anderem Schalenwild heiß begehrt sind.

Durch die Summe ihrer Eigenschaften eignete sich die Fichte also ideal zur Wiederaufforstung dieser devastierten Standorte. Wo ursprünglich alte Buchen und Eichen stockten, standen bald gleichaltrige Fichten in Reih und Glied. Sobald dieser sogenannte Altersklassenwald die Hiebsreife erreicht hatte, wurde er im Kahlschlagverfahren gefällt und vom Förster kurz darauf wieder eine neue Fichtenkultur angepflanzt. Seit fast 200 Jahren prägt die Fichte nun den deutschen Wald.

Auch während meiner Kindheit waren diese dunklen Wälder ohne jegliche Kraut-, Strauch- und Zwischenbaumschicht noch ein vertrauter Anblick. Der ätherische, harzige Geruch nach einigen Regentagen ist mir allerdings angenehm in Erinnerung.

Die Fichte hat aber auch Nachteile. Und diese schlagen in Zeiten des Klimawandels besonders ins Gewicht. Dazu gehört die Tatsache, dass es sich bei der Fichte um einen Flachwurzler handelt. Ist diese Baumart einzeln in Mischwälder eingestreut, ist das meist kein Problem, weil dort ein gewisser Windschutz durch die stabil verwurzelten Nachbarbäume besteht. Orkane wie Wiebke, Lothar und Kyrill als Vorboten des Klimawandels zeigten dagegen das Ausmaß, was mit einer Fichten-Monokultur geschehen kann. Wie Dominosteine fielen riesige Flächen den gewaltigen Stürmen zum Opfer.

Ein weiterer Nachteil ist ihr Anspruch an eine gleichmäßige Feuchtigkeitsversorgung. Trockene Sommer und schwankende Niederschlagsmengen schwächen diese Baumart und machen sie anfällig für biotische Schäden, in erster Linie verursacht durch Borkenkäfer wie den Buchdrucker und den Kupferstecher.

In den 1980er-Jahren war viel vom Waldsterben die Rede, als Resultat des sauren Regens. Für die Versauerung der Niederschläge waren zu 2/3 Schwefeloxide und zu 1/3 Stickoxide verantwortlich. Speziell die aggressiven Schwefelverbindungen konnten durch den Einbau von Schwefelfiltern in der Industrie erheblich reduziert werden. Deshalb spielt der saure Regen heute keine wesentliche Rolle mehr. Der Klimawandel lässt sich hingegen nicht aufhalten. Deshalb wird der Umbau in stabile Mischwälder vorangetrieben. In den letzten Jahren ging der Anteil der Fichte um 2,5 % zurück – das entspricht einer Fläche von 242.000 ha bzw. der Größe des Saarlands.[121]

Trotzdem ist die Fichte laut Aussage der Schutzgemeinschaft Deutscher Wald (SDW) mit 26 % weiterhin die häufigste Baumart Deutschlands. Und das hat seinen Grund: Aufgrund seiner vielseitigen Verwendbarkeit (Papier, Bauholz) liefert Fichtenholz immer noch 90 %

der Erträge aus der Holzernte.[122] Damit ist die Fichte auch nach 200 Jahren immer noch der Brotbaum der Forstwirtschaft.

Weil er den Boden schützt und Erosion verhindert

Besonders landwirtschaftlich genutzte Flächen sind durch Erosion gefährdet. Jeder kennt die trostlosen Ackerwüsten, auf denen über Kilometer hinweg kein Baum oder Strauch zu sehen ist, der dem Wind Einhalt gebieten könnte. Flurbereinigung war früher das Zauberwort, um eine noch schnellere und intensivere Bewirtschaftung mit immer größer werdenden Maschinen zu ermöglichen. Feldgehölze, Hecken und Baumstreifen wurden kurzerhand plattgemacht. Nach der Ernte lag die Bodenkrume nun völlig frei und bei leichten Böden trug der Wind die wertvolle obere Bodenschicht ab. Kein Holunderstrauch, kein Hartriegel, der bei Starkregen verhindern konnte, dass die Erde in den nächsten Graben abgeschwemmt wird – es ging sozusagen alles den Bach runter.

Niederwildarten wie Hase, Fasan und Rebhuhn fanden ebenfalls keine Deckung mehr und waren ihren Fressfeinden ausgeliefert. Heute werden immer noch Flurbereinigungen durchgeführt, allerdings unter anderen Voraussetzungen. Landwirte und Naturschützer haben ihren Fehler erkannt und man weiß den Wert von Windschutzstreifen zu schätzen. Naturschützer und Jäger arbeiten mit den Landwirten Hand in Hand, um wieder neue Feldgehölze und Waldinseln anzulegen.

Jede der Parteien verfolgt damit zwar ein anderes Ziel, aber unterm Strich ist es eine Win-win-Situation: Der Naturschützer möchte seltene Pflanzen- und Tierarten fördern, Jäger möchten die Population von jagdbaren Wildarten erhöhen und der Bauer möchte Ertragseinbußen verhindern und die eine oder andere Subvention einstreichen. Doch es braucht viel Zeit, bis solche neu angelegten Heckenstreifen eine annähernde Qualität erreichen, wie sie ein über Jahrhunderte gewachsenes Feldgehölz oder kleines Wäldchen besitzt.

Aber es wurden noch mehr Fehler gemacht. Etwa in den Alpen, wo viele Hektar Bergwald gerodet wurden, um Weideflächen zu gewinnen. Daraufhin stürzten nach Starkregen Schlammlawinen ins Tal, sogenannte Muren. Sie begruben halbe Ortschaften unter sich. Genauso wie die sich häufenden Lawinen. Denn vor seiner Abholzung nagelte der Bergwald Schneebretter förmlich mit seinen Wurzeln fest und verhinderte dadurch ihr Abrutschen. Anstelle des Waldes mussten oberhalb von Dörfern und Skipisten jetzt teure künstliche Lawinenverbauungen installiert werden. Seit über 30 Jahren setzen sich der Verein Bergwaldprojekt e.V. und die Aktion Schutzwald – eine Kooperation von Deutschem Alpenverein, Bayerischen Staatsforsten und Bayerischer Forstverwaltung – mit engagierten Freiwilligen dafür ein, solche Flächen wieder aufzuforsten.

Bei Neuanpflanzungen ist es wichtig, Baumarten aus autochtonem (griechisch: auto = selbst, chthon = Erde; also am Fundort entstanden, bodenständig) Saatgut zu verwenden. Denn Bäume, die aus derselben Wuchsregion und Höhenlage stammen, gewährleisten die Schutzfunktion des Waldes wesentlich besser. So weist die Gebirgsform der Fichte im Gegensatz zur Tieflandform eine schmälere, dafür aber längere Krone auf und hält der Schneelast im Winter wesentlich besser stand. Die Unterschiede sind so groß, dass in alten Bestimmungsbüchern Gebirgsfichte und Tieflandfichte sogar als zwei verschiedene Arten angesprochen wurden.

Die Erosion kann bis zur Verkarstung führen – das ist der Fall, wenn sämtliche Bodenschichten abgetragen sind und der blanke Fels zum Vorschein kommt. Auf diesen Flächen wächst außer ein paar Flechten nichts mehr. Da kann auch die Truppe des Bergwaldprojekts oder der Aktion Schutzwald nichts mehr machen. Mit dem Pickel ein Loch in den Stein zu schlagen, um eine kleine Tanne hineinzusetzen, ist verlorene Liebesmüh.

Wenn wir von Erosion sprechen, muss aber nicht gleich der ganze Hang abrutschen – auch langsame Bodenabschwemmungen führen zu volkswirtschaftlichen Schäden. So werden Stauseen und Flussbetten aufgefüllt, bis sie ihre Funktion nicht mehr richtig erfüllen können und kostenintensiv ausgebaggert werden müssen. Gerade an Steilhängen kommt dem Wald deshalb eine ganz besondere Bedeutung zu: Er hält mit seinem weit verzweigten Wurzelwerk den Boden fest.

Weil er eine Sparkasse ist

111 Gründe, warum wir den Wald lieben, und jetzt geht es plötzlich ums Geld? Bei den einen geht Liebe durch den Magen, bei anderen durch die Seele und bei wieder anderen durch den Geldbeutel. Wenn alles zu demselben Ergebnis führt, nämlich den Wald zu bewahren und zu schützen, soll mir der Hintergedanke egal sein.

Bäume statt Beton – das hört sich in Niedrigzinszeiten nach einem umweltfreundlichen, sicheren und nachhaltigen Investment an. Dazu kommt die weltweit ansteigende Holznachfrage in Verbindung mit steigenden Holzpreisen, die Wald-Investments als Geldanlage immer mehr in den Fokus von Privatanlegern rücken. Die Nachfrage nach Holz soll in den nächsten Jahren immer weiter steigen, vor allem in den Entwicklungsländern und den Emerging Markets (aufstrebende Schwellenländer), bei gleichzeitiger Verknappung der Waldfläche.

Laut der Welternährungsorganisation FAO soll alleine in China der Holzverbrauch bis zum Jahr 2050 um über 50 % steigen. Die Erhöhung der Nachfrage mit dem damit verbundenen Anstieg der Preise veranschaulicht am besten der NCREIF Timberland-Index, der die Entwicklung der Wald-Wertsteigerung aufzeigt. Dieser Holz-Index ist seit 1987 um mehr als 320 % gestiegen.

Und das Tolle für Anleger ist, dass sich Bäume in ihrem Drang nach oben von keiner Bankenkrise bremsen lassen. Sie wachsen immer weiter in die Höhe und die Breite. Inflation spielt auch keine Rolle, da Holz ja ein Sachwert und dadurch sicherer ist als Papiergeldanlagen. Und ganz nebenbei tut man noch was für sein grünes Image. Also Gutes tun und damit auch noch Geld verdienen?

Aber es gibt auch Risiken: Schädlingskalamitäten und immer häufiger auftretende Sturmkatastrophen können zu einem schlagartigen Zusammenbruch des Investments führen. Das anfallende Holz muss dann auf einen Rutsch verkauft werden. Es ist in der Qualität minderwertig und der Markt übersättigt. Das Resultat sind niedrige Preise und Verluste auf ganzer Linie.

Wenn man größere Waldflächen kaufen möchte, bedarf es eines langen Atems. Das beginnt schon beim Kauf: Das Angebot gerade an größeren Flächen ist überschaubar. Mindestens 100 Hektar sollte man für eine rentable Holzwirtschaft schon im Grundbuch stehen haben. Dazu kommen noch die hohen Anlaufkosten: Grunderwerbssteuer, Notar und Gebühren addieren sich oft zu 10 % des Kaufpreises. Das lässt die Rendite für Wald-Frischlinge schwinden. Die Grundsteuer sowie der Beitrag für die forstwirtschaftliche Berufsgenossenschaft wird jedes Jahr fällig. Dann ist die Holzproduktion aufgrund vieler Umweltauflagen und Zertifizierungen vergleichsweise teuer. Waldflächen in Nordamerika oder Osteuropa bieten da weitaus attraktivere Renditen.

Die großen Flächen über 75 ha sind auch aus einem anderen Grund begehrt. Denn ab dieser zusammenhängenden Flächengröße (in Bayern ab 81,755 ha) erlangt man neben dem Jagdrecht auch das Jagdausübungsrecht auf diesem Grund und Boden. Das bedeutet, der Eigentümer darf dort selbst auf die Jagd gehen – sofern er einen Jagdschein besitzt. Wohingegen kleinere Flächen zu einem Gemeinschaftsjagdrevier zusammengefasst werden. Das Jagdausübungsrecht steht dann der Jagdgenossenschaft zu, die sich aus den Grundeigentümern zusammensetzt. In der Regel übertragen diese das Jagdausübungsrecht an einen zahlungswilligen Jäger, indem sie mit ihm einen Jagdpachtvertrag abschließen.

Neben den großen Privatwaldbesitzern wie Adel und Kirche gibt es noch die kleinbäuerlichen Waldparzellen, die als Folge der Erbteilung oft immer weiter zerstückelt werden, bis nur noch schmale »Handtücher« übrig bleiben, deren Bewirtschaftung nicht mehr lohnt. Viele der Erben wissen nicht einmal, wo ihr Waldstück genau liegt.

Deshalb gilt beim Waldbesitz die Devise: »Wald verkauft man nicht, den vererbt man – und zwar ungeteilt.« Gerade bei den kleinen Privatwaldbesitzern dient er als Sparkasse, wo man sich gelegentlich etwas Geld abhebt. Dann wird ein Baum gefällt, der seine Hiebsreife erreicht hat. Das ist der Zeitpunkt, an dem er vermutlich den größten Ertrag bringt. Lässt man ihn länger stehen, könnte das Risiko steigen, dass er krank wird oder sonstige ertragsmindernde Eigenschaften aufweist.

In meinem Jagdrevier zum Beispiel stehen viele alte Buchen, die den – nach wirtschaftlichen Gesichtspunkten – optimalen Zeitpunkt des Einschlags überschritten haben. Diese alten, ehrwürdigen Baumriesen geben ein herrliches Bild ab, der Ertrag für den Eigentümer dürfte aber immer weiter schwinden. Denn viele der Buchen haben bereits einen Rotkern ausgebildet, was von der Holzwirtschaft als wertmindernd eingestuft wird. Der ökologische Wert dieser alten Bäume steigt dagegen immer weiter an. Leider spiegelt sich dieser Wert nicht im Geldbeutel des Waldbesitzers wider, was zur Folge hat, dass Baum-Methusalems immer eine Ausnahme bleiben. Manchmal ist es vielleicht doch gut, wenn die Erben nicht wissen, wo ihr Waldstück liegt.

Eingezahlt wird in die Sparkasse, indem der Waldbesitzer neue Bäume pflanzt. In den meisten Wäldern müssen die jungen Pflänzchen aufgrund des hohen Wildbestandes mit Zäunen geschützt werden. Zu gerne knabbern speziell Rehe an den nährstoffreichen Knospen und machen damit die Hoffnung auf einen stattlichen Baum zunichte. Wo aber genügend Naturverjüngung aufkommt, kann sich der Waldbesitzer diese Kosten sparen. Dann zahlt der Wald auf das Konto ein und der Mensch kassiert später einfach ab. Ein Geschenk von Mutter Natur, das wir jedoch nicht überstrapazieren sollten. Die Devise heißt: nachhaltig wirtschaften, also nicht mehr vom Sparbuch abheben, als wir selbst oder Mutter Natur einzahlen.

Weil er für unser Trinkwasser sorgt

Wasser ist das Lebenselixier aller Lebewesen. Ohne Wasser kein Leben. Um auch extreme, trockene Gegenden besiedeln zu können, haben sich manche Pflanzen und Tiere ihrem speziellen Lebensraum angepasst und können Wasser über einen längeren Zeitraum speichern. Sukkulenten, zu denen die Kakteen gehören, können Wasser in ihren fleischigen Blättern, im Stamm oder in den Wurzeln für schlechtere Zeiten sammeln.

Bei den Tieren fallen mir als Erstes Kamele ein. Die landläufige Meinung, Kamele würden das Wasser in ihrem Höcker mit sich herumtragen – wie in einem Rucksack –, stimmt übrigens nicht. Im Höcker wird Fett als Energiereserve eingelagert. Für das Wasser haben sie eine andere Lösung gefunden: In drei großen Vormägen wird das Wasser in 800 Speicherzellen bis zu vier Wochen lang gespeichert.[123]

Wir Menschen in den Industrieländern haben das anders gelöst. Den Wasserhahn aufdrehen und sauberes Wasser sprudelt aus der Leitung. Aber woher kommt das saubere Wasser? Da kommt der Wald ins Spiel: Der Wald hat die Fähigkeit, Wasser zu speichern und zu reinigen. Durch die lockere Oberfläche des Waldbodens dringt das Wasser vollständig ein – im Gegensatz zu Freilandflächen, wo das Wasser auf der trockenen Oberfläche abfließt und den Boden abträgt.

Im weichen Humus des Waldbodens, der aufgelockert ist durch Wurzeln, Mäuse und Regenwürmer, können auch große Mengen an Wasser nach Dauerregen oder Tauwetter aufgenommen werden. Die dicken Moospolster an der Waldbodenoberfläche wirken wie ein Riesenschwamm, der das Wasser aufsaugt und peu à peu nach unten abgibt. Bis zu 200 Liter Wasser können unter der Oberfläche eines Quadratmeters gespeichert werden.[124] Das Wasser sickert dann langsam durch die verschiedenen Bodenschichten, wird dabei gereinigt und mit Sauerstoff angereichert. Gelangt es auf eine wasserführende Schicht, tritt es irgendwo als klares Quellwasser zutage. Geht es weiter abwärts, speist es das Grundwasser.

Sowohl die Oberflächengewässer wie Flüsse und Bäche als auch das Grundwasser werden also in Waldgegenden sukzessive mit Wasser gespeist und führen dadurch auch während längerer Trockenperioden ausreichend Wasser.

Gegenüber dem Freiland erreicht der Wald trotz Interzeption und Atmung eine wesentlich höhere Grundwasserbildung. Unter Interzeption versteht man das in den Kronen zurückgehaltene Wasser, das verdunstet, ohne jemals den Waldboden zu erreichen. Durch die Atmung der Bäume wird ebenfalls Wasser verbraucht. Unterm Strich ist die Wasserbilanz eines Waldes aber durchweg positiv. Das heißt, wo Wald steht, wird sauberes Wasser abgeliefert. Denn im Wald werden kaum Düngemittel, Pestizide und andere verunreinigende Stoffe verwendet. Also klares Wasser ganz ohne Kläranlage und Chemie!

Vergleicht man in dieser Hinsicht Laub- und Nadelwälder, gibt es durchaus Unterschiede: Laubwälder verlieren im Herbst ihre Blätter. Dadurch erreicht übers Jahr gesehen mehr Wasser den Waldboden, ohne vorher von der Baumkrone abgefangen zu werden. Die Trink- bzw. Grundwasseranreicherung unter Laubwäldern ist deshalb höher als unter Nadelwäldern. Durch die stärkere Verdunstung bei Fichtenmonokulturen im Kronen- und Bodenbereich versickern bei einem jährlichen Niederschlag von 920 mm nur 33 % des Regenwassers im Boden. 34 % verdunsten und 33 % verbrauchen die Baum- und Krautschicht.

Bei einem Buchenbestand ist die Grundwasserneubildung dagegen sehr viel höher. Bei ebenfalls 920 mm Jahresniederschlag fließen 47 % ins Grundwasser ab, nur 18 % verdunsten und 35 % verbrauchen die Baum- und Krautschicht. Buchenwälder sind somit »Trinkwasserwälder«[125].

Weil er Sicht- und Lärmschutz bietet

Jeden Montag, manchmal auch 14-tägig, kommen sie zur Abholung an den Straßenrand: die Restmülltonne, die Biotonne, die Papiertonne und die gelbe Tonne bzw. der gelbe Sack für die Kunststoffverpackung. Alles fein säuberlich getrennt, damit haben wir unsere Pflicht erfüllt. Das Prinzip ist toll: Bevor der Müll richtig zu müffeln beginnt, ist er aus Augen und Nase verschwunden. Aber irgendwo muss er ja jetzt hin. Ein großer Teil der Abfälle kommt in Müllverbrennungsanlagen, die Überreste landen dann auf der Deponie. Keiner will jetzt natürlich so eine Anlage in der Nähe haben, schließlich hat man sich ja solche Mühe gegeben, dass der Müll verschwindet. Das Gleiche gilt für Kläranlagen, Kraftwerke und Fabriken. Trotzdem müssen sie irgendwo sein und schon ein schmaler Waldstreifen mit ausreichend Unterwuchs schützt sie vor unseren Blicken.

Produzieren die Industrieanlagen aber auch Lärm, reicht ein schmaler Streifen nicht aus, um diesen vollständig abzuschirmen. Denn möchte man eine Pegelminderung von 5 bis 10 dB erreichen, wird ein 100 m breiter Waldstreifen mit dichtem Unterholz benötigt.[126] Das Unterholz ist wichtig, denn fehlt dieses, wird der Schall am unteren Rand der Baumkronen gegen den Boden gebrochen und kann sich nicht gleichmäßig verteilen. Führt eine Straße durch solch einen Altersklassenwald, wird der Lärm auf sehr viel größere Entfernungen als störender empfunden als im freien Gelände.

Ein mehrstufiger Laubwald – also ein Wald mit verschieden hohen Bäumen, die den Raum von Waldboden bis Baumspitze vollständig ausfüllen – bewirkt bei einer Tiefe von 200 bis 250 m eine Verkehrslärmdämpfung, die der eines freien Feldes von 2.000 m entspricht. In anderen Worten wird Verkehrslärm von 80 Phon durch einen 250 m breiten Waldschutzgürtel auf erträgliche 40 Phon halbiert.[127] Dabei muss allerdings bedacht werden, dass die Lärmdämmung nach dem Laubfall stark abnimmt. Dann sind tief beastete Nadelwälder im Vorteil.

Nadelwaldschonungen sollen die gleiche Lärmminderung bewirken wie sehr dichte Hecken: Sie reduzieren den Lärm um 0,20–0,30 dB pro Meter.[128] Einzelne Bäume oder Sträucher bringen dagegen so gut wie keinen Schallschutz.

Damit der Wald die Funktion des Lärmschutzes erfüllen kann, wird also sehr viel Fläche benötigt. Fläche, die oft nicht zur Verfügung steht oder schlichtweg zu teuer ist. Deshalb ziehen Stadt- und Straßenplaner Tunnellösungen oder Schallschutzwände vor. Eine Betonwand kann aber nur das eine, vielleicht dient sie Graffiti-Sprayern noch als Leinwand. Ein Waldstück dagegen bietet mehr: einen Platz zum Gassigehen, zum Radfahren oder einfach zum Frische-Luft-Schnappen. Und der Wald hat noch eine Besonderheit: Er schluckt besonders die hohen, für den Menschen unangenehmen Frequenzen.

98. GRUND

Weil er sich dem Wind entgegenstellt

Nicht nur Wasser kann die fruchtbare Bodenkrume forttragen, auch der Wind trägt zur Verarmung von Böden bei. Aber nicht, wenn der Wald seine Wurzeln im Spiel hat. Die hölzernen Finger klammern sich um die Erde und halten den Boden so fest, dass ein Orkan schon den ganzen Baum fällen muss, um an das wertvolle Substrat zu kommen. Und das passiert immer wieder. Es trifft aber nicht alle Baumarten gleich häufig. Flachwurzler können sich nicht so gut festhalten wie Bäume mit einer Herzwurzel oder einer Pfahlwurzel. Zu den Flachwurzlern zählen Fichten, zu den Herzwurzlern Buchen und ihre Pfahlwurzel versenken Eichen und Kiefern tief in den Boden hinein.

Die im Frühjahr und Herbst üblichen Stürme werden besonders dann gefährlich, wenn ausdauernde Regenfälle den Boden vorher aufgeweicht haben. Dann lockert sich der feste Wurzelgriff und die Hebelkraft entfaltet ihre umwerfende Wirkung. Laubbäume haben das Glück, dass sie sich zu den stürmischen Zeiten ihres Blätterkleides entledigt haben. Nadelbäume setzen dem Wind den meisten Widerstand entgegen, weshalb es gerade die flach wurzelnde Fichte am häufigsten umhaut.

Aber nicht nur im Innern des Waldes ist der Boden vor Windabtrag geschützt, sondern auch im Bereich davor und dahinter. Trifft der Wind auf den Waldrand, die sogenannte Luv-Seite, wird er dort abgebremst. Hinter dem Wald, der Lee-Seite, entsteht eine Zone mit Windschatten.

Man könnte meinen, dass diese windruhige Zone hinter einem großen, dichten Waldkomplex am größten ist. Dem ist aber nicht so: Obwohl die Windgeschwindigkeit hinter einem geschlossenen Wald besonders stark abgebremst wird, ist der geschützte Streifen auf der Lee-Seite relativ schmal. Es entstehen hier zudem häufig Rückwirbel, weil die am Waldrand steil nach oben gelenkten Luftmassen hinter dem Waldstück wieder nach unten abgedrängt werden. Jäger kennen dieses Phänomen, wenn Verwirbelungen am Waldrand dem Wild die Anwesenheit des Waidmanns auf seinem Hochsitz verraten, obwohl die Hauptwindrichtung eigentlich eine andere ist.

Zum Windschutz besser geeignet sind deshalb halbdurchlässige, schmale Waldstreifen mit kleineren Bäumen und Sträuchern als Unterstand. Der Wind kann durch diese lichten Strukturen hindurchdringen, wird dabei aber abgebremst. Es herrscht im Wald zwar keine Windstille, dafür ist der beruhigte Bereich hinter dem Wald viel größer. Bis zum 10- bis 15-Fachen der Baumhöhe ist der Windschatten noch spür- und messbar.[129] Insbesondere Feldgehölze sind wichtige Elemente in der freien Flur, um vor Winderosion zu schützen. Leider wurden im Rahmen der Flurbereinigungen viel zu viele von ihnen dem Erdboden gleichgemacht.

Gerade im Winter kommt dem Windschutz an Straßen eine wichtige Funktion zu. Schnee und starker Wind heben die Grenzen zwischen Landschaft und Straße auf. Gerade auf Hochstraßen nivelliert der Schnee jede Unebenheit aus der Fläche, was zwar toll aussieht, der Orientierung aber nicht gerade zuträglich ist. Das Navi wird in dieser Situation zum besten Freund. Sonst helfen nur noch die Leitpfosten, die ungefähr erahnen lassen, wo sich der Teerbelag befindet. Die Gefahr, in den Straßengraben zu rutschen, ist groß. Waldstreifen oder Gehölze am Straßenrand sind in diesen Lagen fast unverzichtbar; sie schützen vor Schneeverwehungen und starken Windböen, wie sie besonders von Lkw-Fahrern gefürchtet werden.

Weil er Holz zum Heizen liefert

Holz ist der älteste vom Menschen genutzte Energieträger. In den Industrieländern ist seine Bedeutung im Laufe der Industrialisierung zurückgegangen, erfährt aber seit einigen Jahren eine fulminante Renaissance. Das hat mehrere Gründe: Der wichtigste dürfte die Erkenntnis sein, dass jeder Einzelne durch das Heizen mit Holz zur Energiewende beitragen kann. Denn beim Verbrennen von Holz wird nur diejenige Menge an Kohlendioxid (CO_2) frei, die der Baum während seines Wachstums aufgenommen hat. Die Nutzung von fossilen Energieträgern wie Kohle, Erdöl, Erdgas oder Uran führt dagegen zu einer starken Anreicherung von CO_2 in der Atmosphäre und somit zum bekannten Klimawandel.

Weitere Beweggründe, auf Holz umzusteigen, sind die Absicherung vor Versorgungsengpässen und steigenden Energiekosten seitens der Öl- und Gaskonzerne. Der Wunsch nach Unabhängigkeit spielt in den letzten Jahren eine immer größere Rolle, das zeigt sich auch am eigenen Gemüsegarten und dem eigenen Brunnen im Garten. Dazu kommen noch zwei ganz wesentliche Aspekte: Ein flackerndes Kaminfeuer ist für viele Menschen der Inbegriff der Gemütlichkeit und die Sehnsucht nach Ursprünglichkeit, nämlich der höchstpersönlichen Beschaffung von Holz.

Immer mehr Menschen wollen sich mit schwerem Gerät in die Büsche schlagen und ihr Brennholz selbst aus dem Wald holen. Das geht natürlich nicht einfach so, sondern erfordert die Zuteilung eines Flächenloses durch das zuständige Forstrevier. Die Förster können die Nachfrage der sogenannten Selbstwerber, besonders in Stadtnähe, kaum noch decken. Der Umgang mit Motorsäge, Seilwinde und einer gehörigen Portion Muskelkraft scheint für viele Menschen der perfekte Ausgleich zum Büroalltag zu sein. Voraussetzung ist allerdings die Teilnahme an einem Motorsägenlehrgang, aber auch das scheint für die meisten kein Hinderungsgrund zu sein.

Das i-Tüpfelchen auf dem Ganzen ist jedoch die finanzielle Einsparung, sofern man seine eigene Arbeitszeit nicht mit einrechnet. Bis zu 50 % und mehr kann gegenüber gekauftem bzw. angeliefertem Holz gespart werden, wenn man selbst Hand anlegt. Aber nicht jede Holzart brennt gleich gut. Das beste Brennholz liefert die Buche: Es brennt nicht so schnell ab und sorgt für anhaltende Wärme. Mit seinem schönen Flammenbild bietet es hinter der Glasscheibe am Kaminofen einen wohltuenden Anblick.

Eichenholz benötigt hohe Temperaturen, um sauber abzubrennen. Dafür hält es die Glut sehr lange. Harzhaltige Hölzer wie Kiefer oder Fichte knistern schön und riechen gut, sollten aber besser nicht an offenen Feuerstellen verwendet werden. Denn hin und wieder macht es einen Knall und Funken fliegen aus dem Feuerraum heraus. Sie haben auch nicht so einen hohen Heizwert wie Buche und Eiche, sind dafür aber preisgünstiger zu bekommen. Der Klassiker für offene Kamine ist die Birke, sie brennt sehr ruhig mit leicht bläulicher Flamme.

Egal, welche Holzart, die Holzscheite müssen trocken sein. Trocken bedeutet einen Feuchtegehalt von 12–15 %, der meist nach einer überdachten Lagerung von zwei bis drei Jahren erreicht wird. Denn je feuchter das Holz ist, umso höher ist die Konzentration umwelt- und gesundheitsschädlicher Stoffe wie Kohlenmonoxid, Feinstaub und Ruß. Wer also neben dem Schutz der Umwelt auch Wert auf eine gute Nachbarschaft legt, sollte auf trockenes Holz achten. Aber auch die Bauweise der Feuerstätte spielt eine Rolle. Die Bundesimmissionsschutzverordnung sieht Grenzwerte für Kaminöfen vor, die in der Regel von über 30-jährigen Öfen nicht mehr eingehalten werden. Deshalb müssen die alten Haudegen ersetzt oder mit einem Filter nachgerüstet werden.

Der Nachteil von Kachel- und Kaminöfen ist, dass man regelmäßig zu Hause sein muss, um Holz nachzulegen. Deshalb werden diese in den meisten Haushalten nur als Ergänzung zur Zentralheizung eingesetzt, zum Beispiel abends oder am Wochenende. Wer aber konsequent ausschließlich mit Holzscheiten heizen möchte, sollte zu einer Stückholzheizung greifen, die in der Regel nur einmal am Tag von Hand befüllt werden muss.

Derjenige, für den das Holzfällerleben keinen essenziellen Lebensbestandteil darstellt, der aber trotzdem mit Holz heizen möchte, kann eine Pelletheizung in Erwägung ziehen. Sie spart bis zu 50 % Heizkosten gegenüber Öl oder Gas. Pellets bestehen aus gepressten Hobel- und Sägespänen und werden über eine Förderschnecke vollautomatisch aus dem Vorratsbehälter in den Verbrennungsraum transportiert. Hier muss nur noch darauf geachtet werden, dass der Vorratsbehälter nicht leer läuft; die Anlieferung der Pellets erfolgt genauso wie bei Öl und Gas über eine Tankwagen.

Im industriellen Bereich, aber auch in größeren Mehrfamilienhäusern, kommen immer häufiger Hackschnitzel-Heizungen zum Einsatz. Diese gibt es in einem Leistungsspektrum von 25 kW bis hin zum zweistelligen Megawatt-Bereich. Die Hackschnitzel selbst stammen aus dem Restholz heimischer Wälder bzw. der Sägeindustrie. Es handelt sich dabei also nicht um gepresstes Material wie bei Pellets, sondern um massive Holzteile.

Am stimmungsvollsten ist und bleibt aber der offene Kamin, der – wie der Name schon sagt – keine Abtrennung zum Wohnraum hat. Sein Wirkungsgrad gegenüber einem Kamin- oder Kachelofen ist jedoch deutlich geringer, denn nur die nach vorne gerichtete Strahlungswärme heizt den Raum. Die restliche Wärme zieht direkt durch den Schlot nach oben ab. Besonders wichtig sind bei einem offenen Kamin ein guter Abzug und trockenes Holz: Andernfalls verqualmt man sich das ganze Zimmer mit gesundheitsschädlichen Rauchgasen. Meine Empfehlung ist deshalb, eine Zigarre mit einem Glas Rotwein vor dem flackernden Feuer zu genießen, dann fällt die Problematik nicht so ins Gewicht.

Weil er viele Arbeitsplätze schafft

Spricht man über Arbeitsplätze im Wald, fällt einem als Erstes der Förster ein und Wilhelm Buschs Spruch »Am besten hat's die Forstpartie, denn der Wald wächst auch ohne sie.« Dass sich diese Vorstellung tatsächlich in den Köpfen der Menschen manifestiert hat, liegt auch an Fernsehklassikern wie *Der Förster vom Silberwald* oder Serien wie *Forsthaus Falkenau*. Der völlig ausgeglichene Naturmensch, der Hirsche, Rehe und Gämsen beobachtet, im strengen Winter den Futtersack in den verschneiten Wald hinausträgt und liebevoll den alten Baumstamm tätschelt.

Die Realität sieht anders aus. Revierförster sind heute Manager eines Wirtschaftsbetriebs. Um Personalkosten zu sparen, werden die Reviere immer größer und der Förster kommt nur noch gelegentlich in die entlegenen Ecken. Also nicht wie früher, wo der Förster jeden Baum beim Vornamen kannte. Seine Aufgabe ist es, durch den Holzverkauf sowie andere Dienstleistungen und Beratungstätigkeiten möglichst hohe Erlöse für seinen Arbeitgeber zu erzielen. Das kann der Staat, ein Unternehmen, eine Gemeinde oder eine Privatperson sein.

Speziell das Schalenwild steht diesem Ziel meistens im Wege, da es sich bei der Futtersuche auch die kleinen Bäumchen vorknöpft, die als erwachsener Stamm eigentlich wieder Geld bringen sollten. Also weit weg von den alten Filmen, wo der Förster die Wildtiere beobachtet und sich dann langsam wieder zurückzieht, um sie ja nicht zu stören. Heute lautet leider vielerorts das Motto: »Nur ein totes Reh ist ein gutes Reh.«

Ich habe das jetzt ziemlich zugespitzt formuliert. Denn wir sind in den Zeiten des Klimawandels darauf angewiesen, die Wälder in stabile Mischwälder umzubauen. Dazu benötigen wir die Naturverjüngung, also die natürliche Vermehrung der Bäume. Im Gegensatz dazu steht die Pflanzung hinter dem Zaun, die viel Geld kostet und nicht immer den autochtonen Genpool bietet, den die alten Bäume, die schon seit

Jahrhunderten dort wachsen und sich den kleinflächigen Standort-ansprüchen angepasst haben, für umme liefern. Die natürliche Ver-jüngung funktioniert nur mit einem niedrigen Wildbestand. Und gerade beim Rehwild gilt die Regel, dass man nur die Hälfte aller im Revier lebenden Rehe jemals zu Gesicht bekommt.

Beim Revierförster sind meist mehrere Forstwirte beschäftigt, land-läufig als Waldarbeiter bezeichnet. Sie haben einen wahren Knochen-job. Der Energieverbrauch beim Baumfällen im Akkord entspricht dem von Spitzensportlern. Nur dass der Waldarbeiter dabei noch die Abgase der Motorsäge einatmen muss. Pflanzarbeiten, Wege-bau sowie die Pflege von baulichen Einrichtungen gehören ebenfalls zum Arbeitsspektrum. Ein großer Teil der Waldarbeiter sind Neben-erwerbslandwirte, denen die Bewirtschaftung ihres Eigentums nur durch die Hauptbeschäftigung im Wald möglich wird.

Dann gibt es in der Forstverwaltung noch weitere Hierarchiestufen, wo Forstleute beschäftigt sind. Auch in der Forschung sind Forstwis-senschaftler tätig. Viele Arbeiten im Wald werden heute von freien Lohnunternehmern durchgeführt, wie die Durchforstung mit riesigen Harvestern oder die Gewinnung von Saatgut durch Zapfenpflücker. Neben der Forstpartie selbst gibt es noch vor- und nachgelagerte Wirt-schaftszweige. Vorgelagert sind zum Beispiel die Baumschulen, nach-gelagert die Holz bearbeitende Industrie (z. B. Sägewerke), die Holz verarbeitende Industrie (z. B. Möbelindustrie), das Holzhandwerk, die Papierwirtschaft, das Druckereigewerbe und die Energiegewinnung.

Insgesamt arbeiten im sogenannten Cluster Forst- und Holzwirt-schaft in Deutschland 1,2 Millionen Menschen in 185.000 Betrieben im Holz- und Forstsektor, die einen Jahresumsatz von 170 Milliarden Euro erwirtschaften. Damit beschäftigt der Wald mehr Menschen als die Automobilindustrie (etwa 700.000).[130] Im Vergleich zur Industrie ist dabei noch besonders wichtig zu erwähnen, dass der Wald seine Arbeitsplätze in oft ländlichen, strukturarmen Gegenden bietet. Erhe-bungen im Hochschwarzwald und im Hochsauerland haben gezeigt, dass dort rund 25 % aller Arbeitsplätze von der holzbasierten Wert-schöpfung abhängen.[131]

11. KAPITEL

GESCHENKE DES WALDES

Weil Bienen dort köstlichen Waldhonig produzieren

Das »flüssige Gold« gehört zu den beliebtesten Brotaufstrichen und gilt als gesundes Süßungsmittel. Wenn wir Halsschmerzen haben, trinken wir gerne eine Tasse heiße Milch oder Tee mit einem Löffel Honig darin. Denn durch seine Inhaltsstoffe wirkt Honig gegen Entzündungen und hilft bei der Wundheilung.

Dabei ist Honig eigentlich nichts anders als eine übersättigte Zuckerlösung, bestehend aus rund 80% Zucker und 20% Wasser. Wo genau sind also die heilenden Stoffe versteckt?

Die medizinische Wirkung von Honig wird auf bioaktive Stoffe und Antioxidantien zurückgeführt. Besonders den sogenannten Inhibinen, einer Gruppe entzündungshemmender Wirkstoffe (Enzyme, Flavonoide, Harze), wird eine heilende Wirkung zugeschrieben. Damit diese erhalten bleiben, darf der Honig allerdings nicht über 40 °C erhitzt werden. Deshalb ist es wichtig, dass man die Tasse Milch oder Tee nach dem Erhitzen erst etwas abkühlen lässt, bevor der Honig hinzugegeben wird.

Bienen können Honig auf zweierlei Arten herstellen. Zum einen aus dem Blütennektar von Pflanzen und zum anderen aus Honigtau. Unter Honigtau versteht man die zuckerhaltigen Ausscheidungen von Pflanzenläusen. Dieser Honig ist meist wesentlich dunkler, bleibt länger flüssig – und kommt aus dem Wald. Denn dort finden die Bienen im Verhältnis weniger Nektar als Honigtau. Überwiegt der Anteil an Honigtau, darf der Honig als Waldhonig bezeichnet werden. Während der Waldhonig ein buntes Honigtau-Potpourri verschiedener Baumarten vereint, stammt der Tannenhonig ausschließlich von Weißtannen. Der sogenannte Blatthonig hat seine Herkunft dagegen nur von Laubbäumen, wie etwa Eichen und Ahornen.

Eine Biene hat drei Grundbedürfnisse: eine Höhle zum Bau der Waben, die Verfügbarkeit von Wasser und eine kontinuierliche Futterversorgung. Als »Grundnahrungsmittel« benötigen Bienen Nektar und Pollen. Den Nektar bzw. den Honigtau trägt die Biene in den

Stock, wo er unter Zugabe bieneneigener Stoffe in Honig umgewandelt wird, der wiederum als Energiequelle für die Bienen dient. Für die Eiweißversorgung der Bienen sorgen die Pollen.

Die Honigbiene war ursprünglich ein wildes Waldtier. Durch die Verschlechterung der Umweltbedingungen, wie ein geringeres Nahrungsangebot, den Rückgang natürlicher Baumhöhlen und neuartige Bienenkrankheiten, sind Bienen heutzutage auf Imker angewiesen. Die Situation ist so drastisch, dass ein Überleben von Bienenvölkern ohne menschliche Hilfe inzwischen nahezu aussichtslos erscheint. Imker geben ihnen Wohnraum und schützen sie vor Krankheiten bzw. Parasiten, wie der Varroa-Milbe. Leider gelingt den Imkern das auch nicht immer und es ist selbst in der Obhut des Menschen ein erschreckender Rückgang von Bienenvölkern zu verzeichnen.

Noch vor hundert Jahren war unsere Landschaft ein Flickenteppich an Biotopen. In dieser kleinräumigen Vielfalt fanden zahlreiche Tierarten ein ideales Zuhause und es mangelte nicht an Futter. Nicht nur Meister Lampe leidet an der Verarmung der Feldflur, auch die Honigbiene gehört zu den Verlierern.

Umso wichtiger ist der Wald. Der im Vollzug befindliche Umbau unserer Wälder zu stabilen Mischwäldern, einhergehend mit einer naturnahen Waldbewirtschaftung, kann der Honigbiene einen guten Lebensraum bieten. Wichtig sind Baumarten mit hohem Nektar- und Pollenangebot, die dadurch als Bienenweide geeignet sind. Darunter sind einige Arten mit waldbaulicher Relevanz – die Linden, die Elsbeere, der Berg- und Spitzahorn sowie die Vogelkirsche. Viele weitere sind Begleitbaumarten an Wegrändern, Waldrändern und Bachläufen.

Von besonderer Bedeutung für das Überleben der Bienenvölker sind dabei die Weidenarten, denn die Weidenblüte bietet im Frühjahr die erste Massentracht. Dazu kommt noch, dass Weidenpollen zu den wertvollsten Bienen-Futterstoffen überhaupt zählen. Deshalb ist es sehr wichtig, dass Weiden im Wald gefördert werden, obwohl für das Sägewerk nichts Interessantes abfällt.

Vom Wind bestäubte Bäume und Sträucher produzieren im Gegensatz zu den insektenbestäubten Arten keinen Nektar. Trotzdem können sie als Pollenspender von Bedeutung sein, besonders wenn sie früh im Jahr blühen, wie zum Beispiel die Erle, die Birke oder die Haselnuss. Aber nicht nur Bäume und Sträucher bieten den Bienen Nahrung. Auch ein Stockwerk tiefer summt und brummt es, sofern genügend Licht auf den Waldboden fällt. Dann wachsen dort Himbeeren, Brombeeren oder auch das bei Bienen beliebte Springkraut. Das Große Springkraut wird übrigens auch als »Rühr-mich-nicht-an« bezeichnet, weil es seine Samen bei Berührung oder Erschütterung in hohem Bogen herausschleudert.

Zur gleichen Familie gehört das Drüsige Springkraut, auch als Indisches Springkraut bekannt. Im Gegensatz zum Großen Springkraut handelt es sich hierbei aber um einen Neophyten, also einen Zuwanderer, der in Deutschland ursprünglich nicht heimisch war. Man könnte jetzt sagen: »Prima, eine Bereicherung der Flora.« Das Problem mit Neophyten ist aber, dass darunter viele invasive Arten sind, die den heimischen Pflanzen im Wachstum überlegen sind. Aufgrund der schnellen Überwindung von natürlichen Ausbreitungsbarrieren (Meere, Gebirge, Wüsten), zum Beispiel durch Schiffe oder Flugzeuge, können sie ihre natürlichen Gegenspieler oft in der alten Heimat zurücklassen. Ungehemmt breiten sie sich dann im neuen Land aus und drängen die »Ureinwohner« zurück oder löschen diese im schlimmsten Fall ganz aus. Das Gleiche gilt übrigens in der Tierwelt, dort sind das die Neozoen.

Das Drüsige Springkraut begleitet heute häufig Bachläufe und bildet im Uferbereich große geschlossene Bestände. Die üppig rosa blühende Pflanze ist eine beliebte Bienenweide und Imker stellen gerne ihre Bienenstöcke neben die großzügigen Nektarspender. Diese Springkrautart produziert etwa 40-mal so viel Nektar wie eine einheimische Pflanze und hat zudem noch einen sehr zuckerhaltigen Pollen. Unwiderstehlich für Bienen und Hummeln, die durch ihren Besuch also auch noch zur Bestäubung und weiteren Invasion des ungebetenen Gastes beitragen. Eine Strategie des Drüsigen Springkrauts kommt erschwerend hinzu: Es nutzt den Wasserweg zur Ausbreitung, indem es seine Samen in den Bach schleudert. Die Samen schwimmen bachabwärts, wo sie irgendwo auf neuem Terrain Wurzeln fassen und eine weitere Kolonie ausbilden.

Zu den Einheimischen gehört dagegen das Schmalblättrige Weidenröschen. Es wächst am liebsten gesellig auf Waldlichtungen und stellt im Herbst eine wichtige Nektar- und Pollenquelle dar. Die Bienen müssen allerdings Glück haben, dass das Nachtkerzengewächs nicht vorher von einem Reh entdeckt wird – denn für die eiweißhaltigen Blätter eines Weidenröschens lässt diese Wildart alles stehen und liegen.

Bienen fliegen immer zur nächstliegenden Nahrungsquelle. Denn je weiter sie fliegen müssen, umso mehr »Sprit« in Form von Zucker verbrauchen sie. So einer fleißigen Arbeitsbiene dürfte ein Langstreckenflug demnach als ziemlich ineffizient erscheinen. Der Vorteil kurzer Wege ist, dass der Imker ziemlich genau bestimmen kann, was für einen Honig er bekommt. Stellt er den Bienenstock neben ein Rapsfeld, bekommt er Rapshonig, stellt er ihn in einen Tannenwald, bekommt er Weißtannenhonig.

Der Waldhonig ist jedoch mein Favorit: Die Bienen verschneiden den Honigtau der Pflanzenläuse mit dem Nektar der vielen verschiedenen Bäume, Sträucher und Blumen. Das Ergebnis ist ein fein abgeschmeckter Cuvée des jeweiligen Waldjahrgangs.

102. GRUND

Weil die Musik durch ihn einen besonderen Klang bekommt

Jeder liebt es, Musik zu hören, das Genre ist hingegen Geschmackssache. Abgesehen von den seltenen A-cappella-Auftritten, sind immer Musikinstrumente beteiligt. Haben Sie sich schon einmal Gedanken darüber gemacht, aus welchem Material Musikinstrumente gefertigt werden? Auch hier kommt wieder der Wald ins Spiel. An bestimmten Orten und unter bestimmten Bedingungen wächst das begehrte und teure Klangholz, das auch als Tonholz bezeichnet wird.

Je nach Instrument werden verschiedene Baumarten bevorzugt. Die Anforderungen ans Holz sind jedoch immer dieselben: Der

Stamm soll möglichst gerade gewachsen sein und wenig Äste im unteren Bereich besitzen. Das Wachstum soll zudem langsam erfolgen, um möglichst enge Jahresringe zu erzeugen, was für kurze Vegetationsperioden unter schwierigen Wuchsbedingungen spricht – wie sie im Gebirge vorkommen. Im rauen, trockenen Klima der Höhenlagen hat beispielsweise die Bergfichte, die bis hinauf zur Waldgrenze vorkommt, einen harten Existenzkampf, sie wächst mit einem bis zwei Millimetern Jahresringbreite nur sehr langsam.

Im Gebirge peitschen die Stürme und die Wetterlagen sind extrem. Das ist aber auch wieder nichts, denn der Standort sollte nicht zu sehr dem Wind ausgesetzt sein, damit der Stamm gerade und frei von mechanischen Schäden bleibt. Im ersten Drittel sollten zudem keine Astringe die gleichmäßige Struktur des Holzes stören.

Die Ansprüche sind hoch und dementsprechend selten sind passende Baumstämme. Um die Qualität weiter zu steigern, findet der Einschlag meist im Winter bei abnehmendem Mond statt, also als sogenanntes Mondholz. Diesem Holz werden besondere Eigenschaften nachgesagt, es soll steif, leicht, trocken, homogen, spannungsfrei und unempfindlich gegenüber Feuchtigkeit und anderen Einflüssen sein. Wissenschaftlich bewiesen ist das jedoch nicht.

Als Klangholz wird nur der unterste Teil des Stammes verwendet. Er wird von Hand geviertelt, danach je nach Instrumentengröße weiter gestückelt und zum Trocknen im Freien gelagert, bis möglichst alle Spannungen im Holz abgebaut sind. Erst nach der Bearbeitung und Trocknung kann letztendlich die Qualität bestimmt werden. Ein Merkmal ist die Schallgeschwindigkeit – das ist die Geschwindigkeit, mit der sich Schallwellen im Holz fortsetzen. Je schneller, umso hochwertiger das Klangholz.

Abhängig von Instrument bzw. Instrumentenbauteil werden verschiedene Holzarten bevorzugt. Bei Streichinstrumenten, wie zum Beispiel der Geige, wird die Decke, also die Oberseite des Korpus, aus Fichtenholz gefertigt. Als bestes Klangholz gilt hierfür die sogenannte Haselfichte, eine seltene Wuchsform der einheimischen Fichte im Bergwald. Sie kommt in den Alpen, dem Bayerischen Wald und dem Böhmerwald vor. Ihre Jahresringe sind sehr schmal, gleichmäßig und miteinander verzahnt, was als Wimmerwuchs bezeichnet wird. Die gewellten Holzfasern sind wahrscheinlich dafür verantwortlich, dass Schwingungen und Töne besonders lange andauern. Der Name Haselfichte stammt vermutlich von den leicht gewellten Jahresringen und kleinen, braunen Einschlüssen in der Maserung, die im weitesten Sinne dem Holz der Haselnuss ähneln.

Das berühmteste Vorkommen der Haselfichte ist der Foresta dei violini, zu Deutsch »Geigenwald« – was für ein klingender Name! Dieser 2.700 ha große Fichtenwald liegt in den Dolomiten auf einer Höhe von 1500 bis 2000 m und ist Teil des 19.100 ha großen italienischen Naturparks Paneveggio. Bekannt wurde der Foresta dei violini während der Renaissance durch die Nutzung der dort wachsenden Haselfichten für den Geigenbau – in dieser Zeit erhielt der Wald auch seinen Namen. Regelrechte Berühmtheit erlangte er jedoch erst im 17. Jahrhundert durch den Besuch von Antonio Stradivari, der dort für seine meisterhaften Violinen die besten Stämme auswählte.

Jetzt besteht eine Geige aber nicht nur aus der Decke, sondern aus noch weiteren Bauteilen. Dazu gehören Boden, Zargen und Hals, die allesamt aus Bergahorn gefertigt werden. Beim Griffbrett hingegen kommt das sehr harte Ebenholz zum Einsatz – denn durch das Drücken der Saiten wird diese Stelle besonders stark beansprucht. Das Gleiche gilt für den Kinnhalter, der ebenfalls sehr strapaziert wird. Mit seiner tiefschwarzen Farbe ist der Ebenholz-Griff das typische Kennzeichen einer Geige und anderer Streichinstrumente.

103. GRUND

Weil der Weihnachtsbaum zum Fest gehört

Private Haushalte mit mehr als drei Personen stellen zu 80 % einen Weihnachtsbaum auf. In Ein- bis Zweipersonenhaushalten steht in jedem zweiten Wohnzimmer ein Christbaum. Das ist eine Menge Holz. Warum verbinden wir Weihnachten so eng mit einem gewöhnlichen Nadelbaum? Das rührt sicher aus unserer Kindheit her: das gemeinsame Schmücken, der herrliche Waldgeruch, das »O-Tannenbaum-Singen« und natürlich der Höhepunkt an Heiligabend: die Geschenke unter dem Baum. Wir können psychologisch gesehen also gar nicht anders, als den Weihnachtsbaum zu lieben.

Daran ändert auch die »Sauerei« nichts, wenn der Baum an Dreikönig unter massivem Nadelverlust durch die stets zu schmale Tür nach draußen manövriert werden muss, die harzigen Finger kaum mehr sauber zu bekommen sind und gern mal ein Schwall muffiges Wasser aus dem Christbaumständer schwappt. Nein, beim Weihnachtsbaum heißt es bei uns Deutschen: alle Jahre wieder. Und das ist schön so. Wir Deutsche lieben den Wald, deshalb kommt er uns auch gerne in die gute Stube.

Dass der Weihnachtsbaum ins Haus kommt, ist also geklärt, aber welcher? Fichte oder Tanne? Teuer oder günstig? Groß oder klein? Weich oder stechend?

Zunächst ein kleiner Exkurs, weil die Unterschiede zwischen Tanne und Fichte vielen Menschen nicht klar sind. Bei der Fichte (Picea abies) hängen die kegelförmigen Zapfen abwärts am Zweig. Sie öffnen sich bei warmem, trockenem Wetter im Winter und lassen so die geflügelten Samenkörner davonfliegen. Die Zapfen fallen dann später als Ganzes ab. Die Nadeln besitzen einen vierkantigen Querschnitt, eine scharfe, stechende Spitze und sind ziemlich gleichmäßig rings um den Zweig verteilt.

Im Gegensatz zur Fichte stehen bei der Tanne die mehr zylindrisch geformten Zapfen aufrecht auf den Zweigen. Sie fallen auch bei der Reife nicht im Ganzen ab, sondern die einzelnen Schuppen und Samenkörner fliegen mit dem Wind davon und die leere Mittelspindel bleibt noch wie ein großer Dorn lange Zeit auf dem Zweig stehen.

Die »Tannenzapfen«, die immer zuhauf am Waldboden liegen, sind also durchweg Fichtenzapfen. Echte Tannenzapfen kann man nur finden, wenn der Wind einmal Zweige mit grünen, noch unreifen Zapfen vom Baum bricht.

Die Nadeln der Tanne sind flach und breit; sie stechen nicht, denn bei genauerem Hinsehen haben sie zwei abgerundete Enden mit einer kleinen Einkerbung dazwischen. Auf der Oberseite sind sie glänzend dunkelgrün, unten tragen sie zwei weiße Wachsstreifen, die zur Verringerung der Wasserverdunstung in Trockenperioden dienen.

Zurück zur Fichte: Sie ist der preiswerteste Weihnachtsbaum, allerdings auch derjenige mit der geringsten Halbwertszeit. Nach nur wenigen Tagen fängt die Fichte in beheizten Räumen bereits das Nadeln an. Die Freude am günstigen Preis hält also meist nicht bis Weihnachten und jede Berührung beschleunigt die Entnadelung, sodass die Geschenke vor dem Auspacken zunächst von den herabgerieselten Nadeln befreit werden müssen. Die Fichte ist übrigens »Baum des Jahres 2017«.

Die Blaufichte (Picea pungens) – oft fälschlicherweise als »Edeltanne« bezeichnet – ist der Klassiker unter den Weihnachtsbäumen. Ihr eigentlicher Name ist »Stechfichte«, doch mit dieser Bezeichnung lässt sie sich nicht so gut verkaufen. Sie stammt aus Nordamerika und wird seit 1860 in Europa angebaut. Ihre Nadeln besitzen einen blauen Schimmer, dessen Intensität sowohl vom Typ als auch von der Witterung abhängt. Die Blaufichte verfügt über eine mittlere Haltbarkeit und liegt preislich etwas über der Fichte. Aufgrund ihrer starken, gleichmäßig etagenförmig gewachsenen Äste ist sie besonders für schweren Baumschmuck und für echte Kerzen geeignet. Ihre Nadeln stechen stark, also nichts für zarte Kinderhände. Dafür duftet der Baum herrlich nach Wald.

Die Weißtanne (Abies alba) ist ein uralter europäischer Nadelbaum, um den sich viele Märchen und Mythen ranken. Im Wald hat sie es nicht gerade leicht. Denn sie wächst sehr langsam und ist eine Leibspeise der Rehe: eine sehr ungünstige Kombination. Denn Rehe lieben es, die Knospen abzuknabbern, und deshalb schaffen es viele Weißtannen nicht rechtzeitig, dem »Wild aus dem Äser zu wachsen«. So bezeichnet der Forstmann die Baumhöhe, in der das Reh nicht mehr an den Leittrieb herankommt.

Die Weißtanne besitzt die längste Tradition als Christbaum. Seit dem 16. Jahrhundert ist der weihnachtliche Tannenbaum bei uns ein christliches Symbol der Hoffnung. Doch schon frühe Völker in vorchristlicher Zeit sahen in der Tanne einen Baum von außergewöhnlicher magischer Kraft. Bei den alten Germanen galt die immergrüne

Tanne als ein Symbol von Lebenskraft und ständigem Wachstum. Die Tanne war der »Mittwinterbaum«, zur Wintersonnenwende stellten die Germanen einen Tannenbaum auf. Die Nadeln der Weißtanne halten ebenso lange am Weihnachtsbaum wie die der Nordmanntanne, aber aus oben genannten Gründen sollte die Weißtanne lieber im Wald bleiben.

Die Nordmanntanne (Abies nordmanniana) wird rein für Weihnachtsbaumzwecke in Dänemark und Norddeutschland auf großen Plantagen angebaut. Sie verfügt über ein längeres und dichteres Nadelkleid mit weichen, glänzend tiefgrünen, nicht stechenden Nadeln. Gerade weil die Nadeln nicht piksen, helfen gerne auch die Kinder beim Schmücken. Die Nordmanntanne besitzt eine gleichmäßige Wuchsform und hält ihre Nadeln sehr lange – der ideale Baum fürs beheizte Wohnzimmer.

Ihr Name suggeriert zudem, dass sie direkt vom Weihnachtsmann kommt. Dabei geht ihr romantischer Name einfach auf den finnischen Botaniker Alexander von Nordmann zurück, der diese Baumart 1836 im Kaukasus entdeckte. Die Nordmanntanne benötigt 15 Jahre, bis sie Zimmerhöhe erreicht, und ist deshalb der mit Abstand teuerste Weihnachtsbaum, allerdings auch der beliebteste. Gekauft wird hier getreu dem Motto »es ist ja nur einmal Weihnachten«.

Die Edel-Tanne (Abies procera), auch Nobilis-Tanne (Abies nobilis) genannt, stammt aus dem westlichen Nordamerika und wurde erst 1930 nach Europa eingeführt. Sie liegt etwa auf dem gleichen Preisniveau wie die Nordmanntanne, ist aber noch haltbarer. Also ideal für Menschen, die sich nicht so schnell vom Weihnachtsbaum trennen können. Die Edel-Tanne besitzt etagenförmig angeordnete Zweige und weiche, blaugrüne Nadeln, die äußerst intensiv nach Orangen duften. Den Geruch kann man noch verstärken, indem man die am Stamm befindlichen Harztaschen (kleine Beulen) mit einer Nadel aufpikst.

Eine andere, sehr dekorative Tannenart wurde aus dem Westen der USA und dem nördlichen Mexiko zu uns gebracht: die Colorado-Tanne (Abies concolor). Wie ihr lateinischer Name schon sagt, sind ihre Nadeln beiderseits gleichfarbig, zumeist bläulich-grau oder grünlich-grau. Außerdem gehören sie zu den längsten Nadeln aller Tannenarten, sie messen bis zu fünf Zentimeter und sind meist bogig wie ein Kamm nach oben gerichtet und zudem sehr breit. Beim Zerreiben duften sie angenehm nach Zitrusfrüchten.

Die Douglasie (Pseudotsuga menziesii) gehört weder zu den Tannen noch zu den Fichten, sondern sie bildet eine eigene Gattung. Sie war vor der Eiszeit auch in Europa heimisch, überlebte aber nur in Nordamerika. Benannt ist sie nach ihrem Entdecker und Beschreiber, David Douglas, einem schottischen Botaniker. Er führte diese Baumart im 18. Jahrhundert wieder nach Europa ein. Die Douglasie wächst schnell und kann mit bis zu 60 m höher werden als unsere einheimischen Baumarten. Sie zählt deshalb heute aus forstlicher Sicht als wichtigste »fremdländische« Baumart.

Die Zapfen sind ziemlich klein und zwischen den einzelnen Deckschuppen spitzen wie kleine Schlangenzungen dreiteilige, schmale Zwischenschuppen heraus. Die Nadeln sind relativ lang und duften intensiv nach Orangenschalen, besonders, wenn man sie etwas zwischen den Fingern zerreibt. Große, violettbraune Winterknospen sind ein weiteres Merkmal der Art. Wegen ihrer dünnen, biegsamen Zweige ist sie nur für leichten Baumschmuck geeignet. Ihre Haltbarkeit ist in etwa mit der der Blaufichte zu vergleichen; preislich ist sie etwas günstiger als diese.

Manche Familien ziehen eine Kiefer (Pinus sylvestris) vor: Sie hat schöne Nadeln, einen interessanten Wuchs und ist weniger dicht. Sie lässt sich daher mit mehr Zierrat und Kerzen schmücken. Aufgrund ihres hohen Harzgehaltes duftet sie wunderbar, kann allerdings auch leicht Feuer fangen. Man sollte also besser keine echten Kerzen auf ihr anzünden.

Egal, welchen Baum Sie wählen, Sie haben sich richtig entschieden. Denn mit seinem tiefen Grün und seinem harzigen Duft holen Sie sich nicht nur ein Stück Wald, sondern mit den leuchtenden Kerzen und Ihrem ganz individuellen Baumschmuck ein Stück eigene Kindheit ins Wohnzimmer.

Weil man dort Trüffel finden kann

Wer Trüffel hört, denkt als Erstes an Frankreich, Trüffelschweine und horrende Preise. Das ist aber nur die halbe Wahrheit, denn Trüffel gibt es auch in Deutschland und gesucht werden sie heutzutage meistens von Hunden. Schweine richten zu viel Schaden an; dazu kommt, dass es nicht gerade einfach ist, einem Schwein den gefundenen Trüffel abzunehmen, bevor er im dicken Hals verschwindet. Man könnte dann natürlich getrüffelten Saumagen essen, aber das würde wohl auf Dauer zu teuer.

Wichtig für die Suche ist allein eine gute Nase. Trüffel strömen das Schwefel-Duftstoffmolekül Dimethylsulfat aus, wodurch hungrige Tiere zur richtigen Stelle gelockt werden und den Pilz ausgraben. Das machen die Trüffel natürlich nicht deshalb, um für viele Scheine auf dem Teller eines Gourmets zu landen, sondern um von einem Wildschwein gefressen zu werden, das die Pilzsporen an anderer Stelle mit dem Kot wieder ausscheidet.

Ans Tageslicht kommt ein Trüffelfruchtkörper also erst, wenn er ausgegraben wird. Ansonsten verbringt er sein Leben unterirdisch in Symbiose mit einem Baum, was als mykorrhizierend bezeichnet wird. Die Beziehung erfolgt zum gegenseitigen Nutzen: Die Pilze beschaffen mehr Mineralstoffe und Wasser, als der Baum allein es könnte, und erhalten im Gegenzug als Nahrung Zuckerverbindungen, die der Baum durch Fotosynthese herstellt.

Wie kommt der Pilz aber zum Baum? Auch hier spielen chemische Lockstoffe eine Rolle: Mit den Hormonen Ethen und Indol-3-Essigsäure werden die Bäume angeregt, ihre Wurzeln in Richtung des Trüffels wachsen zu lassen. Der Baum kommt also zum Pilz. Hat der Pilz angedockt, bereinigt er das Umfeld von unnötiger Konkurrenz um Wasser und Nährstoffe. Dazu steigert er die Produktion der oben erwähnten Hormone so sehr, dass sie wie ein Pestizid wirken und sämtliche Gräser und Kräuter der Umgebung absterben. Damit können Baum und Pilz den ganzen Kuchen unter sich aufteilen.

Deutschland ist ein heimliches Trüffelland, die Deutschen haben es nur vergessen. Trüffelkundler vermuten, dass während des Ersten und Zweiten Weltkrieges viele der erfahrenen Trüffelsucher ums Leben kamen und mit ihnen das Wissen um die Fundstellen verloren ging. Dazu kam, dass die Nationalsozialisten ein Sammelverbot erließen, weil ihnen die Erdfrüchte dekadent und »welsch« erschienen.

Zahlreiche Quellen beweisen, dass Trüffel unter deutschem Boden schon immer heimisch waren. Alte Karten dokumentieren zum Beispiel, dass in Niedersachsen früher in mehr als 100 Waldstücken Trüffel gefunden worden sind. Ein Forscher aus Norddeutschland hat in alten Warenbüchern sogar Belege dafür gefunden, dass Anfang des 19. Jahrhunderts deutsche Trüffel regelmäßig nach Paris exportiert wurden.

Alle Experten sind sich einig, dass die begehrten Erdpilze auch heute noch in Deutschland weit verbreitet sind. In diese Richtung ging auch das Ergebnis zweier Schüler bei »Jugend forscht«, die deutsche Böden unter die Lupe genommen haben: Sie stellten fest, dass auf 60 Prozent der Fläche theoretisch Trüffel wachsen könnten.[132]

Allein im südwestlichen Baden-Württemberg haben in den vergangenen Jahren Forstbotaniker der Universität Freiburg mit ihren Hunden sieben verschiedene Trüffelarten an 121 Standorten aufgespürt. Zwei davon sind sehr selten, sie galten als ausgestorben; eine kommt sehr oft vor: der Burgundertrüffel, für den Feinschmecker bis zu 600 Euro pro Kilo hinblättern.[133]

Trotz all dieser Erkenntnisse stehen in Deutschland alle Trüffelarten weiterhin unter Naturschutz und dürfen nicht gesammelt werden. Deshalb hat man seit einigen Jahren begonnen, sie zu züchten, so wie es weltweit schon seit den 1970er-Jahren praktiziert wird. Dazu werden insbesondere Eichen, Buchen und Haselnussbäume aus Samen gezogen und mit Trüffelkulturen geimpft. Mit einem Alter von ein bis zwei Jahren können sie verkauft und eingepflanzt werden – der Preis liegt bei etwa 30 Euro pro Bäumchen. Der Standort sollte kalkig und gerne etwas wärmer sein, dabei feucht, aber nicht nass. Frühestens nach fünf Jahren kann dann das erste Mal geerntet werden. Danach mehrmals im Jahr, denn die Trüffel wachsen ständig nach.

Weil Speierling und Elsbeere wie
Bruder und Schwester sind

Die Eberesche ist den meisten Menschen als Vogelbeere bekannt. Uns Kindern hat man immer erzählt, die roten Früchte seien giftig, was aber gar nicht stimmt. Das ist ein weitverbreiteter Irrglaube, sie schmecken roh nur sehr bitter. Beim Kochen wandelt sich die bittere Parasorbinsäure in verträgliche Sorbinsäure um – Marmelade und Gelees schmecken lecker und sind wahre Vitamin-C-Bomben.

Die Eberesche gehört zur Gattung Sorbus, den Mehlbeeren, und hat zwei ganz besondere Geschwister: den Speierling und die Elsbeere. Es sind beides sehr empfindliche Baumarten und deshalb entsprechend selten. Sie mögen es warm und brauchen viel Licht, wachsen aber trotzdem sehr langsam. Buchen, Eschen, Eichen und Ahorne – alle überholen sie auf dem Weg nach oben. Zu diesem Wettkampf kommt es aber meist gar nicht. Denn bei der Elsbeere futtern die Vögel alle Früchte direkt aus der Krone weg. Die Beeren fallen also erst gar nicht zu Boden. Erst mit dem Vogelkot gelangen die Samen auf den Waldboden. Dort warten aber schon die Mäuse auf die willkommene Nahrungsquelle und fressen über den Winter alle Samen in sich rein. Sollte es im Frühjahr doch ein Same zum Keimling schaffen, machen sich Rehe, Hasen und Kaninchen bevorzugt über die ausgesprochen leckeren Knospen von Elsbeere und Speierling her. Viel häufiger vermehren sich diese Baumarten deshalb durch Wurzelbrut als auf dem klassischen Weg der natürlichen Verjüngung. Besonders bei Verletzungen oder aus den Baumstümpfen gefällter Bäume treiben neue Sprosse aus.

Die Elsbeere und der Speierling sind Baumarten der Superlative, nicht nur, was ihre Empfindlichkeit betrifft. Das harte Holz der Elsbeere ist mit seiner markanten Kernfärbung das teuerste aus deutschen Wäldern: Es bringt auf dem Holzmarkt sechsmal so viel wie Eichenholz. Schon im Jahre 1900 wurde die Elsbeere bei der Pariser Weltausstellung zum schönsten Holz der Welt gekürt. Seitdem ist sie das Nonplusultra für den exklusiven Möbel- und Innenausbau, aber auch zur Fertigung von Musikinstrumenten. Deshalb zahlen Sägewerke für einen Elsbeerenstamm auch bis zu 14.000 Euro.[134] Zur Info für den Steuerzahler: Man findet dieses edle Holz auch im Interieur des Deutschen Bundestages.

Den Spitzenplatz belegt die Elsbeere auch im hochprozentigen Segment. Der erlesene Schnaps mit dem feinen fruchtigen Mandelgeschmack wird vorrangig im »Elsbeerreich«, einer Region in Niederösterreich, abgefüllt. Die Ernte der Früchte ist sehr arbeitsaufwendig, weil sie von Hand gepflückt werden müssen, bevor sich Vögel die Leckerbissen vom Baum holen. Also nichts mit warten und am Boden aufsammeln. Dazu kommt, dass die Ausbeute sehr gering ist: Für zwei Liter Schnaps werden 100 Liter Maische benötigt. Kein Wunder wird der Liter Elsbeerenbrand um 200–400 Euro gehandelt.[135] In Österreich nennt man ihn auch Adlitzbeerenschnaps (dial. Oadlatzbeerschnaps). Der im Elsass aus der Elsbeere hergestellte Obstbrand heißt »Alisier« und ähnelt mit seinem herben Geschmack einem Schlehenoder Zirbenschnaps.

Die kleinen dunkelroten Beeren schmecken aber auch roh lecker und helfen gegen die Ruhr und andere Magen-Darm-Beschwerden. Daher kommt auch ihr botanischer Name Sorbus torminalis (torminalis = Bauchschmerzen). Martin Luthers Frau Katharina von Bora aß besonders gerne Elsbeeren – hoffentlich nicht, weil ihr die 95 Thesen ihres Mannes auf den Magen schlugen.

Und die Elsbeere hält noch einen Rekord. Als Mitglied der Rosenfamilie zählt sie mit ihren 30 Meter Wuchshöhe zum größten Rosengewächs überhaupt. In Deutschland erreicht sie jedoch nur selten ihre volle Größe und das mögliche Alter von 300 Jahren, weil das wertvolle Holz vorher genutzt wird. Von der Rinde her kann man die Elsbeere übrigens leicht mit einer Eiche verwechseln, die Blätter besitzen aber eine markante Form und färben sich im Herbst auffällig scharlachrot.

Auch der Bruder der Elsbeere, der Speierling, hat seine Besonderheiten. Zunächst einmal ist er einer der seltenen »männlichen« Bäume im deutschen Sprachgebrauch. Dann besitzt er mit einem Trockengewicht von 0,88 g/cm^3 (Darrdichte) das schwerste europäische Laubholz. Deshalb wurde das Hartholz früher viel für mechanische Zwecke verwendet. Interessanterweise ist es heute noch besonders für Dudelsackpfeifen gefragt. Gute Stämme werden zu Furnier verarbeitet, das in Anlehnung an die Holzfarbe auch als »Schweizer Birnbaum« bezeichnet wird. Weil sich die Vorkommen des Speierlings mit dem der Elsbeere decken, werden diese beiden Baumarten meist gemeinsam per Submission verkauft, also zum Höchstpreis versteigert.

Schwerpunkt der Verbreitung liegt in Baden-Württemberg und Bayern, aufgrund des Klimawandels breiten sich die wärmeliebenden Geschwister aber schon weiter nach Norden aus. Elsbeere und Speierling bilden aber nie geschlossene Bestände, sondern sind immer einzelbaumweise oder in kleinen Horsten eingestreut. Hierbei ist es wichtig, diese Baumarten rechtzeitig zu erkennen, um sie vor konkurrenzstarken Nachbarbäumen und übereifrigen Motorsägen zu schützen. Mit seinen gefiederten Blättern ist der Speierling zudem leicht mit der Eberesche zu verwechseln, die im Rahmen der Jugendpflege aus den Verjüngungsflächen herausgeschlagen wird.

Am bekanntesten dürfte der Speierling sicher im Raum Frankfurt sein. Seit 150 Jahren wird dort der Saft unreif gepflückter Speierlingsfrüchte in geringer Menge (1–3 %) dem Apfelwein zugesetzt. Dadurch bekommt er einen angenehm herben Geschmack, eine klare Farbe und ist länger haltbar. Diesen etwas teureren »Äppelwoi mit Schuss« nennen die Frankfurter verkürzt einfach »Speierling«.

106. GRUND

Weil Harz ein Wundermittel der Natur ist

Wenn ich das Wort Harz höre, kommen mir spontan zwei Dinge in den Sinn. Der herrliche Geruch und die weniger herrliche Klebrigkeit dieses Stoffes. Aber gerade in der Zähigkeit liegt seine Stärke. Das Harz erfüllt nämlich für den Baum zwei überlebenswichtige Aufgaben: Es dient als Wundverschluss bei Verletzungen und als Wunderwaffe gegen Schadinsekten.

Eine Verletzung kann für einen Baum das Anfang vom Ende sein, denn die offene Wunde ist eine Eintrittspforte für Pilze und Bakterien. Verteilen sich diese über die Leitungsbahnen im Baum, kann das über kurz oder lang zum Absterben des Organismus führen. Deshalb verliert der Baum keine Zeit: Bricht beispielsweise im Zuge eines Sturms ein Ast ab, leitet er an die Wunde schnell sein noch flüssiges »Wundgel«. Durch die Fähigkeit des Harzes, Pilze und Bakterien abzutöten, wird die Wunde desinfiziert und durch Aushärten der Masse verschlossen.

Die antibakterielle und desinfizierende Wirkung des Harzes nutzte man früher übrigens auch dazu, Krankenzimmer mittels Harzräucherungen zu reinigen. Außerdem war es regional verbreitet, die aus Harz hergestellte »Pechsalbe« auf Wunden und Verletzungen aufzutragen. Auch größere Wunden verheilten aufgrund der desinfizierenden Wirkung, ohne sich zu entzünden. Seine eigenen Erfahrungen über dieses Wundermittel schilderte der österreichische Forstwirt und Buchautor Erwin Thoma an einem Vortragsabend in der Waldorfschule Potsdam am 11. November 2016. Er erzählte von seiner Oma, die mit der Pechsalbe aus der rostigen »Stallbüchse« neben einer verletzten Stute auch die offene Handverletzung des Opas behandelte. Nach zwei Wochen ohne weitere ärztliche Kontrolle war die Wunde sauber verheilt.

Daraufhin berichtete Thoma seinem Freund Professor Moser an der Universität Graz von der Pechsalbe und gab ihm das Rezept zur Analyse. Die Auswertung ergab, dass die Paste in höherem Maße bakterien-, viren- und pilzsporenabtötender war als jedes Medikament der Pharmaindustrie. Deswegen spielte die mangelnde Hygiene bei Aufbewahrung und Anwendung von Omas Pechsalbe auch keine größere Rolle. Der Arzt erzählte ihm weiter, dass im Harz der Nadelbäume bis heute an die 900 chemischen Einzelverbindungen analysiert wurden und es vermutlich noch mehr sind. Allerdings sei die Rezeptur so kompliziert, dass man sie weder nachbauen noch patentieren kann. Also kein Geschäftsmodell für Pharmaunternehmen, die stattdessen lieber ihre teuren, aber wirkungsloseren Medikamente an die Apotheken liefern.

Kommen wir zur zweiten Aufgabe des Baumharzes: der Selbstverteidigung. Die chemische Keule aus Terpenen, Alkoholen und Estern wird zur Abwehr von Schadinsekten, wie Buchdruckern und Kupferstechern, eingesetzt. Bohren diese den Baum an, flutet dieser die Schotten mit Harz: Insekten, ihre Larven und Eier werden verklebt, erstickt und ausgetrocknet. Benachbarte Bäume werden mittels chemischer Duftbotschaften über die Luft gewarnt und können dadurch ihre Kampfeinheiten schon einmal an die Front verlegen.

Nun wissen die Borkenkäfer aber auch, dass der Angriff auf einen gesunden Baum bedeutet, dass sie irgendwann in einer Bernsteinkugel wiedergefunden werden. Deshalb konzentrieren sie ihre Aufmerksamkeit auf geschwächte Bäume, die unter der Glut eines trockenen, heißen Sommers leiden. Denn der wichtigste Grundstoff zur Harzproduktion ist Wasser. Ist dieses knapp, kann sich der Baum nur noch eingeschränkt verteidigen – ein Grund, warum sich Borkenkäfer in trockenen Sommern besonders stark vermehren und ganze Waldabteilungen zum Absterben bringen können.

Das Harz der einzelnen Baumarten unterscheidet sich nicht nur in der produzierten Menge. Mal ist es mehr, mal weniger flüssig und auch der Geruch ist verschieden. Weihrauch und Myrrhe zum Beispiel sind das Harz von Gewächsen in der Halbwüste. Diese Stoffe waren in der Antike sehr kostbar und wurden auch als Heilmittel und Parfum verwendet. Am häufigsten wird Weihrauch heute als Räucherware an hohen kirchlichen Feiertagen im Gottesdienst eingesetzt.

Wenn wir von Harz sprechen, meinen wir meistens das von Nadelbäumen. Deren Harzbalsam heißt Terpentin und daraus wird das bekannte Harzprodukt Kolophonium gewonnen. Kolophonium findet in vielen Gegenständen des Alltags Verwendung, wie zum Beispiel in Kaugummis oder als Klebstoff für Heftpflaster. Ansonsten werden Naturharze, vor allem in der Industrie, weitestgehend durch Kunstharze ersetzt, die zu den Kunststoffen zählen. Auch Sportler verwenden manchmal Harze. Handballer beispielsweise nutzen seine Klebrigkeit, um den Ball besser festhalten zu können.

Ist man jetzt aber kein Handballer und möchte das Harz lieber von der Hand wegbekommen, braucht man es mit Wasser gar nicht erst zu versuchen. Das Harz von Nadelbäumen ist nämlich wasserunlöslich. Am besten lässt es sich mit Öl entfernen, Alkohol funktioniert aber auch ganz gut. Das gummiartige Weichharz von Laubbäumen ist hingegen wasserlöslich. Es klebt und riecht kaum – außerdem lässt es sich nicht schmelzen, sondern verkohlt beim Erhitzen.

Die Griechen geben ihrem Retsina, einem trockenen Weißwein, während der Gärung Harzstücke der Kalabrischen Kiefer oder der Aleppo-Kiefer hinzu. Damit versuchen die Winzer dem traditionellen Geschmack nahezukommen, als dieser Wein noch in Schläuchen aus Ziegenfell oder in Amphoren aufbewahrt wurde, die mit Harz abgedichtet waren. Das beeinflusste nicht nur das Aroma des Weines, sondern machte ihn auch haltbarer.

107. GRUND

Weil die Hainbuche hart wie Eisen ist

Die Hainbuche ist eine dienende Baumart. Damit meinen die Forstleute und Waldbauern, dass sie als Begleitbaumart die Stämme wertvoller Baumarten, insbesondere der Eiche, durch Beschattung astfrei hält. Die Hainbuche wird nicht sehr groß und braucht auch nicht viel Licht – dadurch kommt sie auch ein Stockwerk tiefer gut zurecht. Die dienende Funktion geht sogar so weit, dass die Hainbuche in Eichenkulturen mit der Eiche gleichzeitig gepflanzt wird, um den Wild- und Mäuseverbiss auf sich zu ziehen – quasi als Bauernopfer. Überlebt sie die Anfangszeit unbeschadet, besitzt die Hainbuche ein außerordentlich hohes Ausschlagsvermögen, weshalb sie in den früher üblichen Nieder- und Mittelwäldern in regelmäßigen Abständen »auf den Stock gesetzt« wurde. Es dauerte nicht lange, und wo vorher ein Stämmchen abgeschnitten wurde, kamen zwei neue zum Vorschein.

Auch wenn sie nicht so wertvoll wie die Eiche ist, besitzt die Hainbuche eine ganz besondere Eigenschaft: Sie hat nach dem Speierling das härteste und schwerste Holz aller einheimischen Baumarten. Zur Veranschaulichung: Ein Kubikmeter Hainbuchenholz wiegt 800 kg, Pappelholz dagegen nur die Hälfte. Das Holz der Hainbuche wurde deshalb auch Eisenholz und der Baum Steinbuche oder Hornbaum genannt. Das harte Holz war in vorindustrieller Zeit und zu Beginn des Industriezeitalters vor allem bei Drechslern, Wagnern und Werkzeugmachern sehr beliebt. Eisen war früher teuer, deshalb wurde gerne das »Eisenholz« zur Herstellung stark beanspruchter Teile eingesetzt. Das waren Maschinenteile – wie Zahnräder, Speichen oder Achsen – und Holzwerkzeuge – wie Hobel, Holzhämmer oder Axtstiele.

Kegelkugeln müssen über die Jahre einiges abräumen und gehörten damit ebenfalls zum Sortiment, genauso wie Billardqueues und Schlittenkufen. Natürlich gibt es zwischenzeitlich viele Ersatzstoffe für das früher gefragte Hartholz. Trotzdem werden bis heute Webschützen und Hülsen für die Textilindustrie größtenteils aus Hainbuchenholz gefertigt. Auch im Klavierbau kommt die Hainbuche zum Einsatz: Sage und schreibe 95 % der Klaviermechanik bestehen aus Hainbuche.[136] Im Wohnbereich findet man Parkettböden und Hackblöcke aus dem widerstandsfähigen Holz.

Wegen ihres sehr hellen Holzes wird die Hainbuche auch Weißbuche genannt und zu Milchkübeln und Butterfässern verarbeitet. Als Bauholz eignet sich das Holz jedoch nicht, denn es schwindet stark, verwirft sich und reißt ziemlich leicht. Das fällt nicht schwer zu glauben, schaut man sich den drehwüchsigen, auch spannrückig genannten Baumstamm von außen an – wie ein Seil sieht er manchmal aus. Dem Ofen ist das egal, weshalb das Holz gerne zum Heizen und Kochen verwendet wurde. Das Spalten zu Scheiten musste aber in frischem Zustand erfolgen, denn in getrocknetem Zustand wird das Zerteilen des harten Holzes zur Qual. Auch für die Herstellung von Holzkohle hatte die Hainbuche große Bedeutung – sie war besonders für die Schwarzpulverherstellung geeignet. Vielerorts wurden Hainbuchen zur Laubfuttergewinnung geschneitelt – bizarre Baumgestalten sind Zeitzeugen dieser Nutzung. Das Vieh war jedenfalls ganz heiß auf das saftige, grüne Laub – getrocknet war das Laub die Chipstüte des Winters.

Ein anderer Name der Hainbuche ist »Hagebuche«, wobei »Hag« so viel bedeutet wie »Einzäunung« oder »Hecke«. Denn schon früh erkannte man, dass diese Baumart keinen Rückschnitt übel nahm. Vor allem im 18. Jahrhundert waren in den Barockgärten schnurgerade

Einfriedungen und Sichtachsen ein Muss. Dazu bediente man sich neben dem Buchsbaum gerne der Hagebuche. Auch für akkurat geschnittene Figuren und heimelige Laubengänge musste sie herhalten. Auch heute gehört sie neben der Thuja zu den beliebtesten Heckenpflanzen. Der Hobbygärtner kann sie verstümmeln, wie er will, und sie dankt es ihm mit üppigem Austrieb. Viele Hausbesitzer wählen aus Gründen des Sichtschutzes eine immergrüne Heckenpflanze. Aber auch die Hainbuche behält ihre vertrockneten Blätter fast den ganzen Winter am Baum. Und im Unterschied zu den Nadelbäumen bietet sie im Verlauf der Jahreszeiten ein abwechslungsreiches Farbspiel: frisches Grün beim Austreiben, dunkelgrün im Frühsommer, dann nach dem Schnitt wieder heller vor dem dunklen Grün der älteren Blätter und schließlich – als herbstliches Highlight – goldgelb, bevor die Blätter sich im Winter braun färben.

Die Hagebüsche an der Grundstücksgrenze hatten früher ganz andere Dimensionen: Seit der Römerzeit gab es sogenannte Wehrhecken bzw. Landwehren. Die Büsche wurden umgeknickt und verwuchsen mit Dornsträuchern zu einem undurchdringlichen Dickicht. Ein Bauwerk dieser Art war die mittelalterliche Landwehr des Rheingaus, das Gebück. Es grenzte den gesamten Rheingau zwischen Nieder-Walluf und Lorchhausen gegen den Taunus hin ab. Die Landwehr besaß eine Breite von 50 bis 100 Schritt und war nur an wenigen Stellen mit Durchlässen versehen. Für die Instandhaltung sorgte ein eigenes Haingericht. Viele Ortsnamen mit den Endungen -hain und -hagen weisen auf solche Landwehren hin.[137]

Selbst in unseren Sprachgebrauch ist die Hainbuche eingeflossen, obwohl ich nicht glaube, dass viele Menschen das etwas angestaubte Wort »hanebüchen« schon einmal verwendet haben. Früher bedeutete es – in Anlehnung an das harte, schwer zu bearbeitende Holz – so viel wie »handfest, derb, knorrig, grob«. Heute kennt man es eher im Sinne von empörend, skandalös, unglaublich – wenn zum Beispiel von »hanebüchenem Unsinn« die Rede ist.

Weil er Holz zum Bauen liefert

Holz liegt voll im Trend. Nicht nur zum Heizen, auch zum Bauen. Die Holzbauquote stieg in Bayern von 2003 bis 2013 um etwa 7 % auf 19,1 %. Damit ist Holz im Wohnungsbau inzwischen der zweithäufigste Baustoff.[138] Immer mehr Menschen legen Wert auf eine ökologische und gesundheitsbewusste Lebensweise. Nicht nur die Ernährung, auch das Lebensumfeld soll dieser Philosophie entsprechen. Deshalb erlebt das Holzhaus in den letzten Jahren eine regelrechte Renaissance.

Renaissance deshalb, weil bis zum Mittelalter die Menschen bereits überwiegend in Holzhäusern lebten. Diese wurden jedoch ab dem Spätmittelalter aus den Städten verbannt. Zu groß war die Angst vor verheerenden Bränden, die ganze Stadtteile in Schutt und Asche legten. Ein kleiner Funke konnte in den engen Gassen ein Inferno auslösen. Die Gefahr war allgegenwärtig, da früher meist am offenen Feuer gekocht und mit Feuer geheizt wurde. Stroh wurde direkt im Haus oder gleich in der Nähe gelagert. Deshalb ging man dazu über, Steinhäuser zu bauen, wie wir sie heute in historischen Ortskernen noch sehen, sofern sie im Krieg nicht zerbombt wurden.

Diese jahrhundertealten Erfahrungen sind in den heutigen Bauvorschriften regelrecht »eingebrannt«. Die Forderungen nach holzfreundlichen Brandschutzbestimmungen werden jedoch immer lauter. Als Vorbild dient die Schweiz, wo seit Anfang 2015 mit Holz bis zur Hochhausgrenze gebaut werden darf. »Heute konstruieren wir aufgrund der Bauphysik- und Schallschutzanforderungen kompakter, massiver und dichter. Das heißt, ein Brand bleibt relativ lange im Zimmer oder in der Wohnung«, erklärt der Schweizer Holzbauingenieur Reinhard Wiederkehr.[139]

Nicht nur die natürliche Wohnatmosphäre, auch die weiteren positiven Eigenschaften von Holz rücken immer stärker ins Bewusstsein. Mit dem Verbauen von Holz trägt man doppelt zum Klimaschutz bei: Beim Wachstum bindet der Baum CO_2, das ins Holz eingelagert wird. Verbauen wir das Holz nun in unserem Haus, verhindern wir, dass es als Treibhausgas in die Atmosphäre freigesetzt wird – wie es der Fall wäre, wenn es verbrannt oder verfaulen würde. Zusätzlich wächst ja an der Stelle im Wald, an dem just Ihr Bauholz entnommen wurde, wieder ein neuer Baum heran, der wiederum CO_2 zum Wachstum benötigt. Also doppelter Klimaschutz. In einer Tonne trockenen Bauholzes werden 510 kg Kohlenstoff gespeichert, dies entspricht 1,8 Tonnen CO_2.[140]

Es muss ja nicht gleich das Blockbohlenhaus sein, je nach Ausführung der Inbegriff von alpinem Lifestyle oder kanadischem Trapperfeeling. Bei diesem Klassiker werden durch das Zusammenfügen von Stämmen, Brettern oder Balken die Wände und Decken konstruiert. Im Gegensatz zu früher befindet sich heutzutage meistens eine tragende Konstruktion inklusive Wärmedämmung dahinter.

Als Alternative gibt es das sogenannte Stabtragwerk, dessen bekanntester Vertreter die Fachwerkhäuser sind. Hier übernehmen senkrechte Hölzer die Last von waagrechten Balken in Decke und Dach. Die beim modernen Holzhaus häufig angewandte Holzrahmenkonstruktion bzw. Holzständerbauweise funktioniert nach dem gleichen Prinzip. Die Dauerhaftigkeit beweist Deutschlands ältestes noch stehendes Fachwerkhaus, das um 1350 in Quedlinburg (nördliches Harzvorland) errichtet wurde. Andere Experten halten den Abteihof St. Marien für das älteste Fachwerkhaus Deutschlands (1320/1321).[141]

Die Nachfrage nach Holz steigt immer weiter an. Der Forstwirtschaft ist es gelungen, innerhalb der letzten 100 Jahre die Holznutzung pro Jahr und Hektar Waldfläche um das Dreifache zu steigern. Der weitaus größte Teil, nämlich 65 % des Holzeinschlags, entfällt auf das Stammholz, das vor allem zu Bauholz und Brettern eingeschnitten wird. Der Rest wandert in die Herstellung von Papier, Zellstoff oder in die Faser- und Spanplattenproduktion.

Trotz des immer weiter steigenden Holzvorrats in deutschen Wäldern reicht die eingeschlagene Holzmenge nicht aus, um unseren gesamten Holzbedarf zu decken. Über 50 % des Holzbedarfs in Deutschland muss aus anderen Ländern eingeführt werden. Das hat zwei große Nachteile: Die langen Transportwege belasten unser Klima und in vielen Ländern wird die abgeholzte Waldfläche nicht wieder aufgeforstet. Was bei der Nutzung heimischen Holzes in Bezug auf den Klimaschutz doppelt gut ist, ist hier also doppelt schlecht.

Weil es dort viele Heilpflanzen gibt

Neben Pilzen und Beeren findet man im Wald auch Heilpflanzen. Genaugenommen sind das Pflanzen, die aufgrund ihrer Wirkstoffe den Verlauf einer Krankheit günstig beeinflussen können. Ich spanne den Bogen aber weiter und zähle auch diejenigen Pflanzen dazu, die generell eine gesundheitsfördernde Wirkung haben.

Dass Pflanzen eine medizinische Wirkung haben können, ist sogar manchen Tierarten bekannt, wie z. B. Menschenaffen, Schafen, Blaumeisen oder Monarchfaltern. Sie überstehen Krankheiten, indem sie sich bestimmter Heilpflanzen bedienen. Forscher haben herausgefunden, dass Schimpansen weite Strecken zurücklegen, nur um an bestimmte Pflanzenarten zu gelangen, die sonst eigentlich nicht auf ihrem Speiseplan stehen.[142]

»Allein die Dosis macht, dass ein Ding kein Gift ist.« Diese Weisheit stammt von dem Mediziner, Naturforscher und Philosophen Paracelsus (1492–1541). Die Redensart »Zu viel des Guten« dürfte in die gleiche Richtung deuten. Viele unserer Heilpflanzen, die in Arzneimitteln zum Einsatz kommen, haben die Eigenschaft, dass sie in geringer Menge positive Wirkungen zeigen, bei übermäßigem Einsatz den Anwender jedoch schädigen können.

An Waldwegen oder Lichtungen finden wir zum Beispiel die Schwarze Tollkirsche (Atropa belladonna). Sie gehört zur Familie der Nachtschattengewächse, wird bis zu 1,50 m hoch und besitzt violette, glockenförmige Blüten. Ihren Namen hat sie jedoch von den schwarzen Beeren, die aussehen wie eingedrückte Kirschen und mit ihrem matten Glanz recht appetitlich aussehen. Sie enthalten jedoch das giftige Atropin, das nach dem Verzehr der Früchte zu schweren Vergiftungssymptomen führen kann. Ihren botanischen Namen »belladonna« hat die Tollkirsche der Tatsache zu verdanken, dass Atropin zur Erweiterung der Pupille führt. Dieser »feurige Blick« entsprach während der Renaissance dem Schönheitsideal europäischer Frauen. Heute nutzt man den Wirkstoff unter anderem vor Augenoperationen.

Zu meinen Lieblingspflanzen im Wald gehört der Rote Fingerhut (Digitalis purpurea). Meistens findet man die circa einen Meter hohen Stauden auf Waldlichtungen und an Wegrändern. Ihre schönen, purpurfarbenen Kelche hängen wir Glocken nach unten und zeigen alle in die gleiche Richtung. Hummeln lieben die leuchtenden Blüten und fliegen mit ihrem sonoren Sound von unten in die Blüten hinein. Vielen anderen Tierarten und dem Menschen ist vom Kontakt abzuraten – alle Pflanzenteile sind hochgiftig. Allein der Verzehr von zwei Blättern kann für den Menschen tödlich sein. Richtig eingesetzt sind die aus dem Roten Fingerhut gewonnenen Herzglykoside wirkungsvolle Kreislaufmedikamente: Digitalispräparate stärken die Herzleistung und senken die Herzschlagfrequenz. Allerdings ist eine genaue Dosierung mit Digitalis schwierig, da die Grenze zwischen heilender und tödlicher Dosis sehr eng liegt.

Zum Glück müssen wir bei den Giftpflanzen nicht selbst mit einem Mörser ans Werk gehen, um Pülverchen und Salben herzustellen. Da sollten wir uns lieber auf Arzt und Apotheker verlassen. Aktiv werden können wir aber bei den ungiftigen Pflanzen, die unserer Gesundheit, unseren Abwehrkräften und unserem allgemeinen Wohlbefinden dienlich sein können. Die Heilwirkung des Bärlauchs (Allium ursinum) ist ähnlich derjenigen des Knoblauchs. Er entgiftet das Blut, reinigt die Atemwege und senkt den Cholesterinspiegel. Die Bärlauchblätter sind vielseitig einsetzbar: im Salat, als Brotaufstrich, in Suppe oder Pesto. Auch Fleisch- und Fischgerichte können mit Bärlauch verfeinert werden.

Und das Finden im Wald ist gar nicht schwer – einfach immer der Nase und dem Auge nach. Bärlauch bildet im März ganze Teppiche auf dem Waldboden. Läuft man hindurch, erinnert einen der Geruch an den Schuhen noch Tage später an den Spaziergang. Sie müssen nur darauf achten, nicht an den giftigen Doppelgänger zu geraten: das Maiglöckchen. Wenn Sie unsicher sind, zerreiben Sie einfach ein Blatt zwischen den Fingern – schlägt Ihnen der typische Knoblauchgeruch entgegen, haben Sie alles richtig gemacht.

Zur Brennnessel muss ich wahrscheinlich nicht viel sagen. Sie ist ein typischer Kulturfolger und liebt stickstoffreiche Böden. Leider wird sie oft zu Unrecht als Unkraut abgetan und bekämpft. Dabei sind die Raupen einiger Schmetterlingsarten auf die Brennnessel angewiesen. Dazu zählen zum Beispiel das Tagpfauenauge, der Admiral oder der Kleine Fuchs. An den Wegrändern im Wald wird die Brennnessel in Ruhe gelassen und man kann dort bequem einige Blätter abpflücken.

So wie Sie im Haus einen Frühjahrsputz machen, sollten Sie auch Ihren Körper einmal im Jahr entschlacken. Das verhilft zu neuen Kräften. Brennnesseln eignen sich dazu ideal: Sie lassen sich gut als Tee, Suppe, Spinat oder Smoothie zubereiten. Der Geschmack wird als »dem Spinat ähnlich, aber aromatischer«[143] und als feinsäuerlich beschrieben. Die Inhaltsstoffe der Brennnessel erhöhen die Enzymproduktion der Bauchspeicheldrüse und regen die Blasen- und Nierentätigkeit an. Ihr wird auch eine heilende Wirkung bei rheumatischen Erkrankungen, Hexenschuss, Ischias und Haarausfall nachgesagt.[144]

Die Hundsrose (Rosa canina) wächst an sonnigen Standorten, wie zum Beispiel an Waldrändern, in Hecken und auf Waldlichtungen. Im Juni und Juli verströmen ihre zartrosafarbenen Blüten einen lieblichen Duft. Ab Mitte September hängen dann die berühmten, scharlachroten Hagebutten am Strauch, aus deren haarigem Innenleben wir als Kinder Juckpulver hergestellt haben. Die Hagebuttenschalen werden getrocknet und als Tee aufgebrüht. Der hohe Vitamin-C-Gehalt hilft bei Erkältungs- und Infektionskrankheiten. Auch Fruchtwein und Likör kann daraus hergestellt werden. Bekannt ist die Hagebuttenkonfitüre (auch Hagebuttenmark oder Hiffenmark), die nicht nur als Brotaufstrich zum Einsatz kommt, sondern auch in fränkischen Krapfen (Berliner) eingefüllt wird. Hagebutten können auch roh gegessen werden, nachdem die Nüsschen entfernt wurden. Je später man sie pflückt, desto süßer sind sie.

Ein Vielseitigkeitswunder ist der Schwarze Holunder (Sambucus nigra). Aus ihm lassen sich Sirup, Gelee, Konfitüre, Mus, Tee und

Suppe herstellen. Sogar Modegetränke wie der »Hugo« kommen nicht ohne Holunderblüten-Sirup aus. Als klassisches Hausmittel wird Holundersaft und -tee gegen Erkältung, Nieren- und Blasenleiden sowie zur Stärkung von Herz und Kreislauf getrunken. Die Inhaltsstoffe wirken entzündungshemmend, schmerzlindernd und fiebersenkend.

Der Klassiker schlechthin ist der Lindenblütentee. Dazu werden die Blüten der Sommerlinde (Tilia platyphyllos) und der Winterlinde (Tilia cordata) benötigt. Die enthaltenen Schleimstoffe wirken hustenreizstillend und lindern Halsschmerzen. Andere Inhaltsstoffe geben der Lindenblüte eine krampflösende, schmerzstillende und entzündungshemmende Wirkung. Lindenblütentee ist deshalb besonders effektiv bei grippalen Infekten und fieberhaften Erkältungen. Wer einen stressigen Tag hatte oder keinen Schlaf findet, sollte abends Lindenblütenextrakte in sein Badewasser geben. Das wirkt beruhigend und entspannend.

Nicht nur die Linde, auch andere Baumarten finden in der Naturheilkunde Verwendung. Ein Aufguss von Buchenrinde hat fiebersenkende, adstringierende (zusammenziehende) und antiseptische Wirkung – er kommt auch bei Erkrankungen der Atemwege sowie bei Verletzungen und Infektionen der Mundschleimhaut zum Einsatz. Verbrennendes Buchenholz hat durch das darin enthaltene Kreosot eine stark desinfizierende Wirkung.[145]

Welche Schätze der Wald noch an Heilstoffen bereithält, ist bei Weitem nicht erforscht. Besonders in den artenreichen tropischen Urwäldern wird noch ein riesiges Reservoir an sekundären Pflanzenstoffen vermutet, die das Zeug zu hochwirksamen Medikamenten haben könnten. Umso schlimmer, dass die tropischen Regenwälder großflächig wirtschaftlichen Interessen geopfert werden. Auch in den Pflanzen, die in der traditionellen chinesischen Medizin (TCM) sowie in der indischen Medizin Ayurveda zum Einsatz kommen, schlummert in dieser Hinsicht noch ein sehr großes Potenzial.[146]

Weil es ohne ihn dieses Buch nicht gäbe

Ohne Wald kein Holz, ohne Holz kein Papier, ohne Papier kein Buch. Na und, denkt sich sicher der eine oder andere Digital Native. Zwischenzeitlich gibt es ja selbst die Tageszeitung als ePaper für PC, Tablet und Smartphone. Wer liest denn heute noch ein Buch, wenn er dieselben Informationen auch online bekommen kann?

Sie zum Beispiel, denn Sie lesen ja gerade dieses Buch. Und Sie lieben den Wald. Das ist kein Widerspruch und Sie brauchen kein schlechtes Gewissen zu haben, dass dafür wertvolle alte Bäume gefällt werden müssen. Ganz im Gegenteil: Es werden gerade die schwachen Bäumchen benötigt, wie sie bei Durchforstungen anfallen. Damit trägt die Papierindustrie wesentlich dazu bei, dass die notwendigen Pflegehiebe rechtzeitig durchgeführt und nicht mangels Absatzmöglichkeiten auf die lange Bank geschoben werden. Nur wenn den sogenannten Z-Bäumen – den Zukunftsträgern des Waldbestandes – zum richtigen Zeitpunkt Platz gemacht wird, können sie der ihnen zugeteilten Rolle gerecht werden. Allerdings reicht das heimische Holz bei Weitem nicht aus: Deutschland ist mit ca. 20 Millionen Tonnen einer der größten Papierverbraucher der Welt. Jeder Bundesbürger verbraucht pro Jahr durchschnittlich etwa 230 kg Papier. In der Europäischen Union ist Holz das zweitwichtigste Importgut nach Rohöl.[147]

Nicht nur im Verbrauch, auch beim Import ist Deutschland mit 11 Millionen Tonnen Papier, Pappe und Karton weltweit Spitzenreiter vor den USA und Österreich – das meiste davon kommt aus Schweden und Finnland.[148]

Aber besser den nachwachsenden Rohstoff Holz für ein Buch verwenden, als Tieren ans Leder zu gehen. Denn Pergament war vom 8. bis zum 14. Jahrhundert der wichtigste Beschreibstoff im Abendland. Für eine einzige Bibel benötigte man die Haut von 200 bis 300 Schafen.[149] Spätestens mit Erfindung der Buchdruckerkunst und den daraus resultierenden hohen Buchauflagen wurde Pergament aber viel zu teuer.

Papier ist ursprünglich eine chinesische Erfindung um 100 n. Chr. Sein Produktionsprozess wurde fast ein Jahrtausend lang geheim gehalten und erst die Araber brachten es in den Westen. Bei der mittelalterlichen Papierherstellung wurden angefaulte Lumpen von wasserkraftbetriebenen Papiermühlen zu einem Faserbrei zerstampft. Aus den Textilien wurden die dringend benötigten Zellstofffasern gewonnen. Ab dem 18. Jahrhundert gab es dann erste Versuche, an Stelle der Lumpen Pflanzenfasern zu nutzen. Trotzdem dauerte es noch viele Jahre bis zur Herstellung von Qualitätspapieren aus Holz.

Heute wird meistens das Holz von Nadelbäumen zerfasert – das kann mechanisch (Holzstoff) oder chemisch (Zellstoff) erfolgen. Der Unterschied zwischen Holzstoff und Zellstoff besteht darin, dass Zellstoff nur aus Zellulose besteht, während sich im Holzstoff auch noch größere Mengen an Lignin befinden. Lignin ist für die Verholzung von Pflanzen verantwortlich.

Papier, das Lignin enthält, verbleicht relativ schnell – und ist damit nichts für langlebige Produkte wie (hoffentlich) dieses Buch. Bei Zeitungen oder Werbeprospekten spielt das allerdings keine Rolle. Und bei Kartons erhöht der Anteil des Lignins sogar deren Festigkeit. Wer einmal ein Buch oder eine Zeitschrift aus den 1940er-Jahren in die Finger bekommt, kann auf dem gräulich erscheinenden Papier die Holzfasern mit bloßem Auge erkennen. Wenn man mit Tinte darauf schreibt, zerfließt die Schrift wie auf Löschpapier.

Papier, das zu 100 % aus Zellstoff besteht, wird als »holzfrei« bezeichnet. Der Begriff ist allerdings irreführend, denn auch dieses Papier wird aus Holz hergestellt. Die Bezeichnung »holzfrei« rührt daher, dass das holzbildende Lignin mit seinen »negativen« Eigenschaften entfernt wird. Mit reinem Zellstoff kann man also langlebiges Papier erzeugen. Allerdings wird bei der Zellstoffherstellung das Holz nur zu etwa 50 % genutzt, da ja das ganze Lignin dem Holz entzogen werden muss. Bei der Holzstoffherstellung hingegen wird bis zu 90 % des Holzes verwertet.

Durch das Recyceln von Altpapier lässt sich der Holzverbrauch bei der Papierproduktion drastisch reduzieren. Es ist sogar möglich, die gleichen Fasern mehrmals wiederzuverwenden, ohne dass neue

Fasern hinzugefügt werden müssen. Eine Zeit lang geht das gut, dann büßen die Pflanzenfasern jedoch an Qualität ein. Ganz ohne frisches Holz wird es also nie gehen.

Und welcher Digital Native jetzt denkt, das ganze Papierthema geht ihm »am Arsch vorbei«, hat damit natürlich völlig recht. Denn der Hintern lässt sich noch nicht digital abwischen, hierfür wird Klopapier benötigt. Aber wahrscheinlich gibt es dafür auch bald eine App. Bis es so weit ist, verbraucht jeder Deutsche 18 kg Toilettenpapier im Jahr, das sind bundesweit fast drei Milliarden Rollen pro Jahr.[150] Egal, ob in der Variante »Schmirgelpapier einlagig mit Sollbruchstelle« oder »Samtweich vierlagig mit Duftdepot«: Es wird Zellstoff benötigt, und zwar reichlich.

111. GRUND

Weil er das Fundament einer engen Freundschaft ist

Den 111. Grund möchte ich einem engen Freund widmen. Unser gemeinsames Forststudium führte uns aus verschiedenen Ecken Baden-Württembergs im südbadischen Freiburg zusammen. Dort büffelten wir mit vielen anderen Kommilitonen Fächer wie Waldbau, Forstgeschichte und Wildbiologie. Die Vorlesungen erfüllten so manches Klischee: Viele der Studenten hatten ihren Hund – mehrheitlich Dackel – dabei, die es sich während der Vorlesung auf der Lodenjoppe des Herrchens oder Frauchens gemütlich machten. Der eine oder andere angehende Förster rauchte bereits Pfeife und auch den Bartwuchs konnte mancher Grünrock nicht so recht im Zaum halten.

Besonders die Jagd hatte unser Interesse geweckt. Mit dem Vordiplom erlangten wir den begehrten Jagdschein. Kurz darauf kauften wir unser erstes Jagdgewehr bei Frankonia in Stuttgart. Das Lehrrevier der Universität lag in Riedern am Wald – dort machten wir die ersten waidmännischen Gehversuche und genossen das freie Jägerleben. In der Jagdhütte gab es – ganz in Studentenmanier – Ravioli aus der Dose.

Viele lustige Anekdoten aus der Zeit im Breisgau blieben uns in Erinnerung. Besonders die Exkursionen mit den etwas schrulligen Professoren waren ein Highlight. Unvergesslich bleibt eine Busfahrt auf unserer Alpenexkursion. Etwa 40 Studenten hatten erwartungsvoll ihre Plätze bezogen und freuten sich schon darauf, auf den Serpentinen des Gebirges hin und her geschunkelt zu werden. Doch bevor der Busfahrer den Motor anwarf, griff er erst einmal zum Mikrofon. Alle rechneten mit einer freundlichen Begrüßung sowie sachdienlichen Hinweisen zur Reiseroute und den darauf liegenden Sehenswürdigkeiten.

Genauso überraschend wie absurd waren seine ersten Worte über die Lautsprecheranlage: Er wies alle Insassen auf die wichtigste Verhaltensregel während der Busfahrt hin, nämlich keine Apfelbutzen in den Aschenbecher auf der Rückwand des Vordersitzes zu stopfen. Offensichtlich hatte er schon einschlägige Erfahrungen mit der Müslifraktion vorausgehender Semester gemacht. Mein Freund kann die Durchsage mit dem tschechischen Akzent des Busfahrers so gekonnt imitieren, dass wir jedes Mal herzhaft lachen müssen.

Mit dem Diplom in der Tasche trennten sich dann unsere beruflichen Wege. Mich verschlug es zu einem Jagdausstatter nach Würzburg, ihn kurze Zeit später zu einer Papierfabrik nach Aalen. Seitdem sind 20 Jahre vergangen und jedes Jahr an Silvester treffen wir uns mit der ganzen Familie in einer Waldhütte auf der Ostalb und feiern gemeinsam ins neue Jahr. Dieses Kapitel schreibe ich einen Tag vor Heiligabend und in einer Woche ist es wieder so weit – dann erzählen wir uns wieder alte und neue Geschichten rund um den Wald.

Danksagung

An erster Stelle danke ich meiner Frau Silke, die mir mit viel Geduld die notwendige Zeit gegeben hat, dass ich dieses Buch schreiben konnte.

Insbesondere danke ich meiner Mutter Christa Abeln (Stuttgart), dass sie in mir bereits als Kind die Liebe zum Wald entfacht und mich stets bei allen meinen Lebensentscheidungen unterstützt hat.

Ich danke meinem Vater Dr. Reinhard Abeln (Stuttgart), der das Manuskript dieses Buches behutsam lektoriert und kompetent korrigiert hat.

Ganz besonders danke ich der Literaturagentur Brinkmann (München) und den Verantwortlichen im Verlag Schwarzkopf & Schwarzkopf (Berlin) für die wohlwollende Begleitung und Unterstützung bei meinen Arbeiten an diesem Buch.

Nicht zuletzt danke ich zahlreichen Freunden, Jagd- und Forstkollegen, die mir durch ihre Erzählungen und Gespräche hilfreiche Impulse für dieses Buch gegeben haben.

Quellen

1 https://de.wikipedia.org/wiki/Waldge-sellschaften_Mitteleuropas (abgerufen am 01.03.2017).

2 Bundesministerium für Ernährung und Landwirtschaft: Der Wald in Deutschland – Ausgewählte Ergebnisse der dritten Bundeswaldinventur, 2012.

3 www.sdw.de/cms/upload/pdf/Die_Lrche.pdf (abgerufen am 21.12.2017).

4 Weber, Andreas: Raus mit euch! In: »Wald«, Heft 4/2013, Social Publish Verlag, Hamburg 2013.

5 https://de.wikipedia.org/wiki/Helikop-ter-Eltern (abgerufen am 30.09.2017).

6 7. Jugendreport Natur 2016: Natur Nebensache?, Universität Köln.

7 www.senckenberg.de/root/index.php?page_id=5206&kid=2&id=4058 (abgerufen am 15.07.2017).

8 www.waldwissen.net/waldwirtschaft/schaden/wild/fva_wildverbiss_an-merkungen/index_DE (abgerufen am 14.12.2017).

9 https://de.wikipedia.org/wiki/Hirsch-käfer (abgerufen am 07.08.2017).

10 www.natura2000.rlp.de/steckbriefe/index.php?a=s&b=a&c=vsg&pk=V026 (abgerufen am 27.08.2017).

11 https://de.wikipedia.org/wiki/Wilderei (abgerufen am 08.08.2017).

12 Rede Heinrich Himmlers vor den Gauleitern am 3. August 1944. In: Hans Rothfels, Theodor Eschenburg (Hrsg.): Vierteljahrshefte für Zeitgeschichte. Nr. 4, 1953, S. 357–394.

13 www.welt.de/print/die_welt/debatte/article126594996/Trendsportart-Wil-dern.html (abgerufen am 02.09.2017).

14 www.waldwissen.net/wald/natur-schutz/arten/lwf_eremit_eiche/index_DE (abgerufen am 16.12.2017).

15 Ebd.

16 www.waldwissen.net/wald/natur-schutz/arten/lwf_reliktarten/index_DE (abgerufen am 16.12.2017).

17 Gottschalk, Gesa: Wald ohne uns. GEO 05/2017, Gruner & Jahr, Hamburg.

18 www.wwf.de/fileadmin/user_upload/PDF/Zehn_Jahre_Nationale_Strategie_zur_biologischen_Vielfalt_der_Natur-schutzverbaende_NBS__BUND__DNR__DUH__NABU_und_WWF.pdf (abgerufen am 16.12.2017).

19 www.deutsches-jagd-lexikon.de/images/2/20/Becker.pdf (abgerufen am 02.07.2017).

20 www.taz.de/!602803/ (abgerufen am 02.07.2017).

21 Ehlert, Thomas; Balzer, Sandra; Röh-ling, Markus: Wo Wasser durch die Wälder strömt. In: Unser Wald 1/2009, Bonn.

22 www.rmtrr.org/oldlist.htm (abgerufen am 30.04.2017).

23 Ebd.

24 https://de.wikipedia.org/wiki/27._Jahrhundert_v._Chr. (abgerufen am 30.04.2017).

25 www.naturpark-spessart.de/wandern/naturerlebnis/baumriesen.php (abgeru-fen am 30.04.2017).

26 www.lwf.bayern.de/mam/cms04/service/dateien/lwf-spezial_01-05.pdf (abgerufen am 30.04.2017).

27 Vgl. Schütz, Erhard: Dichter Wald. In: Breymayer, Ursula; Ulrich, Bernd: Unter Bäumen. Die Deutschen und ihr Wald. Sandstein Verlag, Dresden 2011.

28 Vgl. Lehmann, Albrecht (2001): Mythos deutscher Wald. In: Landes-zentrale für politische Bildung Baden-Württemberg (Hrsg.): Der deutsche Wald. 51. Jahrgang, Heft 1 (2001), Der Bürger im Staat.

[29] Vgl. Lutz, Isabella: Individualität und Gemeinschaft erkennen am Beispiel der Bäume und des »Germanischen Baumkreises und seinen Runen«, Freie Kulturschule e. V., Karlsruhe 2008.

[30] www.waswiewo.com/kategorie_d/Gewittern_2049.html (abgerufen am 22.04.2017).

[31] www.zeit.de/stimmts/1998/1998_17_stimmts (abgerufen am 22.04.2017).

[32] In: Wild und Hund, 1955, S. 359.

[33] Krüger, Lutz: Sankt Hubertus, Schutzpatron der Jäger. Etikettenschwindel, Fehlinterpretation oder Vermächtnis? Sonderdruck für die Landesjägerschaft Niedersachsen e. V. Aus Heimatkalender für Stadt und Kreis Uelzen 1992 (www.int-st-hubertus-orden.de/).

[34] Braun, Helmut J.: Lehrbuch der Forstbotanik. Gustav Fischer Verlag, Stuttgart 1982.

[35] https://botanik.uni-hohenheim.de/archaeo-palaeo_dendro_hoh-jahrringkalender (abgerufen am 17.09.2017).

[36] Ebd.

[37] https://de.wikipedia.org/wiki/Grimms_Märchen (abgerufen am 01.03.2017).

[38] Hoffmann-Krayer, Eduard und Bächtold-Stäubli, Hanns: Handbuch des deutschen Aberglaubens, Verlag Walter de Gruyter, Berlin 1927–1942.

[39] https://de.wikipedia.org/wiki/Eiben (abgerufen am 23.07.2017).

[40] www.waldwissen.net/wald/baeume_waldpflanzen/nadel/wsl_eibe/index_DE (abgerufen am 23.07.2017).

[41] www.kindernetz.de/oli/tierlexikon/fuchs/-/id=74994/vv=steckbrief/nid=74994/did=82054/1jwrezh/index.html (abgerufen am 12.12.2017).

[42] https://de.wikipedia.org/wiki/Rotfuchs (abgerufen am 12.12.2017).

[43] Kurt, Fred: Das Reh in der Kulturlandschaft. Ökologie, Sozialverhalten, Jagd und Hege. Kosmos Verlag, Stuttgart 2002.

[44] Andersen, Reidar; Duncan, Patrick; Linnell, John D. C. (Hrsg.): The European Roe Deer: The Biology of Success. Scandinavian University Press, Oslo 1998.

[45] www.nabu.de/tiere-und-pflanzen/amphibien-und-reptilien/amphibien/schutz.html (abgerufen am 12.02.2017).

[46] Krömer-Butz, Sabine: Mehr als eine Mitfahrgelegenheit!, in: Unser Wald, Bonn, 5. Ausgabe 2013.

[47] www.waldwissen.net/wald/tiere/insekten_wirbellose/wsl_ameisen_faktenblatt/wsl_ameisen_faktenblatt.pdf (abgerufen am 18.06.2017).

[48] https://de.wikipedia.org/wiki/Feuersalamander (abgerufen am 26.11.2017).

[49] www.nabu.de/news/2016/03/20486.html (abgerufen am 26.11.2017).

[50] Neumeier, Monika: Das Igel-Praxisbuch. Kosmos, Stuttgart 2006.

[51] www.nabu.de/news/2015/12/19930.html (abgerufen am 25.11.2017).

[52] www.deutschewildtierstiftung.de/wildtiere/igel (abgerufen am 26.11.2017).

[53] https://de.wikipedia.org/wiki/Europäischer_Dachs (abgerufen am 31.10.2017).

[54] www.deutschewildtierstiftung.de/aktuelles/tier-des-jahres-2017-die-scheue-haselmaus (abgerufen am 15.12.2017).

[55] www.waldwissen.net/wald/tiere/saeuger/wsl_haselmaus/index_DE (abgerufen am 15.12.2017).

[56] Aldred, Jessica: Britain's dormice have declined by a third since 2000, report shows. The Guardian, 9. September 2016.

[57] Marbach, Bernhard und Kainz, Christian: Farne, Moose, Flechten. 2. Auflage, BLV Buchverlag, München 2010.

[58] http://farngarten.de/ueber_farne.htm (abgerufen am 12.11.2017).

[59] www.vogelschutz-komitee.de/index.php/projekte/deutschland/finkenma-

noever/finkenmanoever-2015 (abgerufen am 19.11.2017).

[60] www.mittelbayerische.de/region/franken/lautlose-jaeger-faszinieren-21508-art1275291.html (abgerufen am 06.06.2017).

[61] Glutz von Blotzheim, Urs N.; Bauer, Kurt M.: Handbuch der Vögel Mitteleuropas (HBV). Band 13/III, Passeriformes (4. Teil): Corvidae – Sturnidae, Aula-Verlag, Wiebelsheim/Wiesbaden.

[62] www.wespenschutz.ch/wissenswertes/wissenswertes/einheimischewespenarten/wissenswertes/einheimischewespenarten/hornisse/index.html (abgerufen am 16.07.2017).

[63] Ebd.

[64] Bauer, Hans-Günther; Bezzel, Einhard; Fiedler, Wolfgang (Hrsg.): Das Kompendium der Vögel Mitteleuropas: Alles über Biologie, Gefährdung und Schutz. Band 2: Passeriformes – Sperlingsvögel, Aula-Verlag, Wiebelsheim/Wiesbaden 2005.

[65] Bezzel, Einhard: Vögel. BLV Verlagsgesellschaft, München 1996.

[66] Thaler-Kottek, Ellen: Die Goldhähnchen. Westarp Wissenschaften, 1990.

[67] www.nabu.de/tiere-und-pflanzen/saeugetiere/nager/04566.html (abgerufen am 17.09.2017).

[68] www.brauchtumsseiten.de/a-z/d/das-weiss-der-kuckuck/home.html (abgerufen am 30.07.17).

[69] Hoffmann-Krayer, Eduard und Bächtold-Stäubli, Hanns: Handbuch des deutschen Aberglaubens, Band 3, Verlag Walter de Gruyter, Berlin 1927–1942.

[70] www.nabu.de/tiere-und-pflanzen/voegel/helfen/05991.html (abgerufen am 04.11.2017).

[71] https://de.wikipedia.org/wiki/Turteltaube (abgerufen am 04.11.2017).

[72] http://journals.plos.org/plosone/article?id=10.1371/journal.pone.0185809

(abgerufen am 12.11.2017).

[73] Diezel, Carl Emil und Gustav Frhr. von Nordenflycht (Hrsg.): Diezels Niederjagd. Berlin, Verlagsbuchhandlung Paul Parey, 1898.

[74] www.welt.de/gesundheit/article126778690/Barfusslaufen-ist-Doping-fuer-die-Fuesse.html (abgerufen am 07.05.2017).

[75] Ebd.

[76] Schute, Richard: Der Wald: Bedeutung – Nutzung – Pflege, Verlag Decker u. Müller, Heidelberg 1988.

[77] www.sdw.de/waldwissen/oekosystem-wald/waldleistungen/ (abgerufen am 01.03.2017).

[78] Schute, Richard: Der Wald: Bedeutung – Nutzung – Pflege, Verlag Decker u. Müller, Heidelberg 1988.

[79] Aichele, D.; Schwegler, H. W.: Die Blütenpflanzen Mitteleuropas. Bd. III. Nachtkerzengewächse bis Rötegewächse. Kosmos, Stuttgart 1995.

[80] Ellenberg, H.; Weber, H. E.; Düll, R., Wirth, V.; Werner, W.; Paulissen, D.: Zeigerwerte von Pflanzen in Mitteleuropa. Scripta Geobotanica Bd. XVIII. 3. Auflage. Erich Goltze Verlag, Göttingen 1992.

[81] Düll, R.: Botanisch-ökologisches Exkursionstaschenbuch. 4. Aufl., Quelle & Meyer Verlag, Heidelberg, Wiesbaden 1992.

[82] Schulz, B.: Sauerklee. Die Neue Brehm-Bücherei: 260. A. Ziemsen Verlag, Wittenberg-Lutherstadt 1960.

[83] Ebd.

[84] Helm, J.: Ordnung Storchschnabelartige, Geraniales (13–15). In: Urania Pflanzenreich. Höhere Pflanzen 2. Urania-Verlag, Leipzig 1973.

[85] Willfort, R.: Das große Handbuch der Heilkräuter; der Kräuterhandel. Rudolf Trauner Verlag, Linz/Österreich 1959.

[86] https://public.wmo.int/en/media/press-release/provisional-wmo-state-

ment-status-of-global-climate-2016 (abgerufen am 11.03.2017).

87 Bundesministerium für Ernährung und Landwirtschaft: Der Wald in Deutschland – Ausgewählte Ergebnisse der dritten Bundeswaldinventur, 2012.

88 Ebd.

89 https://bfw.ac.at/cms_stamm/ GreenCareWald/pdf/BFW_Bericht147_2014_GreenPublicHealth.pdf (abgerufen am 26.08.2017).

90 http://diepresse.com/home/leben/ gesundheit/5079714/Hilfe-aus-dem-Wald_Baeume-als-Medizin (abgerufen am 26.08.2017).

91 Pompecki, Bernhard: H. Burckhardt's Jagd- und Waldlieder, Verlag J. Neumann, Neudamm/Neumark, 1901, zweite Auflage.

92 Ebd.

93 https://de.statista.com/themen/174/ haustiere/ (abgerufen am 13.05.2017).

94 Naumann, Johann Andreas: Naturgeschichte der Vögel Deutschlands, Verlag E. Fleischer, Leipzig 1820–1844.

95 www.zeit.de/1984/33/warum-die-nachtigall-schlaegt (abgerufen am 04.05.2017).

96 www.nabu.de/tiere-und-pflanzen/ aktionen-und-projekte/vogel-des-jahres/1995-nachtigall/01989.html (abgerufen am 04.05.2017).

97 Ebd.

98 www.br.de/themen/wissen/nachtigall-singen-forschung100.html (abgerufen am 04.05.2017).

99 www.brauchwiki.de/Mistelzweig (abgerufen am 10.09.2017).

100 https://de.wikipedia.org/wiki/ Echter_Seidelbast (abgerufen am 18.12.2017).

101 Gräter, Carlheinz: Der Wald Immergrün. DRW-Verlag Weinbrenner, Leinfelden-Echterdingen 1996.

102 www.booklookerforum.de/viewtopic. php?t=14396#p577921 (abgerufen am 11.12.2017).

103 www.bund-naturschutz.de/pflanzen-in-bayern/frauenschuh/oekologie. html (abgerufen am 11.12.2017).

104 www.uni-goettingen.de/downloads/wissenschaftsmagazin/ausgabe_2002_1/leben_und_raeume.pdf (abgerufen am 13.08.2017).

105 www.mz-web.de/thueringen/ nationalpark-hainich-so-beeindruckend-ist-thueringens-einziger-baumkronenpfad-24859440 (abgerufen am 14.08.2017).

106 https://de.wikipedia.org/wiki/Mondkalender_(Astrologie) (abgerufen am 05.05.2017).

107 www.waldwissen.net/waldwirtschaft/ holz/wsl_mondholz/wsl_mondholz_ originalartikel.pdf (abgerufen am 05.05.2017).

108 Ebd.

109 www.waldwissen.net/wald/baeume_waldpflanzen/nadel/wsl_arve/ index_DE (abgerufen am 10.12.2017).

110 www.dfwr.de/images/PDFs/2017-03-13_Statuspapier_Wald--Forstwirtschaft-in-Deutschland.pdf (abgerufen am 08.04.2017).

111 Ebd.

112 www.sagen.at/doku/hoermann_beitraege/weihnachtsvogel.html (abgerufen am 17.11.2017).

113 https://de.wikipedia.org/wiki/Fichtenkreuzschnabel (abgerufen am 17.11.2017).

114 www.sagen.at/doku/hoermann_ beitraege/weihnachtsvogel.html (abgerufen am 17.11.2017).

115 Frei nach: Märchen aus dem Tessin, herausgegeben und übersetzt von Pia Todorovic Redaelli, Zürich 2006, erzählt von Jolanda Bianchi-Poli aus Brusino.

[116] Alliende, M. C.; Harper, J. L.: Demographic Studies of a Dioecious Tree. I. Colonization, Sex and Age Structure of a Population of Salix cinerea. In: Journal of Ecology. Band 77, Nr. 4, 1989, S. 1029–1047.

[117] Düll, Ruprecht; Kutzelnigg, Herfried: Botanisch-ökologisches Exkursionstaschenbuch. 5. Auflage. Quelle und Meyer, 1994.

[118] www.pferd-aktuell.de/fn-service/zahlen--fakten/zahlen--fakten (abgerufen am 14.05.2017).

[119] https://project-gc.com/Statistics/Overview (abgerufen am 25.05.2017).

[120] www.sz-online.de/nachrichten/lebensgefaehrlicher-geocaching-punkt-von-bruecke-ueber-bahretal-entfernt-3132806.html (abgerufen am 25.05.2017).

[121] www.wald.de/baum-des-jahres-2017-die-fichte/ (abgerufen am 01.03.2017).

[122] Ebd.

[123] www.planet-wissen.de/natur/wildtiere/kamele/pwieueberlebenskuenstlerinderwueste100.html (abgerufen am 08.04.2017).

[124] www.sdw.de/waldwissen/wald-faq/ (abgerufen am 27.05.2017).

[125] www.sdw.de/waldwissen/oekosystem-wald/waldleistungen/index.html (abgerufen am 08.04.2017).

[126] www.staedtebauliche-laermfibel.de/?p=71&p2=7.1.6 (abgerufen am 25.06.2017).

[127] Schute, Richard: Der Wald: Bedeutung – Nutzung – Pflege, Verlag Decker u. Müller, Heidelberg 1988.

[128] www.staedtebauliche-laermfibel.de/?p=71&p2=7.1.6 (abgerufen am 25.06.2017).

[129] www.wald-und-forst.de/wald-windschutz.php

[130] www.sdw.de/waldwissen/wald-faq/ (abgerufen am 21.05.2017).

[131] www.forstwirtschaft-in-deutschland.de/forstwirtschaft/forstwirtschaft-in-deutschland/clusterforst-holz/ (abgerufen am 27.05.2017).

[132] Rottkehl, Kai-Uwe: Spürnase auf Sporensuche, in: »Wald«, Ausgabe 4/2013, Hamburg.

[133] www.badische-zeitung.de/freiburg/forstbotaniker-zuechten-trueffelpflanzen-in-freiburg--63288051.html (abgerufen am 16.07.2017).

[134] www.welt.de/wissenschaft/umwelt/article13613489/Das-teuerste-Holz-aus-deutschen-Waeldern.html (abgerufen am 14.10.2017).

[135] www.waldwissen.net/wald/baeume_waldpflanzen/laub/wsl_elsbeere/index_DE (abgerufen am 14.10.2017).

[136] www.sdw.de/cms/upload/pdf/Die_Hainbuche.pdf (abgerufen am 20.12.2017).

[137] Laudert, Doris: Mythos Baum. Geschichte, Brauchtum. 40 Porträts. BLV, München 2004.

[138] www.lwf.bayern.de/forsttechnik-holz/holzmarkt/051404/index.php (abgerufen am 15.04.2017).

[139] www.haz.de/Sonntag/Technik-Apps/Holz-in-der-Huette-Bauen-mit-Holz-im-Trend (abgerufen am 15.04.2017).

[140] www.stmelf.bayern.de/wald/forstpolitik/wald-in-zahlen/005187/index.php (abgerufen am 15.04.2017).

[141] Ebd.

[142] http://future.arte.tv/de/wie-tiere-sich-selbst-heilen (abgerufen am 19.03.2017).

[143] Bissegger, Meret: Meine wilde Pflanzenküche. Bestimmen, Sammeln und Kochen von Wildpflanzen. AT Verlag, Aarau/München 2011.

[144] www.waldwissen.net/waldwirtschaft/nebennutzung/produkte/wsl_heilpflanzen/index_DE (abgerufen am 19.03.2017).

[145] http://baum-des-jahres.de/index.php?
id=488 (abgerufen am 19.03.2017).

[146] https://de.wikipedia.org/wiki/Heil-
pflanze (abgerufen am 19.03.2017).

[147] www.lwf.bayern.de/mam/cms04/
service/dateien/a54_geschichte_der_
papierherstellung.pdf (abgerufen am
06.08.2017).

[148] Dietrich, Ingrid: Verantwortungs-
bewusst und nachhaltig – Papierproduktion bei UPM. In: Unser Wald,
Ausgabe 4/2012, Bonn.

[149] www.lwf.bayern.de/mam/
cms04/service/dateien/a54_
geschichte_der_papier-
herstellung.pdf (abgerufen
am 06.08.2017).

[150] www1.wdr.de/verbraucher/
wohnen/toilettenpapier-100.html
(abgerufen am 06.08.2017).

Bildnachweis

111 GRÜNDE, SEGELN ZU GEHEN

EINE LIEBESERKLÄRUNG AN WIND UND WELLEN –
ERWEITERTE NEUAUSGABE MIT BONUSGRÜNDEN

111 GRÜNDE, SEGELN ZU GEHEN
EINE LIEBESERKLÄRUNG AN WIND UND WELLEN
ERWEITERTE NEUAUSGABE MIT BONUSGRÜNDEN
Von Klaus Freund
320 Seiten | Premium-Paperback
mit zwei farbigen Bildteilen
ISBN 978-3-942665-69-8 | Preis 14,99 €

Was ist es, was die Menschen immer wieder hinaus auf das Meer treibt? In ein kleines Boot, das nur vom Wind angetrieben wird, das schaukelt und unbequem scheint? Was ist es, was sie Seekrankheit und Sturm trotzen lässt? In 111 GRÜNDE, DAS SEGELN ZU LIEBEN nimmt Klaus Freund den Leser mit an Bord und erzählt von der Faszination des Segelns. 111 kleine Geschichten: voller Tipps und Wissenswertem. Humorvoll, tiefgründig und spannend. Während der Lektüre wächst die Lust, selbst einmal alle Leinen zu lösen und dem Horizont entgegenzusegeln.

Segeln ist Stille. Auf dem Wasser können wir in uns gehen und erkennen, wer wir wirklich sind! Wir fühlen uns eins mit allem, im Einklang mit Wind und Meer. Lernen Wolken zu lesen und Wellenbilder. Für alle, die auf den Planken ihr Glück suchen oder gefunden haben!

111 GRÜNDE, ANGELN ZU GEHEN

WER DAS GLÜCK AM HAKEN SUCHT, LEBT IM EINKLANG MIT DER NATUR UND BESINNT
SICH AUF DIE ELEMENTAREN FREUDEN DES FALLENSTELLENS UND JAGENS

111 GRÜNDE, ANGELN ZU GEHEN
AKTUALISIERTE UND ERWEITERTE NEUAUSGABE
MIT BONUSGRÜNDEN
Von Moritz Rott
320 Seiten | Premium-Paperback mit farbigem Bildteil
ISBN 978-3-942665-61-2 | Preis 14,99 €

Angeln ist nicht nur Traditions-, sondern auch Trendsport. In Ländern wie den USA ist es ein wahrer Volkssport. Aber auch in Deutschland erlebt Angeln in jüngster Zeit einen regelrechten Boom, der Millionen begeistert.

In Parkteichen sieht man rot leuchtende Posen zwischen den Enten treiben, in der U-Bahn trifft man auf mit Angelrute statt Skateboard bepackte Jugendliche und im TV-Programm werden Angelduelle ausgetragen.

111 GRÜNDE, ANGELN ZU GEHEN erzählt von der Jagd nach dem Fang des Lebens. Von herausfordernden Abenteuern in entlegenen Gegenden und der langen Geschichte des Angeln. Von einem Sport, bei dem in Wirklichkeit der Weg das Ziel ist. Von Rekordfängen, Ausrüstung und einer ziemlich verrückten Anhängerschaft.

WWW.SCHWARZKOPF-SCHWARZKOPF.DE

111 GRÜNDE, WANDERN ZU GEHEN

EINE LIEBESERKLÄRUNG AN DIE BESTE FREIZEITBESCHÄFTIGUNG DER WELT, DIE ABENTEUER, SPORT UND STILLE SELBSTFINDUNG IN SICH VEREINT

111 GRÜNDE, WANDERN ZU GEHEN
Von Jarle Sänger
280 Seiten, Taschenbuch
ISBN 978-3-86265-457-4 | Preis 9,99 €

Was ist es, was die Menschen immer wieder hinaus in die unberührte Natur und auf die Wanderwege treibt? Was Menschen sich die Füße wund laufen und an ihre Grenzen gehen lässt? In 111 GRÜNDE, WANDERN ZU GEHEN durchleuchtet Jarle Sänger mal tiefgründig, mal humorvoll die Faszination des Wanderns aus seiner ganz eigenen Perspektive.

Aus seinen Wandererfahrungen und seinen Kenntnissen als freischaffender Jour-nalist in der Wanderbranche sind 111 kleine Geschichten mit viel Hintergrundwissen entstanden. Darin verbergen sich zahlreiche nützliche Tipps, die sowohl erfahrene als auch frischgebackene Wanderer ansprechen.

Wer nach der Lektüre selbst einmal (wieder) die Wanderschuhe schnürt, der weiß, was ihn erwartet: Schönes, Emotionales, Neues, Kurioses, Witziges, Spannendes – vor allem aber Zeit für sich selbst.

111 GRÜNDE, DAS RADFAHREN ZU LIEBEN

EINE HOMMAGE AN DAS FAHRRAD – DAS UMWELTFREUNDLICHSTE,
GESÜNDESTE UND COOLSTE FORTBEWEGUNGSMITTEL DER WELT

111 GRÜNDE, DAS RADFAHREN ZU LIEBEN
VOM RAUSCH DER GESCHWINDIGKEIT, DEM GEHEIMNIS DER LANGSAMKEIT
UND DEM WISSEN, DASS DAS GLÜCK ZWEI RÄDER HAT
Von Christoph Brumme
272 Seiten, Taschenbuch
ISBN 978-3-86265-360-7 | Preis 9,95 €

»Was ist eigentlich das Schönste am Radfahren? Ein Moment Schweigen. Nicht weil Christoph Brumme nichts einfällt, sondern weil er nicht weiß, wo er anfangen soll: die Unabhängigkeit, der Rausch der Geschwinaigkeit, dass man keine Hand zum Rauchen frei hat ... Und ja, natürlich die vielen Eindrücke. Die hat er reichlich gesammelt, schließlich ist das Rad sein liebstes Fortbewegungsmittel.«
Berliner Morgenpost / Die Welt

»Der Untertitel beschreibt treffend das amüsante, anekdotenhafte Programm des Buches. Christoph Brumme, der bereits 40.000 Kilometer per Fahrrad von Berlin aus quer durch Polen, die Ukraine und Russland zurückgelegt hat, liebt sein umweltbewusstes, simples aber wundervolles Gefährt, schwärmt vom Radfahrfeeling, erzählt von seinen Erlebnissen und macht Lust, auf Touren zu gehen.«
Journal München

WWW.SCHWARZKOPF-SCHWARZKOPF.DE

SIMON ABELN, geboren 1972, wollte schon im Kindergarten-
alter Förster werden. Er blieb seiner Berufung treu und studierte Forstwissenschaften in Freiburg im Breisgau. Der
Diplom-Forstwirt verantwortet heute den Bereich Content
und PR bei Deutschlands führendem Ausstatter für Jagd und
Outdoor. In seinem Blog www.waldbret.de schreibt der ge-
bürtige Stuttgarter über die Themen Wald, Natur und Jagd.
Am liebsten ist er mit seinem Weimaraner Ferdinand im Wald
unterwegs.

Simon Abeln
111 GRÜNDE, DEN WALD ZU LIEBEN
Ein Buch über den schönsten Ort der Welt

ISBN 978-3-942665-45-2
© Schwarzkopf & Schwarzkopf Media GmbH, Berlin 2018
Vermittelt durch die Literaturagentur Brinkmann, München | Alle Rechte vorbehalten.
Dieses Werk ist urheberrechtlich geschützt. Jede Verwendung, die über den Rahmen
des Zitatrechtes bei korrekter und vollständiger Quellenangabe hinausgeht, ist honorar-
pflichtig und bedarf der schriftlichen Genehmigung des Verlages.

VERLAG
Schwarzkopf & Schwarzkopf Media GmbH
Kastanienallee 32, 10435 Berlin
Telefon: 030 – 44 33 63 00
Fax: 030 – 44 33 63 044

INTERNET | E-MAIL
www.schwarzkopf-schwarzkopf.de
www.facebook.com/schwarzkopfverlag
info@schwarzkopf-schwarzkopf.de